図説 心なし研削の手引き

大東 聖昌 著

コロナ社

まえがき

　本書は，雑誌「機械技術」（日刊工業新聞社刊）に 26 回にわたって連載された「図説 心なし研削の手引き」を単行本としてまとめたものである。

　自動車産業の誕生と時を同じくして，1920 年代にリジョッピング社（Lidköping 社，スウェーデン），シンシナチ社（Cincinnati 社，米国）が心なし研削盤（centerless grinding machine）の市販を開始した。心なし研削盤は低コスト，高精度量産加工を最大の特徴としているが，以来適用範囲の拡大を目的として，多くの機種が開発された。今日においては，量産機械工場における必須の加工設備としての地歩を占め，「センタレス」の略称で親しまれている。

　心なし研削においては，ブレードと調整車によって工作物を支持して回転駆動する。旋削，円筒研削などとは異なり，文字どおり「芯（センタ）のない」加工方式である。より正確には，芯を必要としない加工方式である。これに起因して，

　（ⅰ）　芯がないにもかかわらず，工作物はなぜ「丸く」なるのか，

　（ⅱ）　工作物はどのようにして回転駆動されているのか，

　（ⅲ）　工作物は砥石間を「ひとりでに」流れ，「ひとりでに」研削されてしまう。なぜか，
　　　　　　　︙

等々の素朴な疑問が沸き上がる。これらの理解のない場合，「センタレスは難しい，わけのわからない加工法である」という誤解に至る懸念がある。本書はこれらの疑問に答え，センタレスについてわかりやすく説明する。

　なお，研削砥石および研削液の選定，心なし研削盤の設計および性能に関する事項は紙面の制約から割愛した。それらについては，それぞれメーカー技術資料を参照されたい。編集に際しては以下の諸点について留意した。

　（ⅰ）　一つの節に対して，なるべく 1 枚の線図によって説明するようにし，必要に応じて写真で補足するようにした。数式の使用は最小限にとどめた。図中の記号の意味はできるだけその項目ごとに記した。記号の統一に心掛けたが，原則として，記号の意味はその項目内でのみ有効である。

　（ⅱ）　各項目は，他項目の参照なしに理解できるよう独立した形とした。このため，全体としては重複した箇所がある。

　（ⅲ）　研削パラメータに関する記号は CIRP の定義に準拠した。

（iv）　心なし研削に関する用語は JIS を参照したが，つぎに例示するように産業界における慣用用語を優先的に使用した。

JIS	慣用用語
といし車	砥石，研削砥石
調整車	（同左），調整砥石
調整車頭	調整車ヘッド
工作物支持刃	ブレード，支持ブレード
研削液供給管	研削液ノズル
マスタ直定規	テンプレート
送込み研削	インフィード研削
通し送り研削	スルフィード研削
滑り台	スライドテーブル
旋回滑り台	スウィベルプレート
傾斜角	送り角

（v）　力の単位としては，直感的に理解しやすい〔kgf〕を併用した。

（vi）　本書はつぎの 13 の章からなっている。円筒研削との差異を明確化するように注意した。

  1．心なし研削の特徴
  2．加工データ，研削に関する諸パラメータ
  3．トラバース研削
  4．心なしスルフィード研削
  5．調整車のドレッシングと調整車形状
  6．心なし研削における工作物の回転駆動
  7．砥石修正（ドレッシング）
  8．砥石のアンバランスと加工精度
  9．真円度とその測定
  10．心なし研削における成円機構
  11．心なし研削におけるびびり振動
  12．心なし研削盤の選択
  13．心なし研削盤のセットアップ

　著者はユーザとして，またメーカーとしての立場から，長らく心なし研削盤にかかわってきた。この間，多くの関係者からの質問，疑問に対応してきた。本書はこれらを整理のうえ編集した「センタレスの手引き書」である。もとより本書は，学術論文に類するものではないが，関係各位にとって「手助け」となれば幸甚である。

　2009 年 1 月

大東　聖昌

目　　　次

1. 心なし研削の特徴

1.1　円　筒　研　削 ……………………………………………………………… 1
1.2　心 な し 研 削 ……………………………………………………………… 2
1.3　心なし研削の適用例 ……………………………………………………… 3
1.4　特殊な心なし研削 ………………………………………………………… 5
1.5　シュー支持心なし研削 …………………………………………………… 6
1.6　円筒研削と心なし研削の対比表 ………………………………………… 7
1.7　切込み量と直径減少量 …………………………………………………… 8
1.8　切込み量と除去過程 ……………………………………………………… 9
1.9　工 作 物 心 高 ……………………………………………………………… 10
1.10　工作物心高のセットアップ …………………………………………… 11
1.11　心なし研削盤の基本諸元 ……………………………………………… 12

2. 加工データ，研削に関する諸パラメータ

2.1　主要研削条件 ……………………………………………………………… 14
2.2　加工精度の記録と整理 …………………………………………………… 17
2.3　表面粗さと研削条件 ……………………………………………………… 18
2.4　ドレッシングパラメータ ― 固定ダイヤモンドツールのとき ― …… 20
2.5　加工能率と研削パラメータ ……………………………………………… 21
2.6　平面研削における切残し ………………………………………………… 23
2.7　円筒研削における切残し ………………………………………………… 26
2.8　心なし研削における比切屑除去能率 …………………………………… 29
2.9　心なし研削における研削比 ……………………………………………… 30

3. トラバース研削

3.1　トラバース研削 ― 円筒研削と心なし研削の対比 ― ………………… 32
3.2　工作物表面の除去過程 ― 円筒トラバース研削 ― …………………… 36
3.3　円筒トラバース研削 ― 1回転当り切込み量 ― ……………………… 37
3.4　工作物表面の除去過程 ― 心なしスルフィード研削 ― ……………… 38

3.5　1回転当り切込み量 — 心なしスルフィード研削 — ……………………… 40

4. 心なしスルフィード研削

4.1　心なしスルフィード研削における基本パラメータ ……………………… 41
4.2　両砥石間隔の形状 …………………………………………………………… 42
4.3　砥石「あたり」の調整機構 ………………………………………………… 43
4.4　円弧母線（接触線）を有する調整車 ……………………………………… 45
4.5　砥石「あたり」の設定 ……………………………………………………… 46
4.6　ガイドプレートと円筒度 …………………………………………………… 48
4.7　スルフィード研削における工程設定 ……………………………………… 50

5. 調整車のドレッシングと調整車形状

5.1　調整車の形状 ………………………………………………………………… 52
5.2　調整車修正装置（ドレッサ）の構成 ……………………………………… 53
5.3　調整車の修正（ドレッシング） …………………………………………… 55
5.4　調整車形状の作図 …………………………………………………………… 56
5.5　スルフィード研削における調整車の形状 ………………………………… 59
5.6　機械背面側から工作物を送る場合 ………………………………………… 59
5.7　調整車修正後の研削条件変更 ……………………………………………… 61
5.8　テーパ調整車の適用 ………………………………………………………… 62

6. 心なし研削における工作物の回転駆動

6.1　工作物の回転駆動 …………………………………………………………… 64
6.2　工作物自転の条件 …………………………………………………………… 67
6.3　工作物の定常回転 …………………………………………………………… 68
6.4　摩擦係数 — 目安の値を測定する — ……………………………………… 70
6.5　異形工作物の回転速度（プランジ研削） ………………………………… 71

7. 砥石修正（ドレッシング）

7.1　ダイヤモンドドレッシングツール ………………………………………… 74
7.2　砥石修正の設定条件 — ツール送り速度とオーバラップ比 — ………… 76
7.3　単石ダイヤモンドドレッサの取扱い ……………………………………… 78
7.4　心なし研削におけるロータリドレッサ …………………………………… 79

7.5　ロータリドレッサにおける切込み軌跡 …………………………… 80
7.6　総形砥石のドレッシング …………………………………………… 82
7.7　調整車のドレッシング ……………………………………………… 84

8.　砥石のアンバランスと加工精度

8.1　砥石のアンバランス ………………………………………………… 86
8.2　砥石バランサ ………………………………………………………… 88
8.3　バランシングスタンド（ころがりバランサ） …………………… 91
8.4　切込み変動と工作物の真円度 ― 円筒研削の場合 ― …………… 93
8.5　切込み変動と工作物の真円度 ― 心なし研削の場合 ― ………… 94

9.　真円度とその測定

9.1　心なし研削に特有な真円度形状 …………………………………… 96
9.2　真円度と「はめあい」 ……………………………………………… 98
9.3　真円度のうねり山成分 ……………………………………………… 99
9.4　真円度の測定 ………………………………………………………… 100
9.5　真円度グラフと実形状 ……………………………………………… 103
9.6　Vブロックによる真円度測定 ― 3点法真円度 ― ……………… 104
9.7　特殊Vブロックによる真円度測定 ………………………………… 105
9.8　3点法真円度と心なし研削 ………………………………………… 106

10.　心なし研削における成円機構

10.1　心なし研削の幾何学的配置と符号 ………………………………… 108
10.2　調整車，ブレード接点における偏差の切込み深さに与える影響 … 109
10.3　n山うねり成分と切込み量のベクトル表示 ……………………… 110
10.4　切込みベクトルの作図法 …………………………………………… 112
10.5　切込み量のベクトル作図例 ………………………………………… 113
10.6　切込み量とうねりの減衰率 ………………………………………… 115
10.7　心高角とうねりの減衰率 …………………………………………… 117
10.8　切込み量と切込み変動の伝達率 …………………………………… 119
10.9　幾何学的に不安定なセットアップ ………………………………… 120
10.10　ブレード頂角とうねりの成長 …………………………………… 121
10.11　実質心高とうねり山の修正 ― スルフィード研削の場合 ― … 123
10.12　調整車の振れと真円度 …………………………………………… 125

10.13 調整車接点における弾性変形 ……………………………………………… 126

11. 心なし研削におけるびびり振動

11.1 うねり山の成因とびびり振動 ………………………………………………… 127
11.2 自励びびり振動 ― 定性的な見通し ― ……………………………………… 129
11.3 びびり振動の力学的解析手法 ………………………………………………… 131
11.4 ベクトル軌跡によるびびり振動の安定判別 ………………………………… 132
11.5 振 幅 発 達 率 …………………………………………………………………… 134
11.6 実質心高とびびり振動 ― スルフィード研削の場合 ― …………………… 136
11.7 一般化したびびり振動安定判別線図 ………………………………………… 137
11.8 研削系の安定化 ………………………………………………………………… 140

12. 心なし研削盤の選択

12.1 心なし研削盤の基本構成 ……………………………………………………… 142
12.2 心なし研削盤によるショルダ研削 …………………………………………… 144
12.3 両持か,片持か? ……………………………………………………………… 145
12.4 砥石修正装置(ドレッサ)の選択 …………………………………………… 148
12.5 ドレッサの振動 ………………………………………………………………… 149
12.6 オートドレスサイクル ………………………………………………………… 150
12.7 寸法調整装置 ― スルフィード研削 ― ……………………………………… 152
12.8 供給中断と寸法変化 ― スルフィード研削 ― ……………………………… 153
12.9 寸 法 の 安 定 性 ………………………………………………………………… 154
12.10 心なし研削盤の性能 …………………………………………………………… 155

13. 心なし研削盤のセットアップ

13.1 設 備 概 要 ……………………………………………………………………… 156
13.2 基 本 操 作 項 目 ………………………………………………………………… 157
13.3 幾何学的なセットアップ項目 ………………………………………………… 160
13.4 加工精度の検査 ………………………………………………………………… 162
13.5 インフィード研削 ……………………………………………………………… 163
13.6 スルフィード研削 ……………………………………………………………… 165

1 心なし研削の特徴

　心なし研削は円筒研削とともに，円筒状工作物の外周加工に適用される。このための専用設備が心なし研削盤である。ころがり軸受，自動車諸部品に代表されるが，量産機械部品の加工に欠くことのできない重要な設備であり「センタレス」と略称されている。以下に心なし研削の特徴について概要を説明する。

1.1 円筒研削

　工作物の両端にセンタ穴を設ける。ここに両センタ3，4を挿入し，工作物2を位置決め支持する。別に設けた回転駆動機構により工作物を回転駆動する。多くの場合この方式（デッドセンタ支持）が適用される。図1.1に典型的な作業状況を示す。

図1.1　円筒研削盤によるスピンドルの研削（オークマ社による）

（a）　プランジ研削〔図1.2（a）〕　工作物2を回転駆動した状態で研削砥石1を押し付け，切込み送りを与える。研削が進行し，砥石母線形状が工作物外周に転写される。ストレート，段付き，プロファイルと各種形状の砥石が使用される。

（b）　トラバース研削〔図1.2（b）〕　両センタ間に長さの長い工作物を取り付け，回転駆動する。砥石が工作物端から外れた箇所で砥石に切込みを与え，工作物を軸方向に移動（トラバース送り）していく。研削が進行し，切込み量だけ工作物半径は減少する。砥石幅よりも長さの長い円筒状工作物を加工することができる。

2　1. 心なし研削の特徴

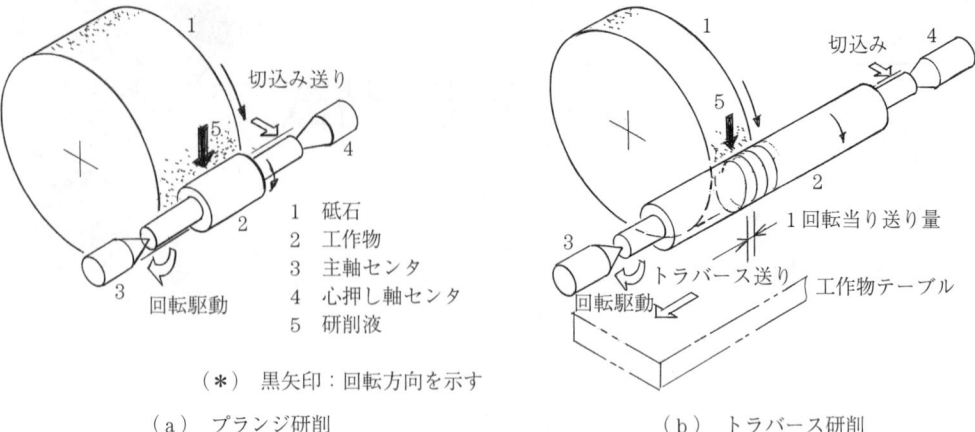

1 砥石
2 工作物
3 主軸センタ
4 心押し軸センタ
5 研削液

（＊）黒矢印：回転方向を示す

（a）プランジ研削　　　　　　　　　　　　（b）トラバース研削

図1.2　円筒研削

1.2　心なし研削

　心なし研削盤は主として研削砥石1，調整車3，および支持ブレード4から構成されている。工作物2は，調整車とブレードの構成するV字状の谷間に支持され，調整車が回転駆動する。調整車は図示の向きに回転し，工作物はダウンカット研削となる。**図1.3**に作業状況を示す。

図1.3　心なし研削盤による軸受輪の研削
（Cincinnati 社による）

　調整車は調整砥石とも呼ばれ，硬質ゴムを結合剤とする特殊砥石である。摩擦が大きい，耐摩耗性が高いという特徴を有するが，研削作用はない。

　円筒研削の場合と同様にプランジ研削，トラバース研削と2種類の研削方式がある。心なし研削においては，慣用的に，これらはインフィード研削，スルフィード研削と呼ばれている。

　（a）　インフィード研削（in-feed grinding）〔**図1.4（a）**〕　調整車，ブレードに支持された工作物に研削砥石が対向している。砥石に切込み送りを与える。工作物は回転を開始し研削が進行する。ここでもストレート，段付き，プロファイル形状と各種の砥石が用いられる。

　（b）　スルフィード研削（thru-feed grinding）〔図1.4（b）〕　研削砥石と調整車の間

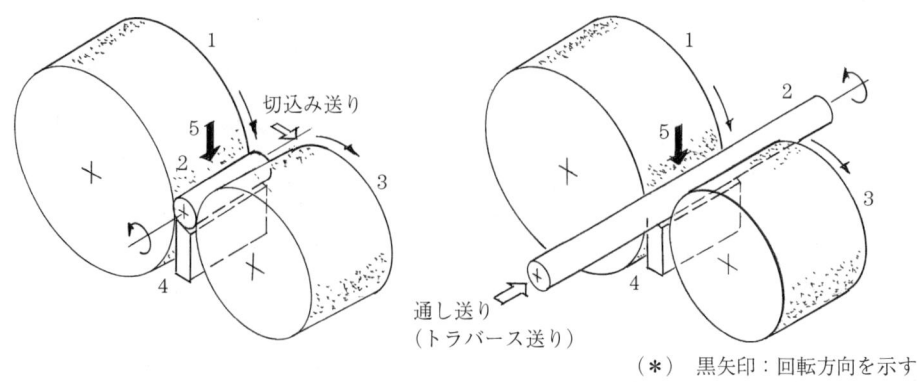

(a) インフィード研削（プランジ研削）　　（b）スルフィード研削（トラバース研削）

1　研削砥石　　2　工作物　　3　調整車
4　支持ブレード　　5　研削液

図1.4　心なし研削

隔を工作物の仕上り寸法に設定し，両者の位置を固定する。工作物を両砥石の「入口部」（図中の左側）に挿入する。工作物は自転を開始するとともに，自動的に軸方向に送られ両砥石間を通過する。この過程をスルフィード（通し送り）という。送り途上において研削が進行し，「出口部」において工作物直径は仕上り寸法となる。なお，調整車は砥石に対して垂直面内においてわずか傾けておく。砥石幅よりも長さの長い円筒状工作物を，連続的に加工することができる。

1.3　心なし研削の適用例

心なし研削は円筒研削と比較して数々の特徴をもっている。
(i) センタ穴が不要なため，中空工作物，細径工作物の研削が容易である。(ii) センタ穴精度の影響がなく，高い精度の真円度を得ることができる。(iii) 工作物回転数の選択範囲が広く，高速回転が可能である。(iv) 工作物の研削部全幅を支持するため支持剛性が高く，高能率加工に適している。(v) スルフィード研削においては，原理的に同一寸法を得ることができる。(vi) スルフィード研削は原理的に自動加工工程である。したがって，(vii) 生産能率が高く，加工数量が毎分1 000個以上に達することすらある。(viii) 長さ数mに達する長尺材でも加工できる。さらに，(ix) 極薄ブレードの適用により直径0.1 mm以下の細径工作物も研削できる，等々である。

図1.5に心なし研削の適用例を示し，主要加工条件はつぎのとおりである。

4　1. 心なし研削の特徴

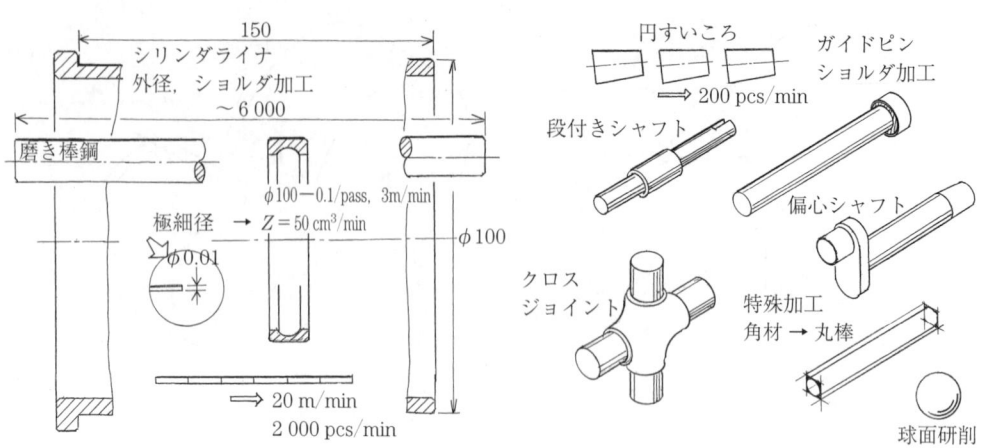

図1.5　心なし研削の適用例

シリンダライナ：φ100−150L，外径/鍔(つば)の同時加工
磨き棒鋼：φ(4〜16)−(2000〜6000)L
軸受外輪外径：φ(4〜120)−(2〜40)B
　　　　　　　砥石モータ/ 10〜100 HP
極　細　径：φ0.01−12L，φ0.04−200L
ニードルローラ：φ2−10L
　　　　　通し速度10〜20 m/min

円すいころ：φ(6〜16)−(10〜30)L
　　　　　通し速度 100〜300 pcs/min
段付きシャフト：2〜10 直径の同時加工
ガ イ ド ピ ン：φ(10〜30)，外径/鍔の同時加工
クロスピン：2枚砥石，X軸研削，上昇，
　　　　　　90°インデックス，Y軸研削

丸　め　加　工：角柱素材から丸棒に加工する
球　面　研　削：ビリヤード球

図1.6は主にインフィード研削における工作物例である。

図1.6　心なし研削における工作物例（主にインフィード研削による）（Cincinnati Milacron社による）

1.4 特殊な心なし研削

特殊な心なし研削には以下のものがある（図1.7）。

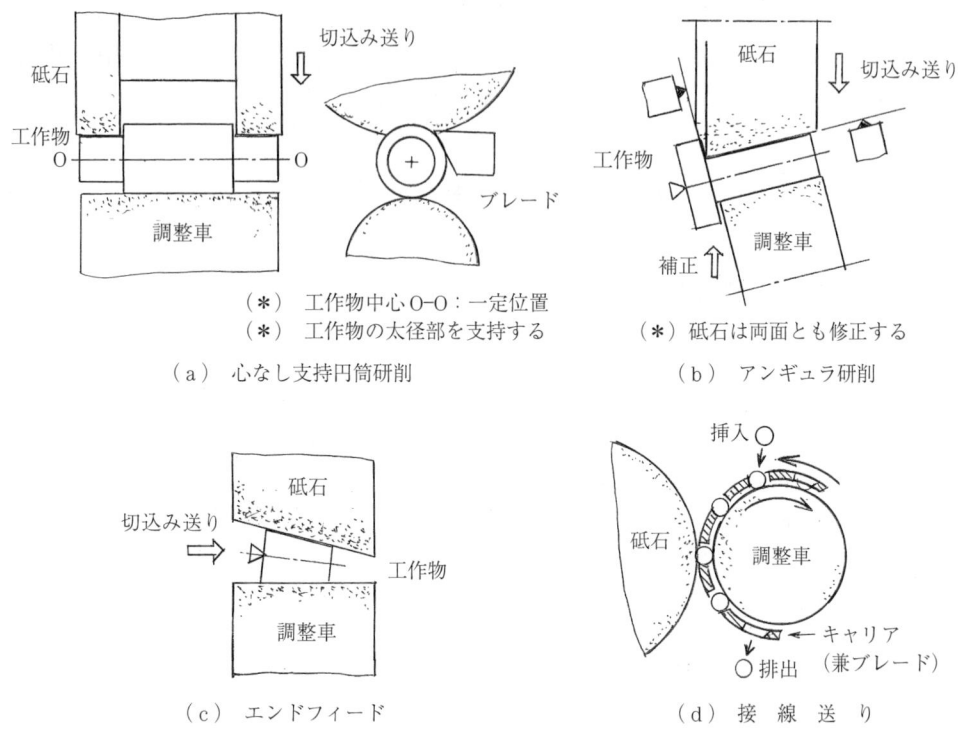

図1.7 特殊な心なし研削

(a) 心なし支持円筒研削　工作物の大径部を調整車，ブレードにより支持する。ここを基準面として両端の小径部をプランジ研削する。小径部は支持していない。円筒研削の場合と同様に，研削が進行しても工作物中心は一定位置に保たれ，砥石切込み量だけ工作物半径が減少する。真円度は基準面のそれに支配される。

この方式は，両端の小径部加工のみならず，大径部の溝入れ加工などにも実用されている。

(b) アンギュラ研削　調整車を10〜20°スウィベルした状態で工作物を支持し，テーパ形状の砥石を用いて工作物の外径，ショルダの同時加工を行う。また，工作物のショルダが，軸方向に砥石から離れた状態で装塡（てん）し，その後軸方向送りを与える研削サイクルも適用されている。このとき，軸方向送りは直径方向切込みと同期している。

さらに，砥石は円筒形状として，工作物の軸方向送りを併用することにより，外径，ショルダの同時加工を行うこともできる。

(c) エンドフィード　両砥石間隔は平行ではなく先細になっている。円すい状工作物を装填し軸方向に送りを与えテーパ研削を行う。位置決め基準は端面であるから，テーパの大径寸法または小径寸法（いずれも仮想直径）の保証された加工方式である。

(d) 接線送り　調整車外周を覆うように，かご形のロータリキャリアを配置する。ブレードを兼ねたキャリアポケットに工作物を挿入する。キャリアは低速で回転し，各ポケットが両砥石間を通過する。加工は連続的に行われ，工作物の供給排出時にも研削は中断しない。特殊加工に適用され，きわめて高い生産能率が得られている。

1.5　シュー支持心なし研削

(a) 一般の心なし研削盤　一般の心なし研削盤は，図1.8（a）に示すように，主として砥石1，調整車3，ブレード4の3者から構成される。工作物の幾何学的配置は後述するように，角度 ψ_1 および γ により表現される。

ψ_1 … 工作物中心から見た半径 O-G および半径 O-B のなす角

γ … 半径 O-G の延長線と半径 O-R のなす角

G … 工作物と砥石との接点

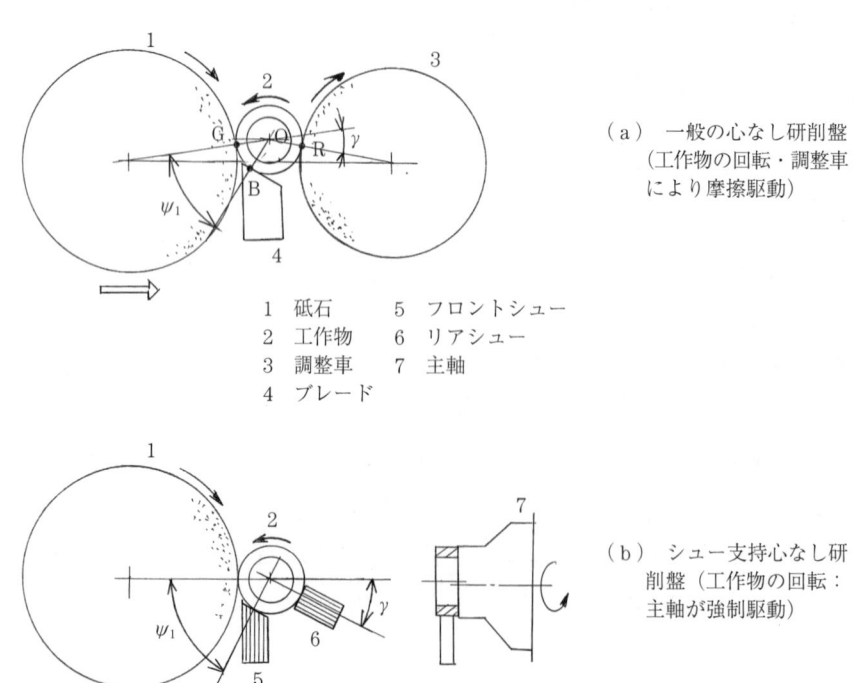

（a）一般の心なし研削盤
　（工作物の回転・調整車
　により摩擦駆動）

1　砥石　　5　フロントシュー
2　工作物　6　リアシュー
3　調整車　7　主軸
4　ブレード

（b）シュー支持心なし研
　削盤（工作物の回転：
　主軸が強制駆動）

図1.8　シュー支持心なし研削

B … 工作物とブレードとの接点
R … 工作物と調整車との接点

（b） シュー支持心なし研削盤　シュー支持心なし研削盤は，図1.8（b）に示すように，調整車およびブレードの位置する箇所に，リアシュー6，フロントシュー5が配置されている。マグネットシュータイプの場合，工作物2の端面を主軸7の先端部端面に吸着する。主軸の回転とともに，工作物はシューの構成するV字状の谷間に押し付けられた状態で回転する。

工作物の幾何学的配置は前項と同様に，角度 ψ および γ により表現され，真円度に関しては幾何学的にも力学的にも，一般の心なし研削と共通の特性を有している。一般の心なし研削盤と比較して，以下の特長を有し，ころがり軸受輪の専用研削盤として数多くの設備が用いられている。

（ⅰ）　調整車が不要である。
（ⅱ）　工作物の外径と端面の直角度が保証された加工法である。
（ⅲ）　工作物は砥石と離れた状態でも回転する。
（ⅳ）　リング状工作物の場合，高速供給排出が可能である。

図1.9にシュー支持心なし研削盤の例を示す。

図1.9　シュー支持心なし研削盤
（日進機械による）

1.6　円筒研削と心なし研削の対比表

両者の主な差異を**表1.1**の対比表により図解する。

（a）　工作物の位置決め：センタとセンタ穴 vs. ブレードと調整車の構成するV字状の谷間
（b）　工作物の回転駆動：外部機構により強制駆動 vs. 調整車の摩擦力により摩擦駆動

8   1. 心なし研削の特徴

表 1.1 円筒研削と心なし研削の対比表

	円 筒 研 削	心 な し 研 削
（a）工作物の位置決め	センタとセンタ穴	ブレードと調整車の構成するV字状の谷間
（b）工作物の回転駆動	外部駆動，ケレ	調整車の摩擦力
（c）創成機構	固定点Oを中心とする半径rの回転体：円	3点G, B, Rに接する回転体：円 その他の形状

〔注〕　C：センタ　　　B：ブレード接点　　v_w：工作物周速度
　　　RW：調整車　　　R：調整車接点　　　v_r：調整車周速度
　　　R：反　力　　　GW：研削砥石　　　O：工作物中心
　　　μR：摩擦力　　F_n：法線研削力　　G：砥石接点

（c）　創成機構：固定点Oを中心とする半径rの回転体＝「円」vs. 3点G, B, Rに接する回転体＝「円」,「その他の形状」

1.7 切込み量と直径減少量

　円筒研削と心なし研削においては，両者の関係が異なり注意を要する。前者においては，工作物回転中心は一定の位置に保たれる。他方，後者においては，新たな創成面を基準として回転中心が定まるためである。
　図 1.10 に，両者の切込み量と直径減少量の比較を示す。

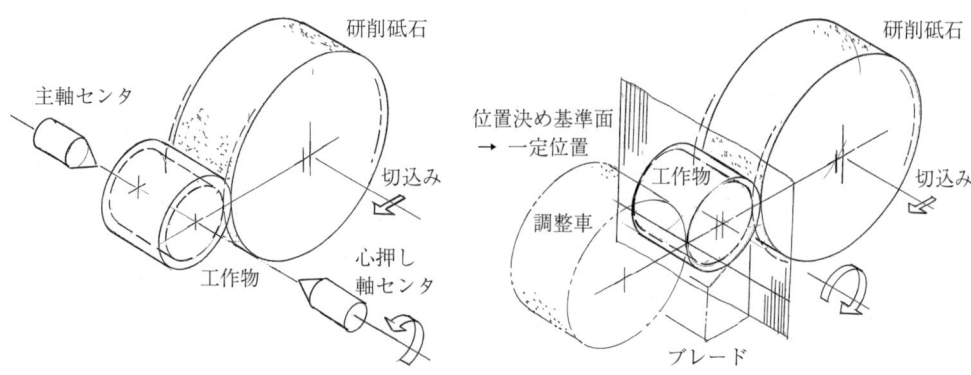

(a) 円筒研削 → (直径減少量)=2×(切込み量)　　(b) 心なし研削 → (直径減少量)=(切込み量)

図 1.10　切込み量と直径減少量

（a）円筒研削　工作物回転中心は両センタにより定まる。砥石を a だけ切り込むとき，工作物半径は a だけ減少する。(直径減少量)＝2×(切込み量) となる。

（b）心なし研削　砥石に対向した調整車表面の位置が一定であり，工作物位置決め基準面となっている。a/〔rev〕なる切込み送りを与えるとき，工作物の回転とともに工作物中心の位置が変化する。約 1/2 回転前の工作物創成面が調整車と接している。

砥石を a だけ切り込むとき，工作物回転中心は $a/2$ だけ調整車側に移動し，工作物半径は $a/2$ だけ減少する。(直径減少量)＝(切込み量) となる。

1.8　切込み量と除去過程

工作物が 1 回転する間に砥石台を a だけ一定速度で送った後，砥石台を停止する。このとき工作物表面の除去過程を**図 1.11** に図解する。回転中の工作物に砥石が接する，（ⅰ）初めの 1/2 回転する間にハッチング部が除去される，（ⅱ）つぎの 1/2 回転により図示ハッチング部が除去される，（ⅲ）砥石位置は一定となり残留部分が除去される。

（a）円筒研削　工作物中心は一定の位置に保たれる。a なる切込み量により，「工作物半径」は a だけ減少する。直径が $2a$ だけ減少した円が創成される。この円の中心は素材中心と同心である。

（b）心なし研削　初めの 1/2 回転においては，素材表面 A-B-C を基準として $a/2$ だけ切込みが進行し，図示部が除去される。つぎの 1/2 回転においては，創成面 A′-B′-C′ を基準とし，工作物中心の移動を伴いながらハッチング部が除去される。この間，切込み量は一定値 $a/2$ をとる。さらに，つぎの 1/2 回転において，A″-B″-C″ を基準として除去過程が進行し，残留部分が除去される。すなわち，「直径が a だけ減少」した円が創成される。こ

10　　　1. 心なし研削の特徴

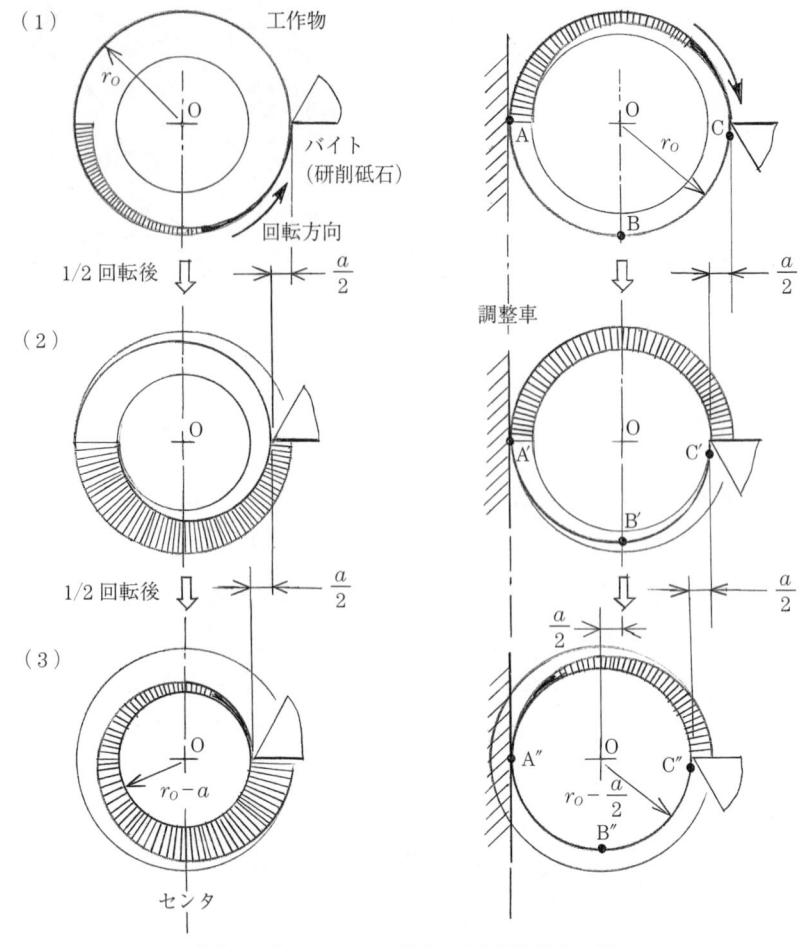

工作物1回転についてaだけ砥石台を連続的に送り、
以降、砥石台停止（スパークアウト研削）とする

　　　（a）円 筒 研 削　　　　　　　（b）心 な し 研 削
図1.11　切込み量と除去過程

の円の中心も素材中心と同心である。

1.9　工 作 物 心 高

　心なし研削における両砥石、ブレード、工作物の位置関係を図1.12に図示する。工作物はG-G, R-R, B-Bなる3直線により、これらと接している。工作物中心O_wは砥石中心O_g、調整車中心O_rを結ぶ直線O_g-O_rから高さHだけ外れた箇所に位置する。これを「工作物心高」と称し工作物の真円度と密接な関連がある。
　表現を変えれば、このような幾何学的配置のため、研削の続行により「素材の形状誤差が

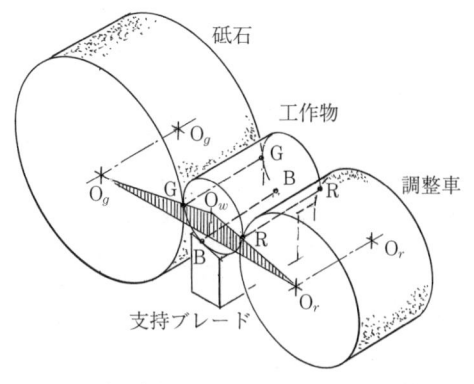
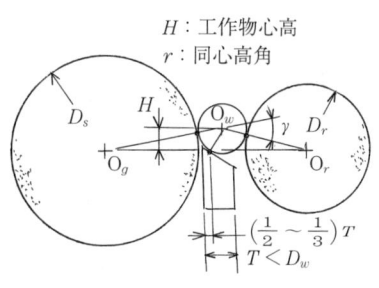

O_g-O_g：砥石中心　　G-G：砥石との接触線
O_r-O_r：調整車中心　　B-B：調整車との接触線
O_w-O_w：工作物中心　　R-R：工作物との接触線

工作物中心は砥石，調整車中心を結ぶ直線からHだけ外れた所に位置する

図 1.12　工作物心高 H

修正され」，工作物は真円に近づいていく。

両砥石直径 $D_{s,r}$ および工作物直径 D_w が与えられたとき，ある H の値を設定すれば三角形 $O_w O_g O_r$ における角 γ の値が定まる。角 γ を「心高角」と称する。心高角を用いれば，真円度との関連を一般的に論ずることができる。

〔例〕　(a)　$D_{s,r}=\phi500, \phi250, D_w=10, H=9.1$
　　　(b)　$D_{s,r}=\phi250, \phi125, D_w=5, H=4.5$

上例における H の値は異なるが，両条件において三角形 $O_w O_g O_r$ は相似形となり，角 γ は共に 6° である。

作業実務においては，望ましい γ の値から H の値を算出し，心高 H を設定する。詳しくは後述する。

工作物は直線 B-B に沿ってブレードと接している。ブレード表面上におけるこの接触線の位置はブレード頂点から 1/3～1/2 の位置となるように，両砥石間隔におけるブレード位置，すなわち，調整車とブレードの間隔を設定する。なお，ブレード側面と砥石接線 G-G は水平面内においてたがいに平行である。

1.10　工作物心高のセットアップ

(a)　砥石中心位置の確認　両砥石中心を結ぶ直線は水平に配置され，研削台取付け基準面も水平になっている。この基準面から砥石中心を結ぶ直線に至る高さ H_0 は，砥石ガードなどに貼り付けたメーカー銘板に明記されている。

なお，この値に疑問のあるとき，図 1.13 (a) に示す方法により H_0 値を再確認すること

12　　1. 心なし研削の特徴

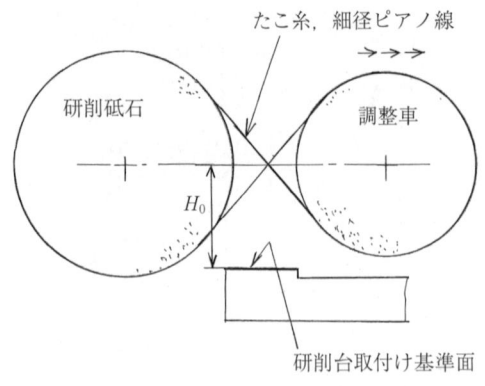
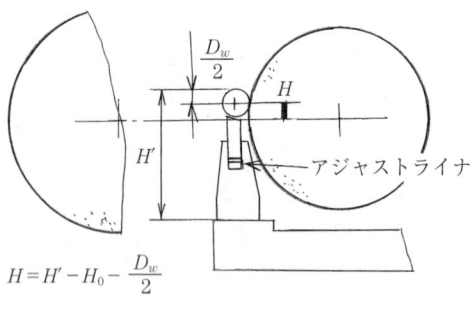

（a）砥石中心位置の確認　　　　　　　（b）心高の設定

H_0：基準面から両砥石中心線までの高さ　　D_w：工作物直径
H'：基準面から工作物頂点までの高さ　　　H：心高

図1.13　工作物心高 H のセットアップ

ができる。すなわち，両砥石の外周上に細径ワイヤなどを「8の字」状に回し，これを緊縛させた状態で交点の高さを測定する。

（b）**心高の設定**　ブレード，調整車の間隔を設定した後，ブレード上に工作物を載せる。ハイトゲージなどを用いて，研削台取付け基準面から工作物頂点に至る高さ H' を測定する。$H = H' - H_0 - D_w/2$ が工作物心高となる。ここに D_w は工作物直径である。心高測定の様子を図1.14に示す。

図1.14　心高の測定（Lidköping 社による）

心高の値は，研削台ブレード取付け溝の底部にアジャストライナを挿入することにより調整する。このライナは製造元から標準付属品として供給され，その組合せにより1 mm単位をもって心高を調整することができる。心高の設定精度は標準研削盤（両砥石直径／$\phi 500$，$\phi 250$）の場合1 mm単位（0.5°）で十分である。

1.11　心なし研削盤の基本諸元

心なし研削盤の基本諸元を以下に示す（図1.15）。

（a）**砥石／調整車の直径比 $D_s/D_r \fallingdotseq 2$**　一般の心なし研削盤においては $D_s \gg D_r$ となっているが，この直径比 D_s/D_r の値に解析的な根拠はない。

1.11 心なし研削盤の基本諸元

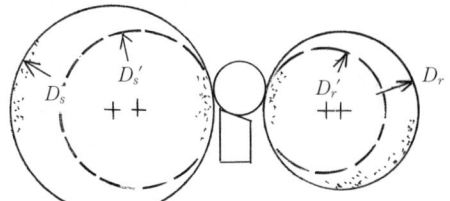

砥石使いしろ＝$D_s - D_s'$　　調整車使いしろ＝$D_r - D_r'$
→ 大きくしたい　　　　　　→ 摩擦は僅少
D_s：砥石新品直径　　　　　D_r：調整車新品直径
D_s'：同使用限界直径　　　　D_r'：同使用限界直径

（a）　砥石/調整者の直径比 $D_s/D_r \fallingdotseq 2$

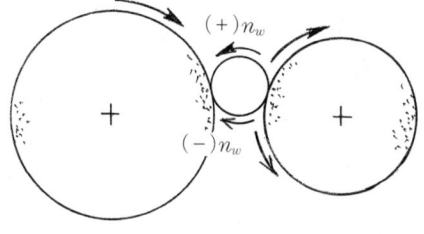

$(+)n_w$：標準方向　　　$(-)n_w$：特殊用途
　　　ダウンカット研削　　　　　アップカット研削

（b）　調整車（工作物）の回転方向 $(\pm)n_w$

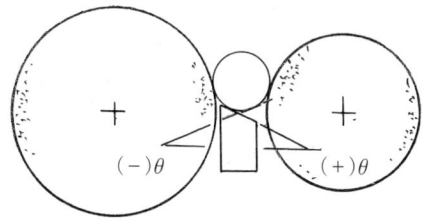

$(-)\theta$：研削不能連れ回り

（c）　ブレード頂角 $(\pm)\theta$

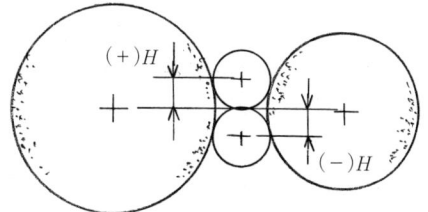

$(+)H$：標準方向　　　$(-)H$：特殊用途

（d）　工作物心高 $(\pm)H$

図1.15　心なし研削盤の基本諸元

[砥石直径 D_s]　砥石交換頻度の削減，すなわち，使いしろ $(D_s - D_s')$ を大きくとること，周速度増大の要請などにより大径化した。

[調整車直径 D_r]　摩耗が少なく使いしろの制約も少ない，直径の小さいほうがセットアップ，工作物の供給排出時における接近性がよい。大径化は不要である。

この結果 $D_s \gg D_r$ なる設計が多くなった。

（b）　**調整車（工作物）の回転方向 $(\pm)n_w$**　標準回転方向は $(+)n_w$（ダウンカット研削）である。$(-)n_w$（アプカット研削）と逆方向に回転しても心なし研削は可能である。工作物のキズ対策などを目的として実用されることがある。ただし，工作物の安定回転の条件が異なり，砥石と連れ回りの危険性の生ずる点に注意を要する。

（c）　**ブレード頂角 $(\pm)\theta$**　ブレードを逆向き $(-)\theta$ に取り付けてはならない。工作物の回転制御は不能となり砥石と連れ回る。研削不能である。

（d）　**工作物心高 $(\pm)H$**　標準方向は $(+)H$（アップセンタ）である。$(-)H$（アンダセンタ）と下センタに設定しても心なし研削は可能である。細径工作物の跳びはね防止などを目的として実用されることがある。

2 加工データ,研削に関する諸パラメータ

加工データ,すなわち,加工条件および加工結果の記録,検討のために必要な諸数値について説明する。

豊富なデータを蓄積しても,例えば,基本的な加工条件の記録を欠く場合,参照資料として活用することができない。図2.1に示すように研削性能は,多くの要素リンクから成り立つチェインの強度であると考えることができる。「最も弱いリンク」により限界性能が定まってしまう。

また,生データを力学的な観点から検討することにより,工程改善のための新たな展望が開けてくる。

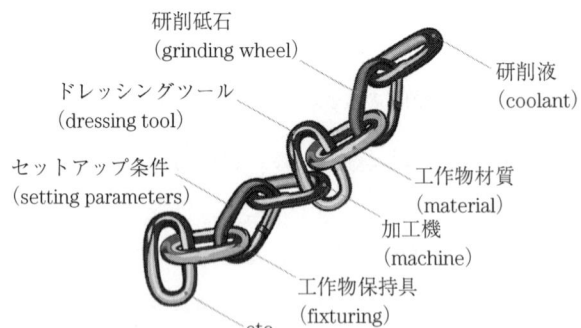

図2.1 研削工程のチェイン (Winterthur 社による)

2.1 主要研削条件

(a) 直接的な設定条件

研削砥石:形状寸法,周速度;砥石仕様

工 作 物:形状寸法,研削幅,周速度,研削しろ,前加工,材質;数量

研削サイクル:切込み速度,実研削時間

修 正 条 件:ツール,切込み,送り;ドレス間隔

研 削 液:仕様,供給条件

(i) 「加工機の特性」が加工結果に最も直接的な影響を及ぼす。加工機については製造元,モデル名を記録しておく。

(ii) 「ドレッシング」を施した砥石表面性状は研削過程に大きな影響を与える。例えば,

工作物表面粗さはドレス条件に左右される。実工程において所要表面粗さを得るための作業は，主にこの条件を調整することである。図 2.2 にリボン状になった切屑（きりくず）を示す。

(iii) 「研削液の供給」条件については，研削液が確実に研削点に達するよう注意を要する。このための原則は，砥石周速と同一速度で研削液を供給することである。ノズル形状の選択，高圧供給などがこの対応策となる。

上 $v_s = 200$ m/s 下 $v_s = 80$ m/s

図 2.2 切屑の SEM 写真（ノリタケ社による）

(b) 研削過程に関連したパラメータ（図 2.3）

研 削 抵 抗：法線方向成分 F_n [kgf, N]

接線方向成分 F_t [kgf, N]

2 分力比 $\eta \equiv \dfrac{F_n}{F_t}$ [-]

切 屑 除 去 量：$V_w = \dfrac{\pi D_w \varDelta D_w b}{2}$ [mm³, cm³]

砥石減耗量：$V_s = \dfrac{\pi D_s \varDelta D_s b}{2}$ [mm³]

切屑除去能率：$Z \equiv \dfrac{V_w}{t} = \pi D_w b v_f$ [mm³/s, cm³/min]

研 削 比：$G \equiv \dfrac{V_w}{V_s}$ [-]

比切屑除去能率：$Z' \equiv \dfrac{Z}{b} = \pi D_w v_f$ [mm³/(mm・s)]

(i) 「研削抵抗の大きさ」は切屑除去能率，工作物の材料特性，および砥石の表面性状などにより定まる。鉄鋼材料の場合，2 分力比 η の値は 2〜3 とされているが，あらかじめこの値を制御することはできない。「η→大」とは砥石の「切れ味」が劣ることを意味する。研削抵抗の測定のためには一般に特別な準備が必要である。ただし，

F_n：静圧スピンドル機の場合軸受ポケット圧力差から推定することができる。

F_t：砥石モータ負荷電力から推定することができる。

(ii) 「比切屑除去能率 Z'」とは砥石幅 1 mm 当りの除去能率を意味し，各種研削工程における砥石の研削特性を比較するための重要な指標である。砥石作業面の負荷一定という条件の下に研削特性を比較することができるからである。

また，各種の研削工程において，許容除去能率を，Z' の値として推奨することが可能となる。

(iii) 「研削比 G」は Z' とともに重要な研削指標である。「G 比」ともいう。研削の継続による砥石の減耗割合を表す。研削の継続とは「所要精度を満足している」という前提条件が付いている。

16 2. 加工データ，研削に関する諸パラメータ

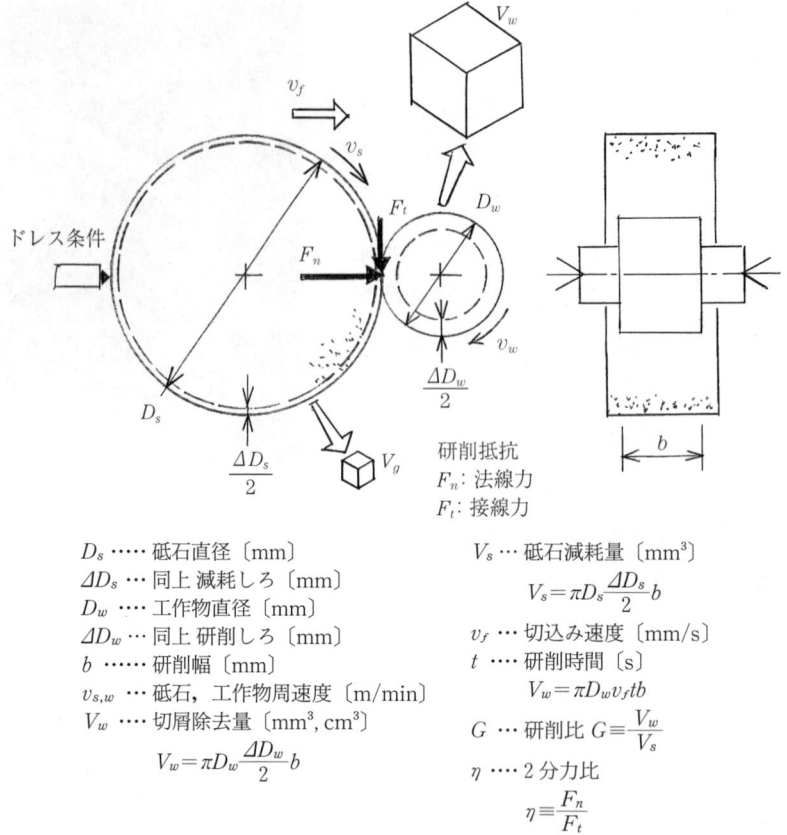

図2.3 主 要 研 削 条 件

(iv) したがって，「G 比が大きい」ことは，「砥石再修正寿命（ドレスインタバル）」が長いことを意味する。再修正寿命とは，ここに至るまでの加工数量，または，累積切屑除去量 V_w の大きさを表すということもできる。単位砥石幅当りの値 $V_w' = V_w/b$ 〔mm³/mm〕によって再修正寿命表現することが多い。

G 比の大きさ，砥石再修正寿命の値は工程の経済性を支配する重要特性である。これは研削盤の特性，砥石修正技術により大きく異なる。

（c）連続加工サイクルの詳細 総合加工能率とは工作物1個当りの加工時間によって表される。連続加工サイクルは，

 〔研削サイクル〕 急速前進，粗研削送り，精研削送り，スパークアウト，急速後退

 〔付帯作業〕 工作物の装填，排出，砥石修正，精度確認および調整

などから成っている。工作物1個当りの加工時間のうち，実研削時間の占める割合が30％以下となることもまれではない。総合能率向上のためには，現状の分析に始まり，バランスのとれた改善策が必要となる。

2.2 加工精度の記録と整理

(a) 工作物略図〔図2.4(a)〕 心なし研削における典型的な工作物である。加工箇所および対象となる精度項目を示している。

単純円筒体：直径寸法，表面粗さ；真円度，円筒度，真直度（曲がり）

段付き軸：段差精度 $\equiv \dfrac{D_1 - D_2}{2}$，同心度　　軸受輪：端面に対する直角度

直径寸法の公差範囲は多くの場合 4〜12 μm である。特別な場合，公差範囲 0.5 μm，ロ

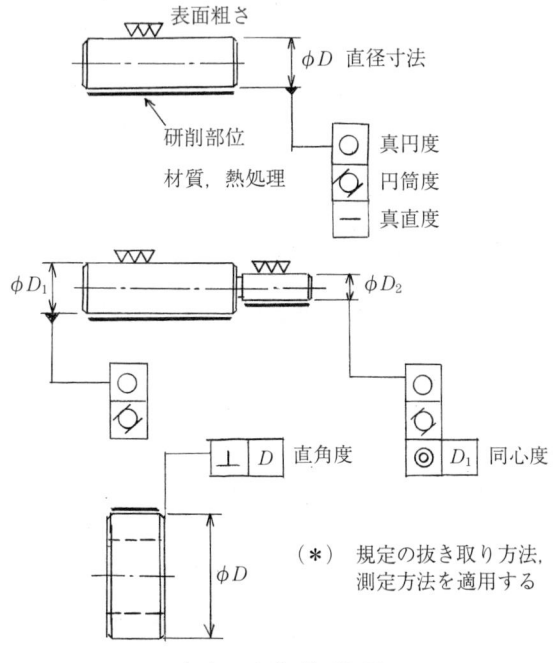

(a) 工作物略図

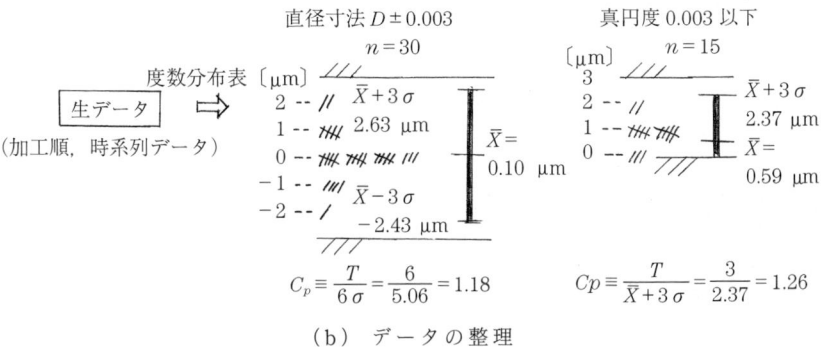

(b) データの整理

図 2.4 加工精度の記録と整理

ット内の直径相互差 0.1 μm が要求される。生産工程においては，規定の方法により工作物を抜き取り，所定の測定を行う。品質管理図を併用して工程を管理する。また，完成検査として全数検査を実施することもある。

　（b）データの整理〔図 2.4（b）〕　研削加工機の製造元では出荷に先立ち詳細な性能検査を行う。また，生産工場においては設備の稼働に先立ち工程能力検査を実施する。いずれも，所定の能率による連続加工における諸性能が調査の対象となる。

　多くの場合，研削の継続とともに諸精度は経時的に変化する。ドレッシング後の研削砥石が減耗していくことが主因である。

　各精度項目について加工順にデータを採取する。まず，砥石修正（ドレッシング）を行い，砥石再修正間隔に至るまで連続加工を継続する。工程能力指数 C_p の定義および許容値は目的に応じて多様である。

（ｉ）　$C_p = \dfrac{T}{6\sigma} \leqq 1.0$

　　　　$C_p = \dfrac{T}{6\sigma} \leqq 1.33 \quad \left(C_p = \dfrac{T}{8\sigma} \leqq 1.0 \right)$

　　　　T：公差範囲

　　　　σ：ばらつき（$\bar{X}$ からの偏差の標準偏差）

（ⅱ）片側公差のとき：

　　　　$C_p = \dfrac{T}{\bar{X} + 3\sigma} \leqq 1.0$

　　　　$\bar{X}$：平均値

（ⅲ）「ばらつき」のみならず狙い値を重視する：

　　　　$C_p = \dfrac{T}{6\sigma_1} \leqq 1.0$

　　　　σ_1：ばらつき（狙い値 X_0 からの偏差の標準偏差）

（ⅳ）経時変化は対象としないとき：

　　　　$C_p = \dfrac{T}{6\sigma_2} \leqq 1.0$

　　　　σ_2：ばらつき（隣接値の差 $X_n - X_{n-1}$ の標準偏差）

2.3　表面粗さと研削条件

　（a）連続切れ刃間隔　図 2.5 は平面研削における砥石の断面である。この断面図において，砥粒切刃は砥石外周上に間隔 a ごとに分布しているものとする。これを連続切れ刃間隔という。切込み d_w を与え，工作物送り速度を v_w として研削を行う。砥粒切刃の切込み量 d_g は

$$d_g = a \left(\dfrac{v_w}{v_s} \right) \times 2 \sqrt{\dfrac{d_w}{D_e}}$$

$$\dfrac{1}{D_e} = \dfrac{1}{D_s} + \dfrac{1}{D_w}$$

　　　$v_{s,w}$：砥石，工作物周速度

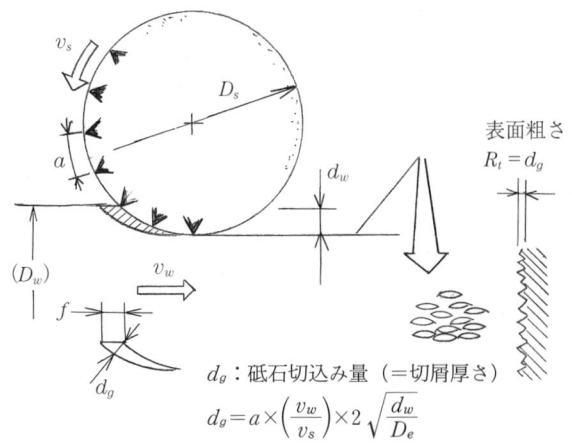

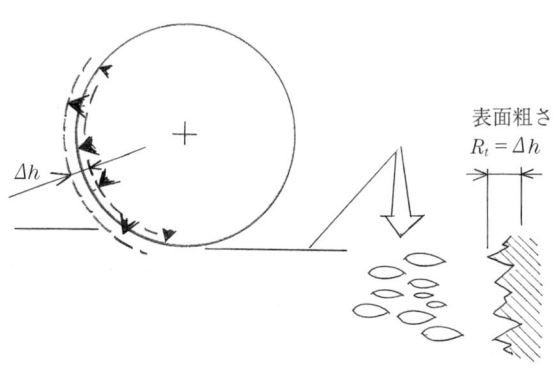

図 2.5　表面粗さと研削条件

D_e：等価直径，　$D_{s,w}$：砥石，工作物直径

と表される。砥粒切込み量 d_g は切屑の厚さを意味する。したがって，加工面の表面粗さ R_t の値はこれと同オーダとなることが期待される。

$D_s \equiv 250$ mm, $v_s \equiv 1\,800$ m/min なる平面研削盤において，仕上げ研削〔$Z' = 0.2$ mm³/(mm·s)〕を想定して

$\varDelta \equiv 0.005$ mm/pass,　$v_w \equiv 40$ mm/s

と設定する。研削砥石は WA80K（粒径≒0.25 mm）とする。連続切れ刃間隔は不明であるが，粒径の 10 倍（$a \equiv 2.5$ mm）と仮定する。切屑厚さは $d_g = 0.03$ μm と試算され，表面粗さの経験値より一けた以上小さな値となってしまう。また，$d_w = 0$ なるスパークアウト研削を継続しても，周知のように，表面粗さはさほど向上しない。

（b）切れ刃位置のばらつき　現実の砥石表面においては，図 2.5 に示すように，砥粒切れ刃の位置は一定ではなく，半径方向にばらつき $\varDelta h$ を有する。これが工作物表面に転写

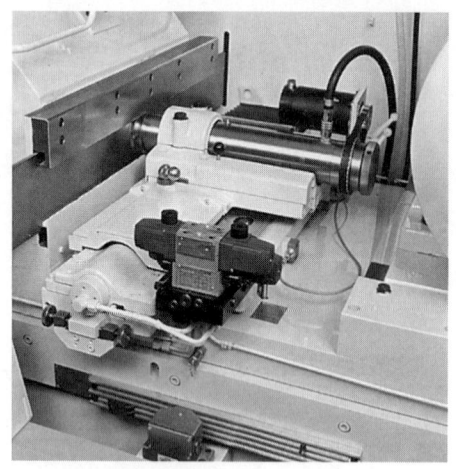

され，工作物表面粗さは $R_t \fallingdotseq \varDelta h$ となるものと考えられる。

ばらつき $\varDelta h$ の値は砥石仕様のみならず，研削盤精度および砥石修正精度に大きく依存する。心なし研削盤における砥石修正装置を図 2.6 に例示する。

図 2.6 砥石修正装置（Lidköping 社による）

2.4 ドレッシングパラメータ ― 固定ダイヤモンドツールのとき ―[†]

砥石修正に際しては各種のダイヤモンドツールが適用される。固定形ツール，回転形ツール（ロータリダイヤモンドドレッサ）の 2 種類に大別される。固定形ツールには，

［単石ダイヤモンドドレッサ］ 1/4～2 ct の天然ダイヤモンド粒，

［多石ダイヤモンドドレッサ］ 粒径 0.1～1 mm の細粒ダイヤモンドをバインダにより焼結，

などの種類があり，用途に応じて使い分ける。ドレッシングにより砥石の幾何学的形状および表面性状を整える。主なドレッシングパラメータはダイヤ切込み量 a_d およびダイヤ送り速度 f_d である（図 2.7）。

ダイヤ切込み量 a_d〔mm/pass〕：
  0.002～0.02 … 単石レッサ
  0.01～0.04 … 多石ドレッサ

ダイヤ送り速度 f_d〔mm/min〕：
$$f_d = \frac{b_d n_s}{u_d}$$
b_d：ダイヤ有効幅〔mm〕，n_s：砥石回転数〔rpm〕
u_d：オーバラップ比〔−〕， $u_d \equiv \dfrac{b_d}{s_d}$
粗研削 $u_d = 2\sim3$，精密研削 $u_d = 4\sim6$
s_d：砥石 1 回転当りダイヤモンド送り量〔mm/rev〕とする。

[†] Winterthur 社による。

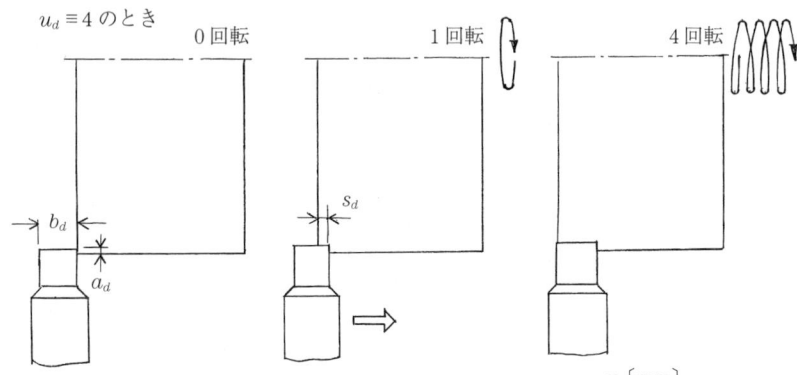

図2.7 ドレッシングパラメーター固定ダイヤモンドツールのとき—
（Winterthur 社による）

2.5 加工能率と研削パラメータ

加工能率のうち実研削時間を対象とした，狭義の加工能率を検討する。これは切屑除去能率 Z〔cm³/min〕によって表される。砥石幅 1 mm 当りの比除去能率 Z'〔mm³/(mm・s)〕を用いれば，砥石負荷一定という条件の下にいろいろな場合の研削特性を比較することができる（図2.8）。

（a） 比切屑除去能率 Z'〔mm³/(mm・s)〕

一般砥石の場合，経験に基づく設定値の目安の値は

粗 研 削：$Z'=1\sim5$　　精密研削：$Z'=0.1\sim1$

であるが，心なし研削における事例を紹介する。

　［鋳造品成形研削］　直径 $\phi16$，研削しろ $\phi1.5$，実研削時間 5 s → $Z'=3.14\times16\times0.75\div5$
　　　$=7.5$

　［軸受軌道輪］　$\phi60-\phi0.2-5\,\mathrm{s}\ \to\ Z'=3.8$

22　　2. 加工データ，研削に関する諸パラメータ

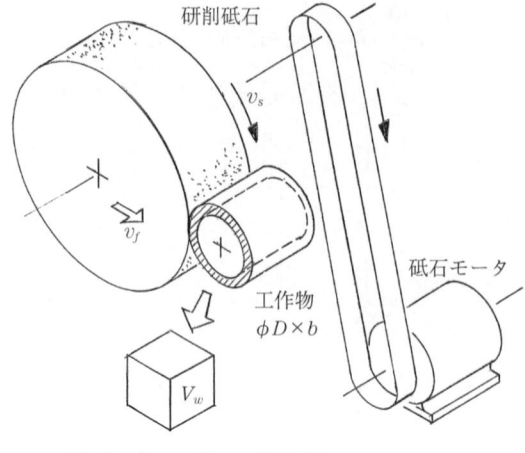

v_f：切込み送り速度〔mm/s〕
v_s：砥石周速度〔m/s〕
F_n：法線力〔kgf〕
F_t：接線力〔kgf〕
V_w：切屑除去量〔mm³, cm³〕
η：2分力比 $\left(\dfrac{F_n}{F_t}\right)$
K_z：比研削エネルギー
　　30〜60 kJ/cm³/鋼材
K_z'：比研削動力
　　0.7〜1.4 HP/(cm³/min)
Z：切屑除去能率〔mm³/s, cm³/min〕
　　$Z = \pi D b v_f$
Z'：比切屑除去能率〔mm³/(mm·s)〕
　　― 砥石幅1 mm当りの除去能力 ―
　　$Z' = \pi D v_f$
　　設定の目安値　粗研削：$Z'=1 \sim 5$
　　　　　　　　　精研削：$Z'=0.1 \sim 1$

V_w〔cm³, mm³〕　研削動力
$$G_{HP} = \frac{F_t v_s}{75} \text{〔kgf·m/s〕}$$
$$= K_z' Z$$

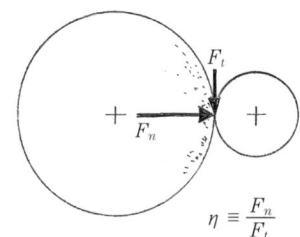

$\eta \equiv \dfrac{F_n}{F_t}$

研削抵抗の推定
$$F_t = 75 \frac{G_{HP}}{v_s} = 75 K_z' \frac{Z}{v_s}$$
$$F_n = \eta F_t$$
　G_{HP} … 実測値
　Z, v_s … 設定値
　K_z', η … 推定値

図 2.8　加工能率と研削パラメータ

〔段付き軸〕　$\phi 12 - \phi 0.2 - 5\,\text{s} \rightarrow Z' = 0.75$

〔段付き軸精密研削〕　$\phi 20 - \phi 0.05 - 5\,\text{s} \rightarrow Z' = 0.3$

(b)　**研削抵抗の推定**　接線力 F_t，研削動力 G_{HP} は

$$G_{HP} = \frac{F_t v_s}{75} \text{〔HP〕} = K_z' Z$$

　　F_t：接　線　力〔kgf〕，　v_s：砥石周速度〔m/s〕
　　K_z'：比研削動力〔HP/(cm³/min)〕〔=0.7〜1.4/(鉄鋼材料のとき)〕,
　　K_z：比研削エネルギー=3 000〜6 000〔kgf·mm/mm³〕,
　　Z：切屑除去能率〔cm³/min, mm³/s〕

と表される。砥石駆動モータ容量は所要能率により異なり，**図 2.9** に示す大形心なし研削盤においては，30〜100 kW モータが搭載される。砥石駆動モータの負荷電力として研削動力 G_{HP} を実測すれば

$$F_t = \frac{75 G_{HP}}{v_s}$$

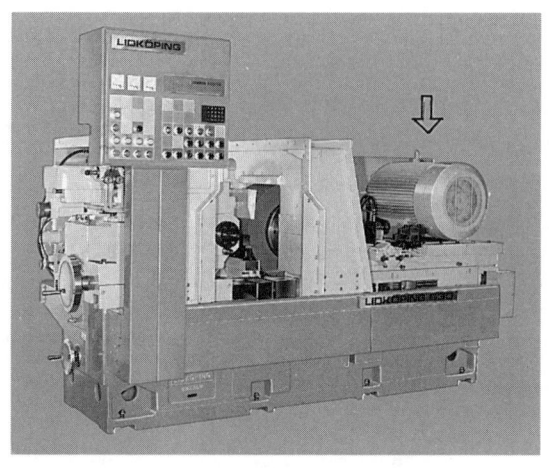

図 2.9 大形心なし研削盤
における砥石駆動モータ
（Lidköping 社による）

なる換算により，接線力 F_t の値を知ることができる．また，ある切屑除去能率の値 Z を設定するとき

$$F_t = \frac{75 K_z' Z}{v_s} \left(= \frac{K_z Z}{v_s} \right)$$

から，接線力 F_t の値をあらかじめ推定することができる．鉄鋼材料の場合 2 分力比 η の値は $\eta = 2 \sim 3$ とされている．これから法線力 F_n の値は

$$F_n = \eta F_t$$

と推定される．

〔注〕 換算係数 "75" は〔(kgf·m/s)/HP〕なる単位を有するものとして取り扱う．

2.6 平面研削における切残し

図 2.10 はテーブル往復形平面研削盤における加工の模式図である．典型的な作業状況を図 2.11 に示す．設定切込み量 d_w を与え工作物をトラバース研削する．F_n なる研削抵抗は弾性変形 δ をもたらし，「砥石は上方に逃げる」．このため，実際の切込み量は $d_a = d_w - \delta$ と小さくなる．

なお，詳しくは，砥石の接触部でも弾性変形が発生するため，この弾性接近量 δ' を δ に加算しなくてはならない．

（a） **加工系の剛性と研削特性**　これらの間には

$$F_n = \delta K_m = d_a K_w$$

　　　K_m：加工系の剛性〔kgf/μm〕，
　　　K_w：研　削　剛　性〔kgf/μm〕，
　　　　　$K_w = k_w b$

24　2. 加工データ，研削に関する諸パラメータ

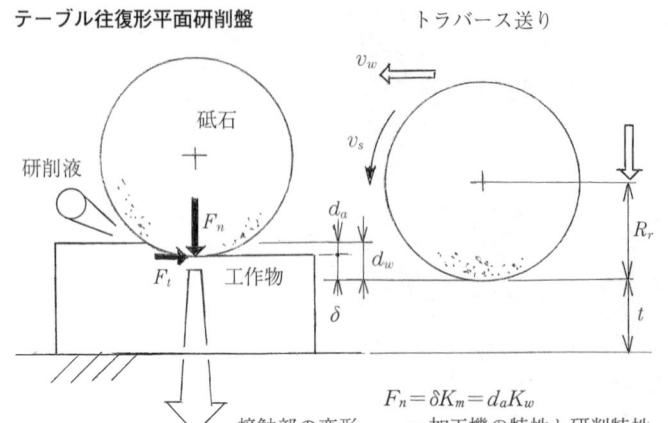

テーブル往復形平面研削盤　　　トラバース送り

F_n：法線力〔kgf〕
F_t：接線力〔kgf〕
d_w：設定切込み量/パス
d_a：実切込み量
δ：弾性変形量
δ'：弾性接近量
v_s：砥石周速度
R_r：砥石半径
t：工作物寸法
K_m：加工系の剛性〔kgf/μm〕
K_w：研削剛性〔kgf/μm〕
Z：切屑除去能率〔cm³/min〕

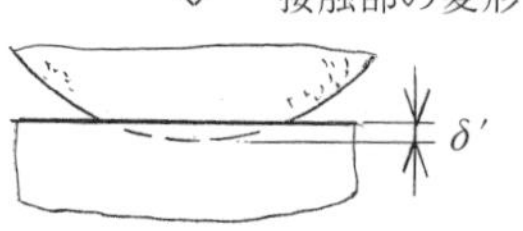

$$F_n = \delta K_m = d_a K_w$$
… 加工機の特性と研削特性

$$d_a = \frac{K_m}{K_m+K_w} d_w = (1-K) d_w, \quad \delta = \frac{K_w}{K_m+K_w} d_w = K d_w,$$

$$K \equiv \frac{K_w}{K_m+K_w} \text{ … 切残し率}$$

$$G_{HP} = F_t \text{〔kgf〕} \times \frac{v_s \text{〔m/s〕}}{75}$$

$$= K_z' \text{〔HP/(cm}^3\text{/min)〕} \times Z \text{〔cm}^3\text{/min〕 … 研削特性と所要動力}$$

$$Z = d_a v_w b \quad (b：研削幅)$$

$$\eta = \frac{F_n}{F_t} \quad \text{… 接線力と法線力，砥石表面性状の特性}$$

$$F_n = 75 K_z' Z \frac{\eta}{v_s} = K_m \delta \quad \text{… 研削能率と加工機の特性}$$

図2.10　平面研削における切残し

図2.11　平面研削盤の作業状況
　　　　（K. Jung 社による）

k_w：比研削剛性〔kgf/(μm・cm)〕,
b：研　削　幅〔cm〕

なる関係がある。研削剛性 K_w とは砥石の「切れ味」を示し，「$K_w \to$ 小」とはよく切れることに相当する。表現を変えれば，K_w なる力により砥石を押し付けるとき，工作物は深さ 1 μm だけ除去される。K_w の値は研削条件，砥石作業面性状などに依存する。上式を書き直し

$$d_a = \frac{K_m}{K_m+K_w} d_w = (1-K) d_w,$$

$$\delta = \frac{K_w}{K_m+K_w} d_w = K d_w,$$

$$K \equiv \frac{K_w}{K_m+K_w} \text{ … 切残し率}$$

を得ることができる。"$F_n = \delta K_m = d_a K_w$" なる関係は研削過程と加工機の特性を結び付ける基礎式である。K_m, K_w, 接触部における弾性変形の特性などは

（ⅰ）　研削サイクルの分析
（ⅱ）　「成円作用」および「びびり振動」の解析

に欠くことのできない力学的パラメータである。

(b)　研削剛性 K_w の推定　　前出の F_n の関係式

$$F_n = \frac{\eta \times 75 K_z' Z}{v_s} = K_w d_a$$

において，$Z = d_a b v_w$（v_w：工作物速度）とおけば

$$k_w = \frac{K_w}{b} = \frac{\eta \times 75 K_z' v_w}{v_s} = \frac{\eta K_z v_w}{v_s}$$

の関係から，研削剛性 K_w の値を推定することができる。

〔例〕　研削剛性 K_w

$v_w \equiv 27$ m/min,　$v_s \equiv 2\,700$ m/min,　$K_z' \equiv 0.7 \sim 1.4$ HP/(min·cm³),　$\eta \equiv 2$

→ $\dfrac{K_w}{b} = k_w = 0.6 \sim 1.2$ 〔kgf/(μm·cm)〕

〔例〕　切残し率 K

$b \equiv 50$ mm,　$k_w \equiv 1.0$ kgf/(μm·cm),　$K_m \equiv 5(2.5)$ kgf/μm

→ $K = \dfrac{5}{\{5(2.5) + 5\}} = 0.5(0.67)$

現実の研削作業においては，実切込み量 d_a は，設定切込み量 d_w の 5〜50％ とされている，すなわち，切残し率は $K = 0.5 \sim 0.95$ の値に達する。

〔例〕　長尺シャフトの円筒研削

$\phi 12(24) - 400$L／両センタ支持,　$n_w \equiv 1$ rps,　$\dfrac{1}{K_m} = 48(6)$ μm/kgf…中央集中荷重,

$K_w \equiv 1$ kgf/μm（送り 10 mm/rev）

→ $K = \dfrac{1}{\{(1 + 0.02(0.17)\}} = 0.98(0.86)$

工作物の剛性が低く，特に中央部では「切込みがかからない」，研削はきわめて困難である。

(c)　切残し率の測定に基づく研削剛性の値　　砥石-工作物間の静剛性 K_m の測定は比較的容易である。次いでサンプルの研削により，設定切込み量 d_w と，実切込み量 d_a，すなわち，1 パス当り寸法減少量の関係を測定する。切残し率の値は $K = 1 - d_a/d_w$ となる。これから研削剛性 K_w の値を算出することができる。すなわち

$$K_w = \frac{K_m K}{1 - K}$$

となる。

〔例〕　$K_m \equiv 5$ kgf/μm,　$K \equiv 0.5$…実測値　→　$K_w = 5$ kgf/μm　$\left(k_w = \dfrac{K_w}{b}\right)$

2.7 円筒研削における切残し

図 2.12 は円筒プランジ研削を表す。工作物に砥石を接触させ，v_f なる速度をもって切込み送りを与えても，研削抵抗に基づく弾性変形 δ が発生し，両者の差 $a = v_f t - \delta$ が実際の除去速度となる。弾性変形が蓄積し，定常状態（$\delta \equiv \delta_\infty$）に至れば，工作物半径も v_f なる速度をもって減少していく。このとき

$$F_n = \delta_\infty K_m = \frac{v_f}{n_w} K_w \quad （n_w：工作物回転数〔\text{rps}〕）$$

という関係が成り立つ。これから，定常状態における弾性変形量は

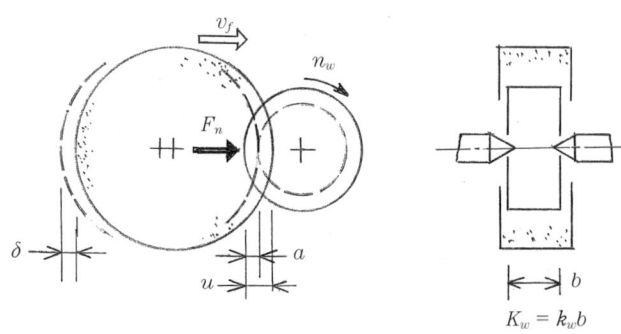

F_n：法線力
u：テーブル位置（設定切込み量）
a：実切込み量 $a = u - \delta$
δ：弾性変形量
v_f：切込み速度

加工系のブロック線図

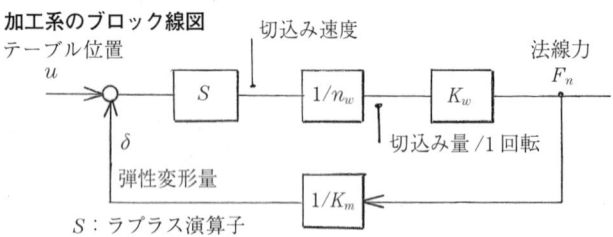

S：ラプラス演算子

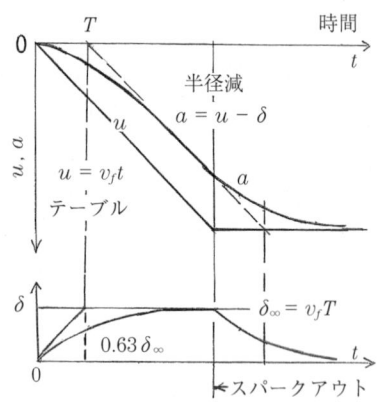

特性方程式

$$u - \delta = \frac{1}{1 + TS} u$$

$$T = \frac{K_w}{K_m} \frac{1}{n_w} \quad \cdots \text{加工系の時定数}$$

K_w の推定

$$\delta_\infty = v_f \left(\frac{K_w}{K_m} n_w \right)$$

$$\rightarrow K_w = \delta_\infty K_m \frac{n_w}{v}$$

δ_∞, K_m …実測値
n_w, v_f …設定値

図 2.12 円筒研削における切残し

$$\delta_\infty = \frac{K_w}{K_m} \frac{1}{n_w} v_f$$

と表すことができる。時間との関係においては切込み送りの位置から

$$\frac{\delta_\infty}{v_f} = \frac{K_w}{K_m} \frac{1}{n_w} \quad [\text{s}]$$

だけ遅れて工作物半径が減少していくことになる。

　切残しの発生は「寸法のばらつき」をもたらす。このため，量産設備においてはインプロセスゲージを併用する。直接定寸サイクルという。現在寸法を連続的に監視し，スパークアウト時において狙いの寸法に達した時点で砥石台を急速後退させる。**図 2.13** にこの装置を例示する。

図 2.13　インプロセスゲージ
　　　　　　（Marposs 社による）

　砥石台送りのデッドストップ位置を基準として所要寸法を確保する場合，すなわち，間接定寸サイクルにおいては「十分なスパークアウト研削」が必要となる。

（ⅰ）　切込み送りを停止する。

（ⅱ）　弾性変形が解放され，やがて送りの位置と工作物寸法が一致する。

　所要スパークアウト時間は前述の値

$$\frac{\delta_\infty}{v_f} = \frac{K_w}{K_m} \frac{1}{n_w} \equiv T(\text{時定数})$$

に依存する。砥石「切れ味」の劣るほど，加工機剛性の低いほど所要時間は長くなる。

　トラバース研削においては，ストローク端で砥石が工作物から外れ，弾性変形が解放される。このため，その途上となる工作物の両端近くにおいては工作物直径が徐々には細くなっ

〔参考〕 解析的な説明

円筒プランジ研削において，時間とともに研削が進行する様子を説明する。v_f 〔mm/s〕なる切込み速度で砥石台テーブルを送る。テーブル位置，すなわち設定切込み量は，$u = v_f t$（t：時間〔s〕）となる。

$a(t)$：工作物寸法（半径減少量）〔mm〕　　$\delta(t)$：弾性変形量〔mm〕

とすれば，ブロック線図において

$$a = u - \delta, \quad \delta = \frac{F_n}{K_m}, \quad F_n = (u - \delta) S \frac{1}{n_w} K_w$$

$(u - \delta) S$：半径減少速度（実切込み速度）

n_w：工作物回転数〔rps〕　　S：ラプラス演算子

$$\frac{K_w}{n_w} = \frac{\eta K_z \pi D_w b}{v_s} \quad (D_w：工作物直径)$$

と表すことができる。ブロック線図から

$$a = u - \delta = \frac{1}{1 + TS} u, \quad T \equiv \frac{K_w / n_w}{K_m} = \frac{\eta K_z \pi D_w b}{v_s K_m} \quad 〔s〕$$

を得る。すなわち，寸法は，送り位置に対して T を時定数とする「一次遅れ系」となる。時定数は，K_w / n_w の大きいほど，K_m の小さいほど，大きな値となる。すなわち，切残し量が大きくなる。

〔例〕 $K_w = k_w b \equiv 1.2 \times 5 = 6$ 〔kgf/μm〕, $n_w \equiv \dfrac{300}{60} = 5$ rps, $K_m \equiv 2$ kgf/μm

→ $T = \dfrac{K_w / n_w}{K_m} = 0.6$ 〔s〕

〔注〕 k_w の値は n_w に比例する。したがって，T の値は n_w に依存しない。

〔例〕 $K_z \equiv 6\,000$ kgf/mm², $\eta \equiv 2$, $d_w \equiv 20$ mm, $b \equiv 50$ mm, $v_s \equiv 1\,800$ m/min, $K_m \equiv 2$ kgf/μm, $n_w \equiv 5$ rps

→ $T = \dfrac{\eta K_z \pi d_w b}{v_s K_m} = 0.6$ 〔s〕

これらの関係を時間 t の関数として表せば

$$a(t) = v\{t - T(1 - e^{-t/T})\}$$

弾性変形量，すなわち，切残し量 $\delta = u - a$ は

$$\delta(t) = v_f T(1 - e^{-t/T}) \quad \to \quad \delta_\infty = v_f T$$

$$T = \frac{\delta_\infty}{v_f} = \frac{K_w}{K_m} \frac{1}{n_w}$$

と蓄積していく。δ は T〔s〕後には定常値 δ_∞ の 63％ の値となる。また，スパークアウト時においては

$$\delta(t) = \delta_\infty e^{-t/T}$$

に沿って弾性変形が解放されていく。

〔例〕 $T \equiv 0.6$ s, $v_f \equiv 20$ μm/s → $\delta_\infty = v_f T = 12$ 〔μm〕

スパークアウト時間 $\equiv 1(2)$ s → 残留寸法誤差 $\phi 6.3(0.9)$ μm

スパークアウト時間の設定値を変更しながら試研削を繰り返す。スパークアウトの時間と工作物寸法の関係を求めることにより，時定数 T の値を知ることができる。T は工作物回転数に依存しない。さらに，K_m の値を測定すれば $K_w = T K_m n_w$ の関係から，この条

件下における研削剛性 K_w の値を直接求めることができる。

〔注〕 心なし研削の場合は $K_w = TK_m \times 2n_w$ とする。

2.8 心なし研削における比切屑除去能率

（a） プランジ研削〔図 2.14（a）〕 比切屑除去能率 Z' 〔mm³/(mm・s)〕は

$$Z' = \pi D v_f \cdots 円筒研削, \quad Z' = \frac{\pi D v_f}{2} \cdots 心なし研削$$

D：工作物直径〔mm〕, v_f：切込み送り速度〔mm/s〕

となる。

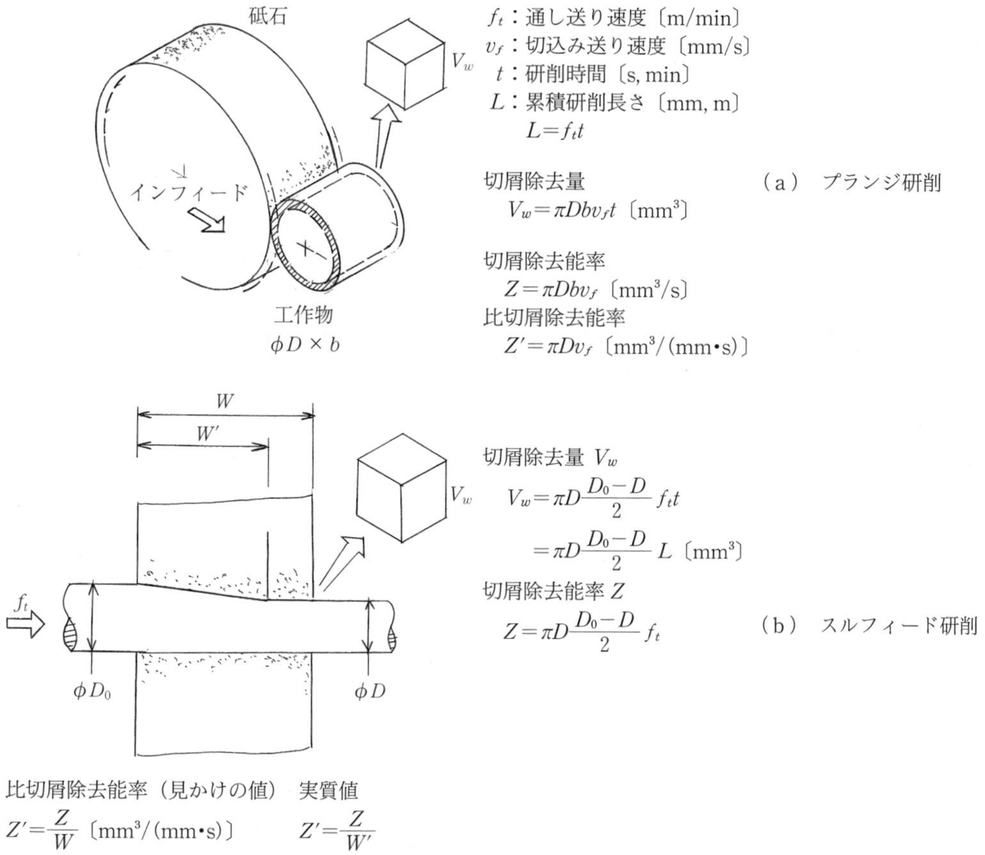

f_t：通し送り速度〔m/min〕
v_f：切込み送り速度〔mm/s〕
t：研削時間〔s, min〕
L：累積研削長さ〔mm, m〕
$L = f_t t$

切屑除去量
$V_w = \pi D b v_f t$ 〔mm³〕

切屑除去能率
$Z = \pi D b v_f$ 〔mm³/s〕

比切屑除去能率
$Z' = \pi D v_f$ 〔mm³/(mm・s)〕

（a） プランジ研削

切屑除去量 V_w
$$V_w = \pi D \frac{D_0 - D}{2} f_t t$$
$$= \pi D \frac{D_0 - D}{2} L \text{ 〔mm³〕}$$

切屑除去能率 Z
$$Z = \pi D \frac{D_0 - D}{2} f_t$$

（b） スルフィード研削

比切屑除去能率（見かけの値）　実質値
$Z' = \dfrac{Z}{W}$ 〔mm³/(mm・s)〕　　$Z' = \dfrac{Z}{W'}$

図 2.14 心なし研削における比切屑除去能率 Z'

（b） スルフィード研削〔図 2.14（b）〕 切屑除去能率 Z は

$$Z = \pi D \frac{D_0 - D}{2} f_t \text{ 〔mm³/s〕}$$

D_0：素材直径〔mm〕, D：仕上り直径〔mm〕, f_t：通し送り速度〔mm/s〕

比切屑除去能率 Z'〔mm³/(mm・s)〕

$$Z' = \frac{Z}{W} \cdots 平均値（見かけの値）$$

$$= \frac{Z}{W'} \cdots 実質値$$

W：砥石幅〔mm〕，　W'：砥石幅のうち，主に切屑除去に関与している部分の長さ

2.9　心なし研削における研削比

（a）プランジ研削〔図2.15（a）〕

累積切屑除去量

$$V_w = \pi D \frac{D_0 - D}{2} LN \quad 〔mm^3〕$$

L：工作物長さ〔mm〕，　N：研削数量〔pcs〕

（a）プランジ研削
$$V_w = \pi D \frac{D_0 - D}{2} LN \quad 〔mm^3〕$$
$$V_s = \pi D_s \frac{\Delta D_s}{2} L \quad 〔mm^3〕$$
$$G = \frac{D(D_0 - D)N}{D_s \Delta D_s}$$

（b）スルフィード研削
$$V_w = \pi D \frac{D_0 - D}{2} L \quad 〔mm^3〕$$
$$V_s = \pi D_s S \quad 〔mm^3〕$$
$$G = \frac{D(D_0 - D)L}{2 D_s S}$$

L：工作物累積研削長
S：砥石減耗断面積〔mm²〕

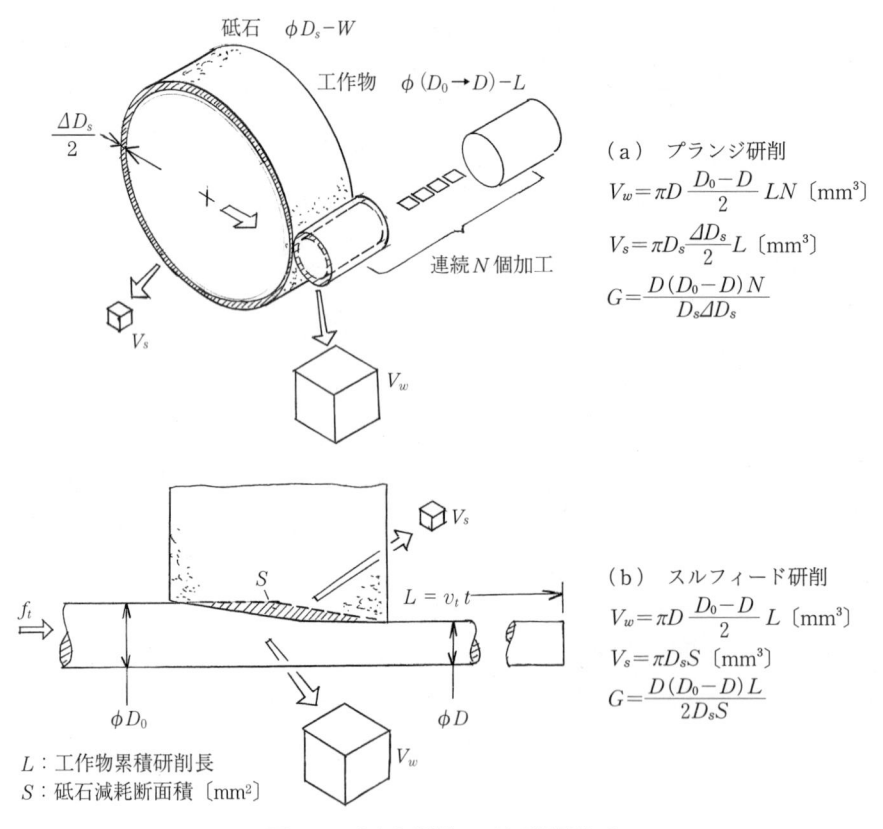

図2.15　心なし研削における研削比 G

砥石減耗量
$$V_s = \pi D_s \frac{\Delta D_s}{2} W \quad \text{[mm}^3\text{]}$$

D_s：砥石直径〔mm〕, ΔD_s：砥石直径減〔mm〕

研削比
$$G \equiv \frac{V_w}{V_s}$$

［砥石減耗量の測定］ 工作物端部の外側に残留する未使用砥石面との段差を測定する。段差部分をサンプルに研削転写し，このサンプルを形状測定器により測定する。

［研削比］ 砥石の減耗形態によりこの値は著しく異なる。一般砥石における典型的な値は，

　　砥粒脱落が支配的な場合：40〜100

　　砥粒すり減り摩耗が支配的な場合：400〜1 000

である。CBN 砥石においては $G=1\,000 \sim 20\,000$ に達する。

(b)　**スルフィード研削**〔図 2.15（b）〕

累積切屑除去量
$$V_w = \pi D \frac{D_0 - D}{2} f_t t = \pi D \frac{D_0 - D}{2} L \quad \text{[mm}^3\text{]} \quad (L = v_t t：工作物累積研削長さ〔mm〕)$$

砥石減耗量
$$V_g = \pi D_s S \quad \text{[mm}^3\text{]} \quad (S：砥石減耗断面積〔mm}^2\text{〕})$$

研削比
$$G \equiv \frac{V_w}{V_g}$$

［砥石減耗量の測定］ 測定は困難である。あらかじめ，砥石の両端近くに測定基準としてわずかな「逃げ部」を設けておく。これを基準として砥石形状の変化量を測定する。

　熱変位に基づく寸法経時変化の安定した状態においては，切込み寸法補正量の累積値をもって砥石半径減耗量の目安とすることができる。

3 トラバース研削

工作物には軸方向の送りが与えらている。プランジ研削と比較して，その過程は複雑であり直感的には理解しにくい。この節においては，円筒トラバース研削および心なしスルフィード研削における主要パラメータを説明する。

3.1 トラバース研削 ─ 円筒研削と心なし研削の対比 ─

（a）円筒研削（推奨値は Winterthur 社による）〔図3.1（a）〕　半径切込み量 a，砥石，工作物の周速度比 q_s およびオーバラップ比 u_d が主要設定条件となる。

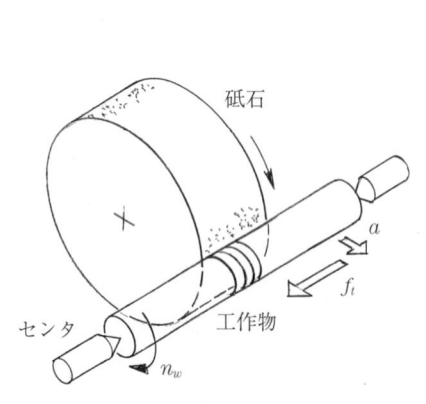

$$f_t = \pi D_r n_r \sin A$$
$$n_w = n_r \frac{D_r}{D}$$
$$a = D_0 - D$$

n_w：工作物回転数〔rpm〕
f_t：トラバース速度〔mm/min〕
a　：半径切込み量〔mm/pass〕

n_w：工作物回転数〔rpm〕
n_r：調整車回転数〔rpm〕
f_t：通し送り速度〔mm/min〕
A　：送り角〔°〕
a　：直径切込み量〔mm/pass〕
D_0：素材直径〔mm〕
D　：仕上がり直径〔mm〕

（a）円筒研削　　　　　（b）心なし研削

図 3.1　トラバース研削 ─ 円筒研削と心なし研削の対比 ─

〔半径切込み量 a〕
　推奨値 … 0.008〜0.010 mm/pass

〔砥石，工作物の周速度比 q_s〕　$q_s \equiv v_s/v_w$ の推奨値に基づき工作物回転数 n_w を設定す

る。q_s の推奨値は，

  60〜80 … 粗研削

  80〜120 … 精研削　となる。

〔例〕　$v_s ≡ 2\,700$ m/min，工作物直径 $D_w ≡ 20$ mm → 工作物周速度 v_w〔m/min〕（回転数 n_w〔rpm〕）

$$v_w(n_w) = 45(720) 〜 34(540) \cdots 粗研削$$
$$= 34(540) 〜 23(360) \cdots 精研削$$

〔オーバラップ比 u_d〕　砥石幅だけトラバースする間に工作物が何回回転するかを表す数値である。u_d の推奨値に基づき工作物トラバース速度 f_t を設定する。

$$f_t = \frac{W n_w}{u_d} \text{〔mm/rev〕}$$

  W：砥石幅〔mm〕，　n_w：工作物回転数〔rpm, rps〕，

  f：1回転当りの送り量（$f = f_t/n_w$）〔mm/rev〕

$u_d ≡ W/f$ の推奨値は

  5〜6 … 精研削

  3〜4 … 粗研削

となる。

 実務においては，砥石幅は諸条件に起因してあらかじめ与えられた数値である。研削性能を考慮して1回転当り送り量 f を設定する。その結果 u_d なる値が生ずる。**図 3.2** はトラバース研削の工作物を装填した汎用 NC 円筒研削盤である。

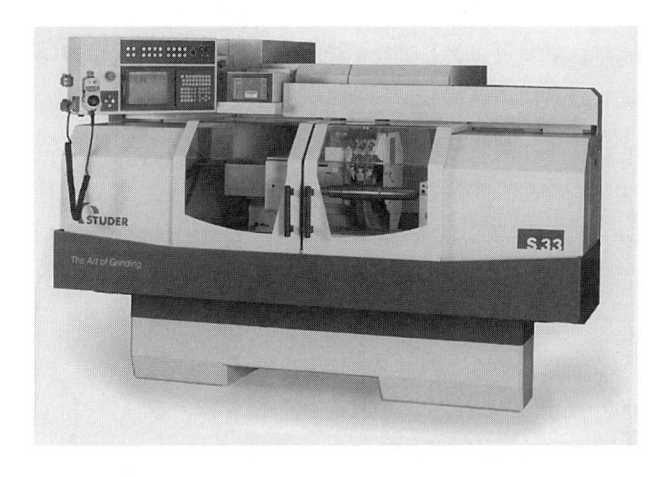

図 3.2　汎用 NC 円筒研削盤（Studer 社による）

〔切屑除去能率 Z，比切屑除去能率 Z'〕

$$Z = \pi D_w a f_t \text{ 〔mm}^3\text{/s, cm}^3\text{/min〕}, \qquad Z' = \frac{\pi D_w a f_t}{f_t/n_w} = \pi D_w a n_w \text{ 〔mm}^3/(\text{mm}\cdot\text{s})〕$$

（b）心なし研削〔図 3.1（b）〕　心なし研削盤は調整車を装着した調整車ヘッドを備えている。これにより円筒研削盤とは異なる数々の特色が生ずる。調整項目は調整車回転数 n_r と調整車ヘッド送り角 A である。

［調整車回転数］　15～300 rpm の回転数範囲を無段変速できる機種が多い。研削作業時には，これにより工作物回転数が定まる。スルフィード研削においては工作物送り速度は n_r に比例する。調整車の修正時（ドレッシング）においてはダイヤモンドツールの送りピッチを決める。

〔例〕　研削作業 … 低～中速度域に設定する。

　　　砥石周速度 $v_s \equiv 2\,700$ m/min，調整車直径 $D_r \equiv 250$ mm，$n_r \equiv 20\sim100$ rpm

　→　周速度比 $q_s \equiv \dfrac{v_s}{v_w} =$ "172～34"

〔例〕　調整車修正 … 高速度域に設定する。

　　　調整車幅 $W \equiv 200$ mm，ダイヤモンド送りピッチ $s_d \equiv 0.1$ mm/rev，調整車回転数 $n_r \equiv 200\sim300$ rpm

　→　ツール送り速度 $f_d = 20\sim30$ mm/min

　→　修正所要時間 $\dfrac{W}{f_d} =$ "10～6.7" min/pass

［調整車ヘッド送り角］　通常（±）4～0°の範囲で垂直面内において調整車ヘッドを傾けることができる。工作物に対しては，送り角に比例した軸方向の送り推力が作用する。この推力は調整車の摩擦に起因している。スルフィード研削において工作物送り速度は送り角に比例する。

インフィード研削においては，調整車ヘッドをわずか傾けることにより工作物はストッパに確実に当たり，軸方向に位置決めされる。

与えられた心なし研削盤の下では，調整車回転数 n_r，送り角 A が設定条件となる。

図 3.3 はスルフィード研削中の心なし研削盤である。

［工作物回転数 n_w］

$$n_w = n_r \dfrac{D_r}{D_w} \ \ \text{〔rpm〕}$$

　　　n_r：調整車回転数〔rpm〕，　D_r：調整車直径〔mm〕

〔例〕　$D_r \equiv 250$ mm，$v_s \equiv 2\,700$ m/min のとき，n_r を設定し，n_w を求める。

　　　$D_w \equiv 2$，　$n_r \equiv 50\sim100$　→　$n_w = 6\,300\sim12\,500$（$q_s = 70\sim35$）

　　　$D_w \equiv 20$，　$n_r \equiv 30\sim\ 60$　→　$n_w = 380\sim750$（$q_s = 110\sim55$）

　　　$D_w \equiv 40$，　$n_r \equiv 20\sim\ 40$　→　$n_w = 130\sim250$（$q_s = 170\sim85$）

円筒研削においては，回転駆動機構の制約，センタ焼付きの懸念などにより工作物回転数

図 3.3 心なしスルフィード研削
（Cincinnati 社による）

の実用範囲は制限される．心なし研削においてはこれらの制約がなく，工作物回転数の選択範囲が広い．

［直径切込み量 a］

$$a = D_0 - D \quad [\text{mm/pass}]$$

D_0：素材直径［mm］, D：仕上り直径［mm］

〔例〕 $a=0.1 \sim 0.5$ … 粗研削

$0.005 \sim 0.05$ … 精研削

［通し送り速度 f_t］ 調整車軸は垂直面内において送り角 A だけ傾いている．工作物は調整車周速度の水平分速度により軸方向に送られる．

$$f_t = \pi D_r n_r \sin A \quad [\text{mm/min, m/min}]$$

A：調整車送り角［°］

〔例〕 $D_r \equiv 250 \text{ mm}, A \equiv 2°, n_r \equiv 20 \sim 100 \text{ rpm}$

→ $f_t = 0.5 \sim 2.7 \text{ m/min}$

［切屑除去能率 Z］

$$Z = \pi D \frac{D_0 - D}{2} f_t \quad [\text{mm}^3/\text{s}, \text{cm}^3/\text{min}]$$

〔例〕 $D \equiv 20.0 \text{ mm}, D_0 \equiv 20.2 \text{ mm}, f_t \equiv 3 \text{ m/min}$

→ $Z = 19 \text{ cm}^3/\text{min}$

〔例〕 $D \equiv 2.0 \text{ mm}, D_0 \equiv 2.05 \text{ mm}, f_t \equiv 10 \text{ m/min}$

→ $Z = 1.6 \text{ cm}^3/\text{min}$

3.2 工作物表面の除去過程 ― 円筒トラバース研削 ―

(a) 透視図〔図3.4(a)〕 工作物1回転当り送り量を f〔mm/rev〕とする。砥石表面のうち，側面に近い幅 f の部分のみが研削除去作用に関与する。工作物が1回転するとき，表面のハッチング部（スパイラルリボン状）が除去される。リボンの幅は f，展開長さ πD である。近似的には砥石幅を f，ステップ切込み量を a とするプランジ研削の繰返しに相当する。

(a) 透視図 (b) 側面図

f_t：トラバース速度〔mm/min〕　n_w：工作物回転数〔rpm〕
f ：1回転当り送り量〔mm〕　a ：切込み量〔mm/pass〕
D_w：工作物直径〔mm〕　D_s：砥石直径〔mm〕

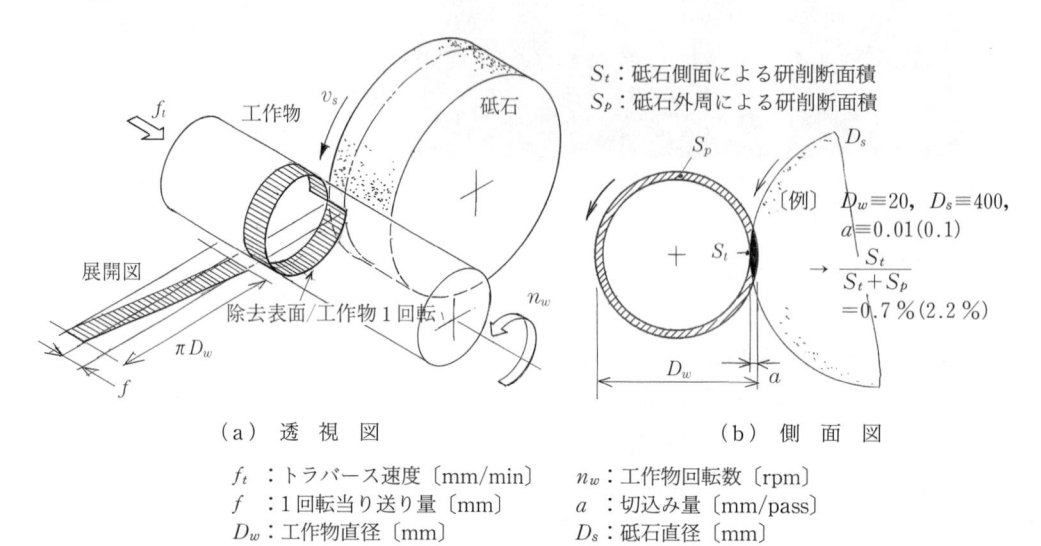

図3.4 工作物表面の除去過程 ― 円筒トラバース研削 ―

〔切屑除去能率 Z，比切屑除去能率 Z'〕

$$Z = \pi D_w a f_t \ \text{〔mm}^3/\text{s〕}, \qquad Z' = \pi D_w a n_w \ \text{〔mm}^3/(\text{mm}\cdot\text{s})\text{〕}$$

f_t：トラバース速度〔mm/s〕，　n_w：工作物回転数〔rps〕

工作物回転数を高速化すれば，1回転当り送り量，すなわち，研削に関与する実質砥石幅が減少し，相当プランジ研削の繰返し回数が増大する。このため，比切屑除去能率は大きな値となってしまうことに注意を要する。

(b) 側面図〔図3.4(b)〕 リボンの厚さは半径切込み量 a である。切屑断面積のうち，S_p なる部分は砥石の外周により研削除去される。砥石と工作物の干渉した S_t なる部分は砥石の側面により研削除去される。

ちなみに，砥石側面に金属コーティングを施した特殊砥石を想定する。この砥石によりトラバース研削を試みるとき，研削は不能と考えられる。ただし，一般的研削条件の下では，$S_p \gg S_t$ である。

〔例〕 $D_w \equiv 20$, $D_s \equiv 400$, $a \equiv 0.01$ mm

$$\rightarrow \frac{S_t}{S_p + S_t} = 0.7\%$$

3.3 円筒トラバース研削 －1回転当り切込み量－

(a) ストレート砥石〔図3.5(a)〕 砥石幅のうち，側面に近い幅 f の部分のみが研削に関与し，深さ a だけ工作物表面を除去する。研削の継続により，この部分の砥石が Δa だけ減耗する。側面に近い幅 f から $2f$ の部分がこの残留分 Δa を除去する。模式図に示すよう，幅 f ごとに砥石減耗が後方に伝播していく。減耗ステップの形状は指数関数状となる。

(b) テーパ砥石〔図3.5(b)〕 砥石幅のうち，側面に近い幅 w の部分に勾配 a/w なるテーパを付ける。工作物1回転当りの切込み深さ a' は，$a' = (f/w)a$ へと減少する。

工作物の高速回転が可能な場合，$f = f_t/n_w$ の値は小さくなる。テーパ砥石の適用により，1パス当り切込み量を大きく設定することができる，すなわち，高取りしろ研削が可能となる。

(a) ストレート砥石
 a：半径切込み量〔mm/pass〕
 f：1回転当り送り量〔mm/rev〕
 W：砥石幅〔mm〕

(b) テーパ砥石
 a'：実質切込み量〔mm/pass〕
 w：砥石テーパ部長さ〔mm〕

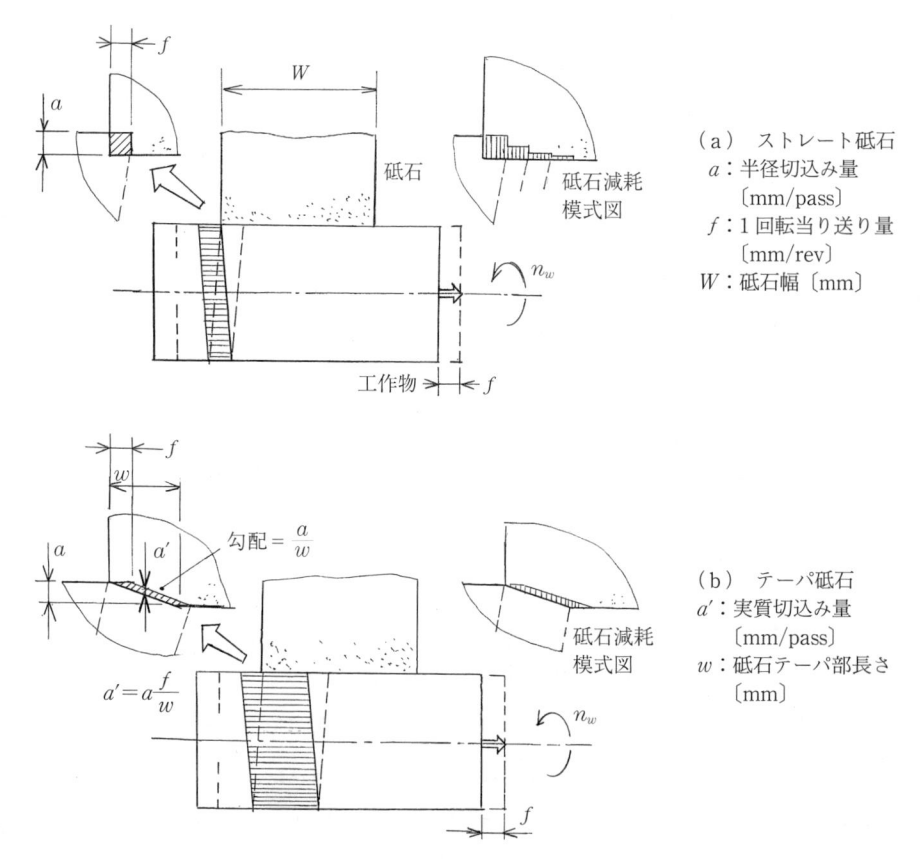

図3.5 円筒トラバース研削－1回転当りの切込み量－

〔例 1〕 $f_t \equiv 500$ mm/min, $a \equiv 0.1$ mm/pass, $n_w \equiv 500$ rpm ($f=1$ mm),

$w \equiv 10$ mm $\left(\dfrac{f}{w}=0.1\right)$ … テーパ砥石

→ 切込み量 $a' = \dfrac{f}{w}a = 0.01$ 〔mm/rev〕

〔例 2〕 $f_t \equiv 500$ mm/min, $a \equiv 0.1$ mm/pass, $n_w \equiv 50$ rpm ($f=10$ mm),

$w \equiv 0$ mm … ストレート砥石

→ 切込み量 $a' = a = 0.1$ mm/rev

$a=0.1$ mm/pass, $f_t=500$ mm/min と能率は同一であるが, テーパ砥石の場合 1 回転当り切込み量が 0.01 mm/rev と小さい。このため, 高取りしろ研削にもかかわらず, 仕上げ研削の精度が期待できる。なお, Z' の値は両例とも同一である。この方式の有効性は生産稼働により確認されている。

3.4 工作物表面の除去過程 ― 心なしスルフィード研削 ―

心なしスルフィード研削は, 前項におけるテーパ砥石の場合に類似している。すなわち, 入口, 出口部における砥石直径をそれぞれ, D_s, D_s+2a とし, (砥石幅 W)≡(テーパ部の幅 w), とすれば, 工作物 1 回転当り半径切込み量 a' は

$$a' = \frac{f}{w}a = \frac{f_t}{n_w}\frac{1}{W}a$$

となる。

〔例〕 $D_w \equiv 20$, $D_r \equiv 250$, $n_r \equiv 60$ rpm ($n_w=750$ rpm), $A \equiv 2°$ ($f_t=1.6$ m/min),

$2a \equiv 0.1(0.01)$ mm/pass, $W \equiv 200$

→ $a' = \dfrac{f_t}{n_w}\dfrac{1}{W}a = \dfrac{1\,600}{750 \times 200} \times 0.05$

$= 0.5(0.05)$ 〔μm/rev〕

心なし研削は円筒研削と比較して,

（ⅰ） 砥石幅が圧倒的に広い,

（ⅱ） その全表面が研削に寄与している,

（ⅲ） このため, 工作物 1 回転当りの切込み量が小さい,

という特徴を有する。その結果, 大きな研削しろを有する場合でも能率的な 1 パス仕上げが可能となる。なお, 研削負荷が大きくなるため, 研削盤側には高剛性という特性が要求される。図 3.6 に各種研削砥石の外観を示すが, 心なし研削用砥石は, その厚さがきわめて厚い。

（a） 透 視 図　　図 3.7（a）にテーパ砥石の様子を誇張して示す。工作物は 1 回転

3.4 工作物表面の除去過程 — 心なしスルフィード研削 —

図3.6 各種研削砥石（ノリタケ社による）（矢印：心なし研削盤用）

$$L' = \frac{L}{\cos(\theta/2)}$$
$$d = D - f\tan\theta$$
$$a = \frac{D-d}{2}$$

(b) 平 面 図

f_t ：通し送り速度〔mm/min〕
f ：1回転当り送り量〔mm〕
D, D' ：工作物直径〔mm〕
n_w ：工作物回転数〔rpm〕
a ：半径切込み量〔mm/rev〕
d, d' ：1回転後の工作物直径〔mm〕

(a) 透 視 図

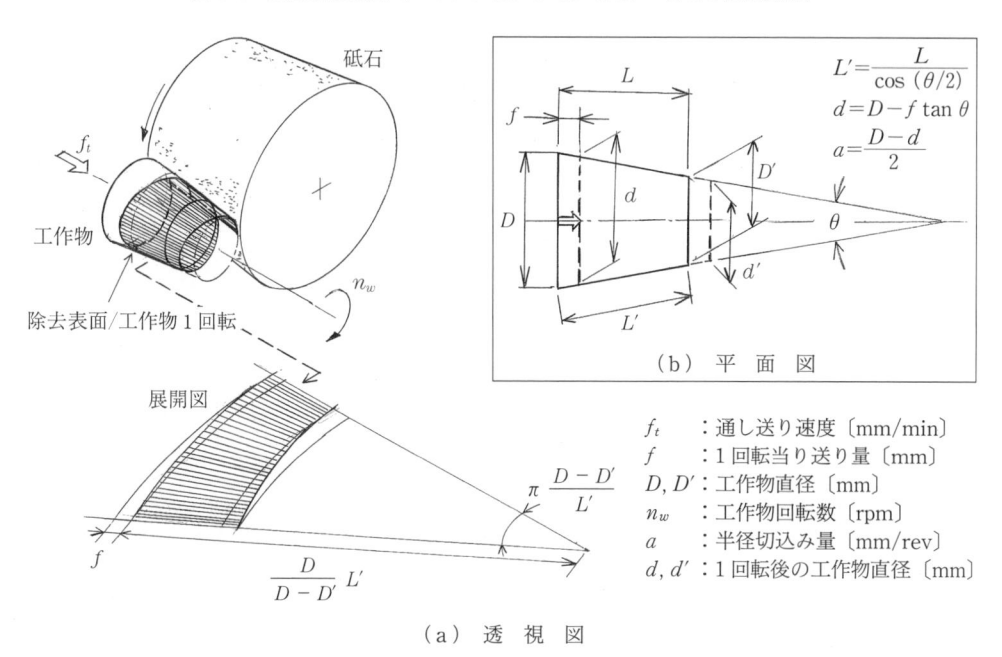

図3.7 工作物表面の除去過程 — 心なしスルフィード研削 —

につき f だけ出口側に移動する．工作物の全幅に接した砥石表面が研削除去作用に関与する．工作物が1回転するとき，表面のハッチング部（テーパ状のスパイラルリボン）が除去される．リボンの展開図を下図に示す．

(b) 平 面 図　図3.7(b)は誇張した図である．角 θ はきわめて小さな値となる．
〔例〕 取りしろ $2a \equiv 0.1(0.01)$ mm/pass, 砥石幅 $W \equiv 200$ mm

$$\rightarrow \theta = \frac{0.1(0.01)}{200} = 5 \times 10^{-4}(5 \times 10^{-5}) \text{ (rad)} = 1.7'(10'')$$

3.5 1回転当り切込み量 ─ 心なしスルフィード研削 ─

工作物1回転当りの直径切込み量 ΔD ($\equiv 2a'$) を改めて整理して示す（図3.8）。

$$\Delta D \equiv 2a' = \frac{f}{W} \times 2a = \pi D_0 \sin A \frac{D_0 - D}{W}$$

D_0：工作物素材直径〔mm〕, D：仕上り直径〔mm〕

A：送り角〔°〕, W：（有効）砥石幅〔mm〕

〔例〕 $D_0 = 20.1$, $D = 20.0$, $A = 2°$, $W = 200$

$$\rightarrow \Delta D = \pi D_0 \sin A \frac{D_0 - D}{W} = \frac{3.14 \times 20 \times 0.035 \times 0.1}{200} = \phi 1 \text{ (}\mu\text{m/rev)}$$

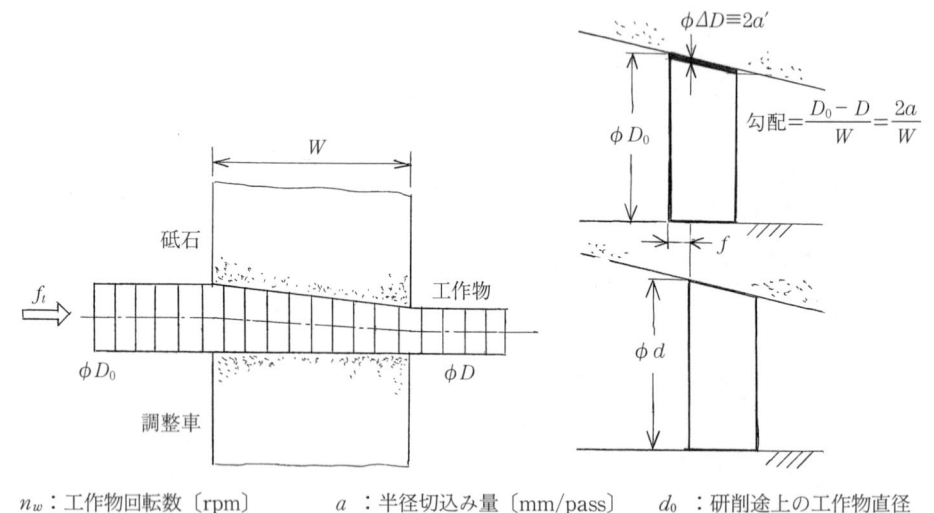

n_w：工作物回転数〔rpm〕　　　a：半径切込み量〔mm/pass〕　　d_0：研削途上の工作物直径
n_r：調整車回転数〔rpm〕　　　D_0：素材直径〔mm〕　　　　　　ΔD：1回転当り直径切込み量
f_t：通し送り速度〔mm/min〕　　D：仕上り直径〔mm〕　　　　　　d：1回転後の工作物直径
A：送り角〔°〕　　　　　　　　W：砥石幅〔mm〕　　　　　　　　f：1回転当り送り量

$$f_t = \pi D_r n_r \sin A \qquad f = \frac{f_t}{n_w} = \pi D_0 \sin A$$
$$n_w = n_r \frac{D_r}{D_0} \qquad \Delta D = f \frac{2a}{W}$$
$$2a = D_0 - D \qquad \qquad = \pi D_0 \sin A \frac{D_0 - D}{W}$$

図3.8 1回転当りの切込み量 ─ 心なしスルフィード研削 ─

4 心なしスルフィード研削

前節において，心なし研削においては，トラバース研削を特に「スルフィード研削」と称することを紹介した。これは心なし研削盤に固有な研削方式である。それに伴い「砥石あたり」をはじめとして特別な研削パラメータに関する理解が必要となる。そこで章を改め，これらについて以下に説明する。

4.1 心なしスルフィード研削における基本パラメータ

（a） **工作物回転数 n_w** 〔図 4.1（a）〕　調整車はその周速度 $v_r=\pi D_r n_r$ をもって工作物を回転駆動する。他方，工作物周速度は $v_w=\pi D_w n_w$ である。したがって，工作物回転数 n_w は

$$n_w = n_r \frac{D_r}{D_w} \quad \text{〔rpm〕}$$

n_r：調整車回転数〔rpm〕

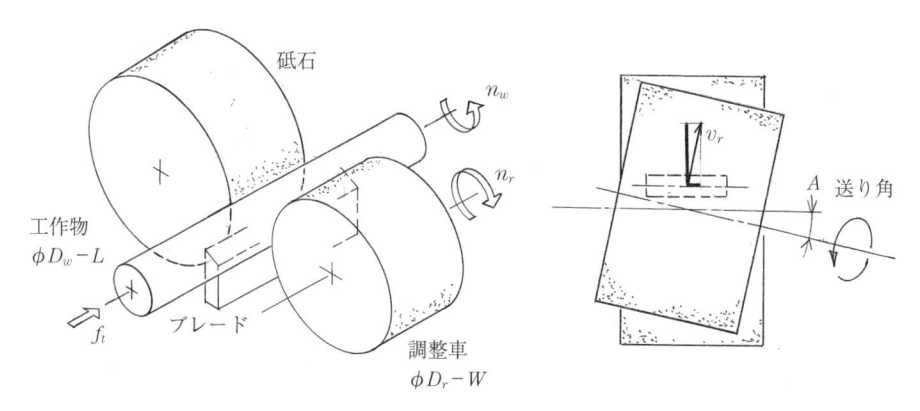

$$n_w = \frac{D_r}{D_w} n_r \quad (v_r = \pi D_r n_r = \pi D_w n_w) \qquad f_t = v_r \sin A = \pi D_r n_r \sin A$$

（a）　工作物回転数 n_w　　　　　　　　　　（b）　通し送り速度 f_t

$D_{w,r}$：工作物，調整車直径　　$n_{w,r}$：工作物，調整車回転数
$v_{w,r}$：工作物，調整車周速度

図 4.1　心なしスルフィード研削における基本パラメータ

42   4. 心なしスルフィード研削

D_r：調整車（直径）〔mm〕 D_w：工作物直径〔mm〕

となる。なお，工作物の回転方向は調整車と逆方向となる。また，研削砥石に対してはダウンカットとなる向きである。

（b） 通し送り速度 f_t〔図4.1（b）〕　　調整車軸は，砥石軸に対して，送り角 A だけ垂直面内で傾けてある。ブレードは砥石軸と平行である。調整車による回転駆動力はブレード上の工作物に対して角度 A だけ傾いて作用する。このため，工作物は $\pi D_r n_r \sin A$ なる分速度をもって軸方向に送られる。送りの方向は $(\pm) A$ により選択することができる。

$$f_t = \pi D_r n_r \sin A \quad 〔\mathrm{mm/s, m/min}〕$$

4.2　両砥石間隔の形状

両砥石間隔（grinding gap）の形状を図4.2に示す。

（a）　両砥石入口部における間隔は D_0 である。この間隔は，出口部に向かって直線的に減少していく。出口部では D となっている。

（b）　直径 D_0 なる素材を入口部に連続供給する。砥石幅 W を通過する間に研削が進行し，出口から排出される工作物の直径は D となっている。

（c）　連続研削の途上において，砥石台をバックオフする。両砥石間に残留した工作物の直径を順番に測定する。

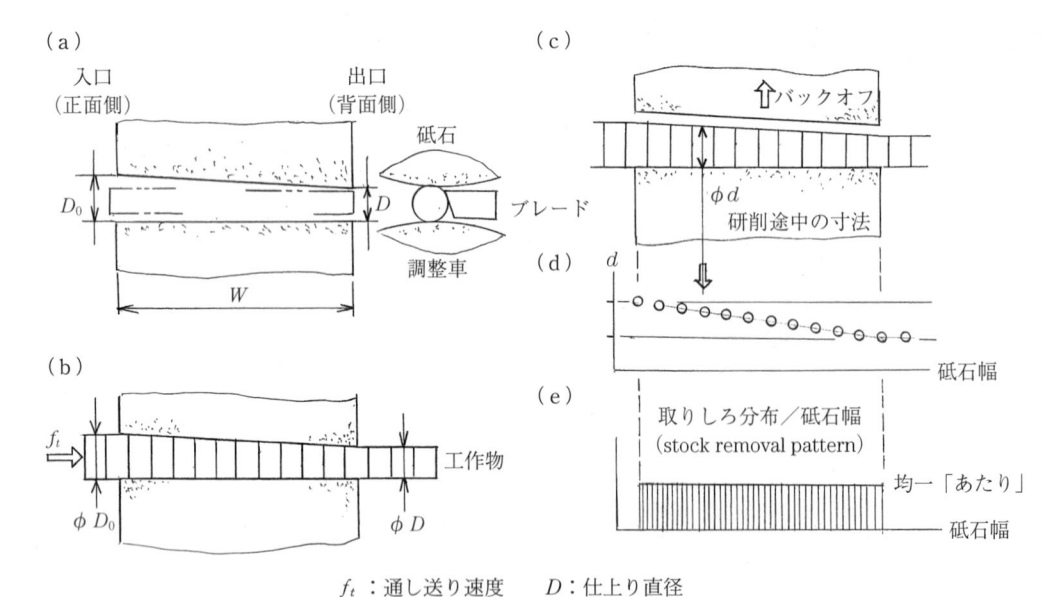

f_t：通し送り速度　　D：仕上り直径
D_0：素材直径　　d：研削途上の寸法

図4.2　両砥石間隔の形状

(d) 入口部の工作物直径は D_0 である。それぞれの直径は出口部に向かって直線的に減少していく。出口部では D となっている。

(e) 隣接する工作物の直径差を示す。これは砥石幅に沿った研削量（切込み量）の分布を意味し，ストックリムーバルパターン（stock removal pattern）と呼ばれる。砥石「あたり」ともいう。本例のような「あたり」を「均一あたり」という。

(c)，(d) の手順により砥石「あたり」を実測することができる。

「均一あたり」の場合，研削の継続につれて砥石表面も一様に減耗する。それに応じて工作物の直径寸法が増大する。また，表面粗さが経時的に変化する可能性もある。

実作業においては，各種の「あたり」が選択される。これは砥石減耗の加工精度への影響を小さくすること，すなわち，砥石再修正寿命（ドレスインタバル）を長くすることを目的としている。さらに，「あたり」のいかんは，素材初期形状誤差の修正度合い，加工精度に影響を及ぼす。

4.3 砥石「あたり」の調整機構

(a) **調整車スウィベルプレート**〔図4.3(a)〕　両砥石間隔の平行度を調整するた

W：砥石幅　　　　　L：点Oまでの長さ　　　1　DMDツール　　2　スタイラス
O：スウィベル中心　δ：入口部での変位量　　3　倣い機構　　　4　テンプレート
　　　　　　　　　　　（→$\delta = D_0 - D$）

(a) 調整車スウィベルプレート　　　　　(b) テンプレートによる砥石修正

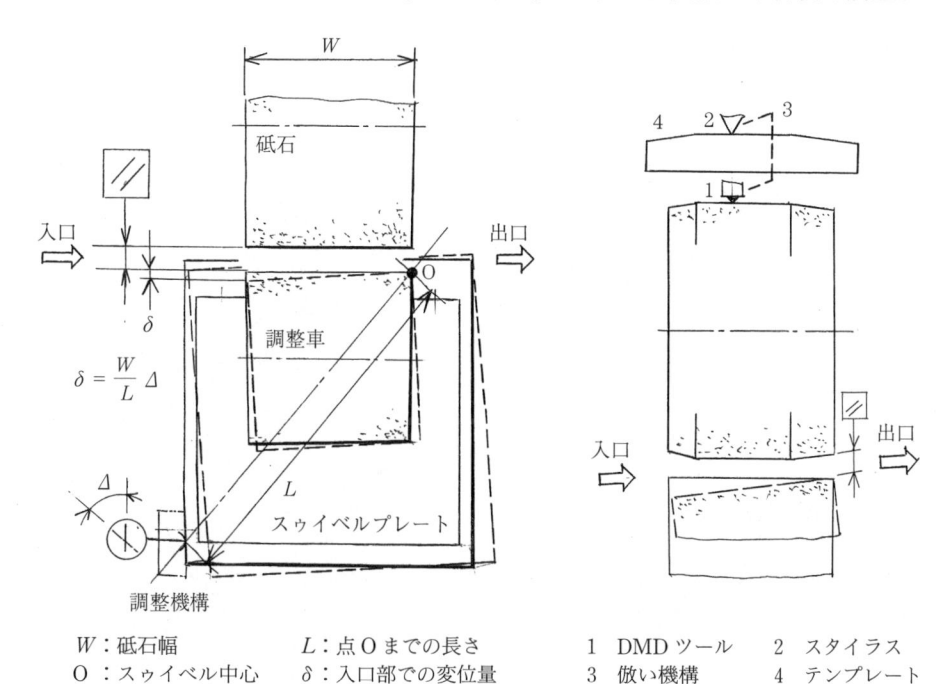

図4.3 砥石「あたり」の調整機構

め，多くの機種においては，調整車台の下部にスウィベル機構を備えている。調整車の出口端を旋回中心としてスウィベルプレートを旋回する。研削盤の操作面側右端に設けた旋回調整部において，$\varDelta$だけプレートを旋回し，入口部における所要変位量$\delta(=D_0-D)$を得る。$\delta=(W/L)\varDelta$の関係にあるが，この倍率W/Lの値は銘板または操作説明書に明記されている。図4.4はスウィベルプレート上の調整車台である。図4.5はスウィベル機構を図解する。

小径工作物の場合，ブレードと研削砥石との間のすきまが小さくなる。ブレード（研削台）は残し，調整車台のみを旋回する構造の機種が望ましい。

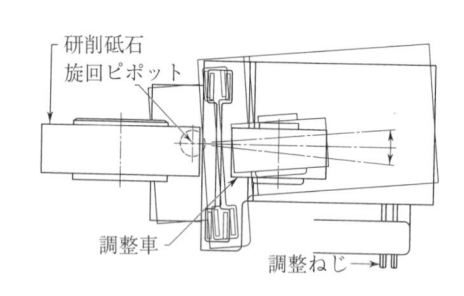

図4.4 スウィベルプレート上の調整車台（Cincinnati社による）

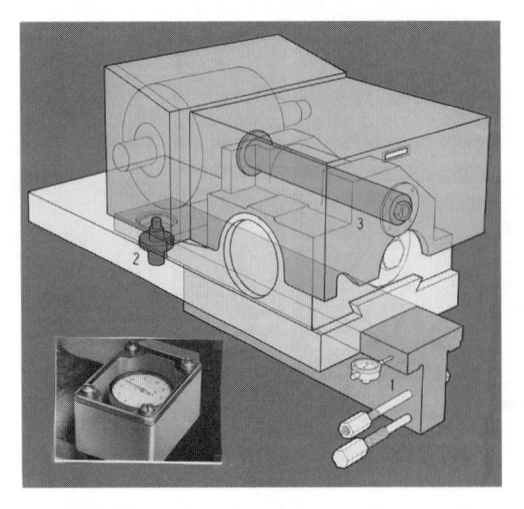

1 調整ボルト，インジケータ　2 スウィベルピン
3 送り角設定旋回シャフト

図4.5 スウィベル機構（Cincinnati社による）

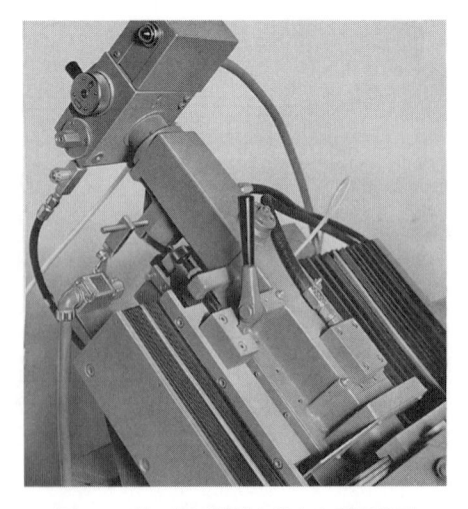

図4.6 倣い修正機構を備えた砥石修正装置（Cincinnati社による）

（**b**）　**テンプレートによる砥石修正**　砥石修正装置の多くは倣い修正機構を備えている。すなわち，ダイヤモンドツールはテンプレートに追随した軌跡を描き，テンプレート形状を砥石母線に転写する。図 4.6 は倣い修正機構を備えた砥石修正装置である。

砥石の入口部および出口部に「逃げ」を付けておく。出口部において砥石間隔が平行になるようにスウィベル調整する。このように設定した場合，工作物が両砥石間を通過するとき，研削は徐々に開始され，スパークアウト研削（設定切込み量＝"0"）を経て排出される。

砥石「あたり」設定の要諦は，滑らかに研削を開始し，静かに研削を終了することである。

4.4　円弧母線（接触線）を有する調整車

円弧母線（接触線）を有する調整車を図 4.7 に示す。

（a）　工作物と調整車：平行
　　→ 直線 R-R で接する

（b）　調整車：ΔA 傾ける
　　→ 円弧 R'-R' で接する

（c）　セットアップ

$$\delta = \frac{\{(W/2)\Delta A\}^2}{D_r}$$

$$R_c = \frac{D_r}{2}\left(\frac{1}{\Delta A}\right)^2$$

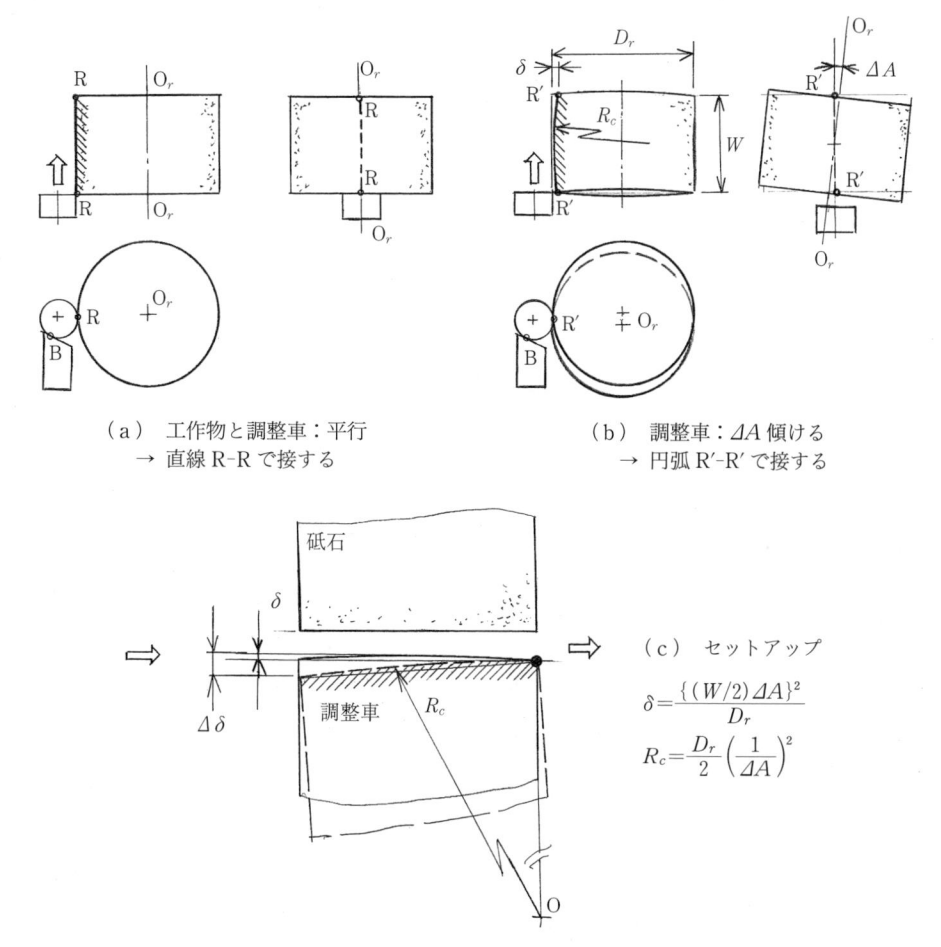

図 4.7　円弧母線（接触線）を有する調整車

(a) 調整車は幾何学的円筒体であり，調整車軸はブレード上の工作物と平行であるとする。このとき，工作物は直線 R-R に沿って調整車と接する。

(b) 調整車軸を垂直面内で傾ける。ブレード上の工作物とのなす角を $\varDelta A$ とする。工作物は円筒体を斜めに切断した断面曲線 R′-R′ と接することになる。この断面曲線は大きな R を有する円弧（詳しくは部分楕円）である。

(c) この曲線の円弧高さ δ は

$$\delta = \frac{\{(W/2)\varDelta A\}^2}{D_r}$$

であり，円弧の半径 R_c は

$$R_c = \frac{D_r}{2}\left(\frac{1}{\varDelta A}\right)^2$$

と表すことができる。円弧 R_c が出口部において砥石と平行となるようにスウィベル調整する。入口部の砥石間隔は 4δ だけ広くなる。

この「あたり」の場合，出口部において切込み量が徐々に減少しスパークアウト研削に移行する。この方式による「あたり」設定は，精密仕上げ研削において適用されることが多い。

〔例〕 $W \equiv 200$，$D_r \equiv 250$，$\varDelta A \equiv 0.5°(1°)$

→ $4\delta = 12(48)$ μm となり，研削しろ 10(40) μm なる精密仕上げ研削に適用することができる。

4.5 砥石「あたり」の設定

(a) テンプレートの設計〔図 4.8 (a)〕　砥石幅 200 mm，研削しろ（直径取りしろ）0.10 mm とする場合について，テンプレートの設計例を示す。なお，スルフィード用テンプレートは与えられた砥石幅，研削しろの組合せに対応した専用品となる。

(i) 「あたり」の設定

　　　　　　　　　　　　直径寸法 / 砥石幅　　　　　　　　　　　　直径寸法 / 砥石幅
A：入口の逃げ部　(+)0.15〜(+)0.10 / 25　　B：研　削　部　(+)0.10〜(+)0.00 / 125
　　　　…過大取りしろに対する安全対策
C：スパークアウト　(+)0.00〜(+)0.00 / 50　　D：出口の逃げ部　(+)0.00〜(−)0.005 / 12
　　　　　　　　　　　　　　　　　　　　　　　　　　　　　　…キズ対策など

C 部はスパークアウト研削に携わるのみである。このため，砥石減耗は僅少でありドレッシング初期面が保持される。工作物の表面粗さ，円筒度および直径寸法はこの部分で定ま

図4.8 砥石「あたり」の設定

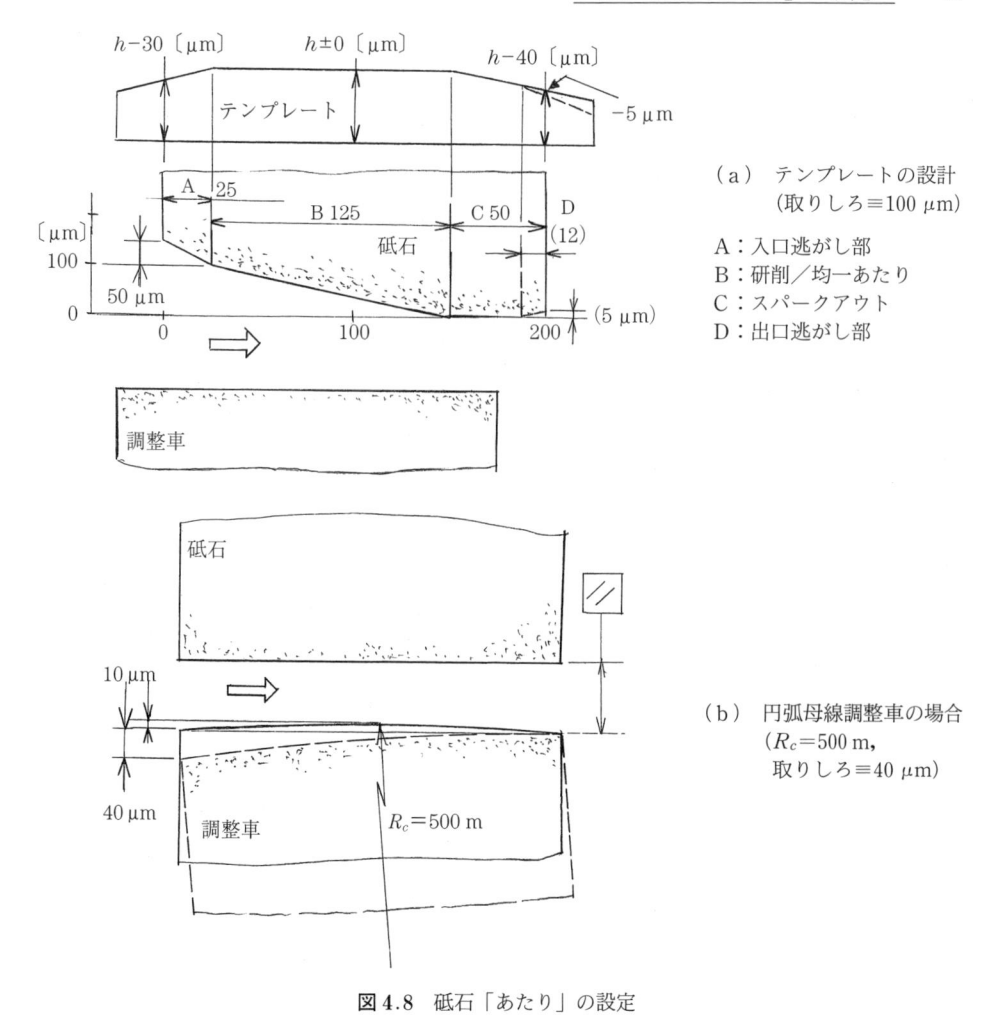

る。

　研削の継続につれ砥石が減耗しB部は出口側に移動していくが，C部の長さが限界に達するまでは，表面粗さおよび直径寸法はほとんど変化しない。

　C部の長さが諸精度を満足し得る限界に到達した場合，連続研削を中断し，砥石再修正を施す。

　このように「あたり」の設定は，精度の安定性および砥石再修正寿命（ドレスインタバル）に大きな影響を与える。

(ⅱ) テンプレートの寸法形状　「あたり」の設定に対応して寸法形状を決定する。テンプレートの高さは

　A：入 口 逃 げ 部 $h-0.030$ / 砥石幅 0 位置　　B：研　削　部 $h \equiv h$　/ 砥石幅 25〜125
　C：スパークアウト $h-0.040$ / 砥石幅 200 位置　D：出口逃げ部 $h-0.045$ / 砥石幅 200 位置

4. 心なしスルフィード研削

となる。

（b） 円弧母線調整車の場合〔図4.8（b）〕　砥石幅200 mm，円弧半径 $R_c \equiv 500$ m，取りしろ $\equiv 40$ μmとする。円弧が出口部において砥石と平行となるようにスウィベル調整する。入口部の砥石間隔は $4\delta \equiv 40$ μmだけ広くなる。テンプレートに加え，円弧調整車を併用すれば，さらに「あたり」の微調整が可能となる。

4.6　ガイドプレートと円筒度

（a） ガイドプレートの配置〔図4.9（a）〕　砥石の入口，出口端において研削が開始，終了する。砥石幅を外れた箇所においては，ブレードおよびガイドプレートにより工作物を支持しなければならない。ブレードの長さは砥石幅よりも，少なくとも，工作物の長さだけ長くする。

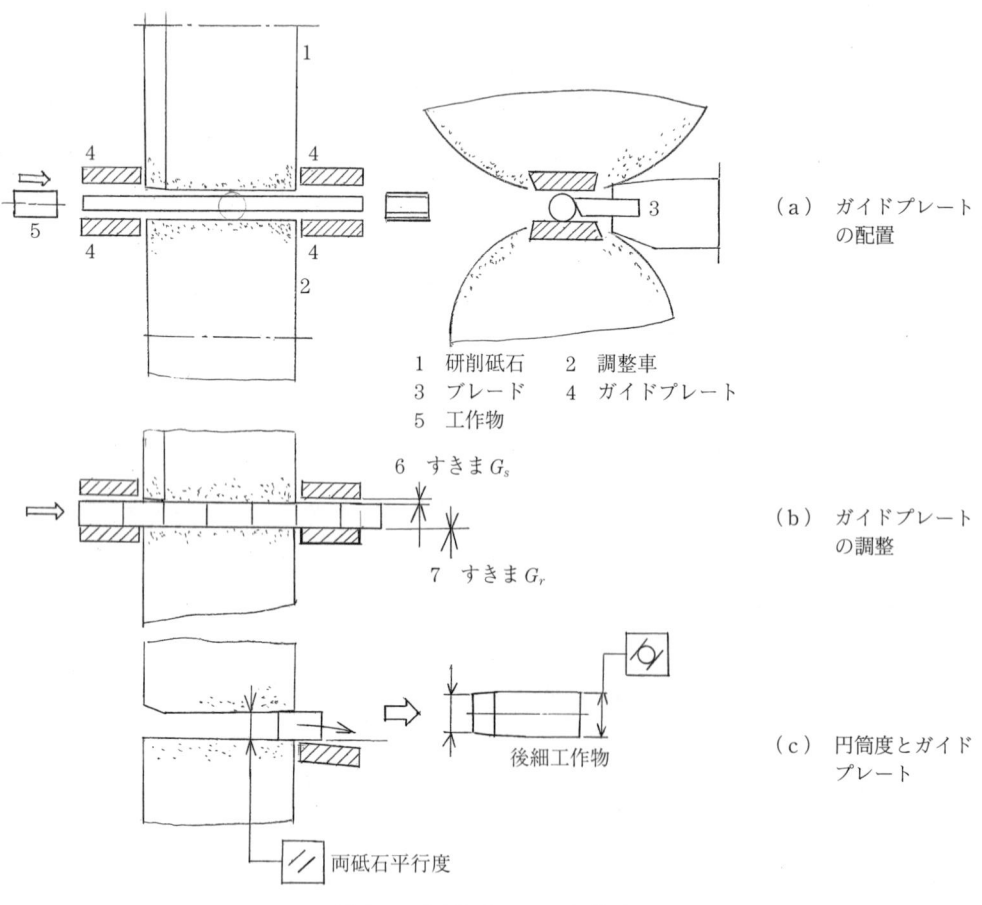

図4.9　ガイドプレートと円筒度

砥石幅 $W \equiv 200$ mm，ブレード長さ $\equiv 200+50$（入口側）$+50$（出口側）$=300$ mm とする。

〔例1〕 工作物長さ $L \equiv 40$ mm のとき
　→ ブレード入口端に工作物を置けば，砥石入口端まで 10 mm の余裕がある。
　→ 砥石出口端で研削終了（流れ停止），工作物前端はブレード端まで 10 mm の余裕がある。

〔例2〕 工作物長さ $L \equiv 80$ mm のとき
　→ 砥石入口端から 5 mm の箇所に工作物を置く。工作物重心位置は，ここから 45 mm の箇所となりブレード上に位置している。
　→ 砥石出口端で研削終了，工作物重心は砥石出口端から 40 mm となり，これはブレード上に位置している。工作物は落下しない。

砥石幅を外れた箇所においては，工作物を案内するためガイドプレートが必要となる。両砥石に相当する箇所にそれぞれ1対，合計4枚のガイドプレートを配置する。

〔注〕 V字状のブレードを適用すれば別置ガイドプレートは不要となる。ただし，セットアップはきわめて困難である。

（b）ガイドプレートの調整〔図 4.9（b）〕　工作物の「流れ」に沿って両砥石間および砥石を外れた箇所において，工作物中心が一致するようにガイドプレート位置を設定する。工作物中心はブレードと調整車側ガイドプレートの位置関係（すきま，平行度）によって定まる。

砥石側のガイドは不測のトラブルに備えた安全装置である。工作物との間にすきまを設ける。常時は工作物と接触しない。

多くの場合，ガイドプレートはブレードを搭載する研削台に併置されている。ガイドプレートの前後位置，傾きの調整機構を備えている。ブレード上に工作物と同一寸法を有するテストバーを置く。テストバーを基準にして調整車側ガイドプレートの位置を設定する。

両者はすきまのない状態で，ガイドプレートの全幅にわたり線接触していなければならない。位置の設定後，調整車とブレードの「乗り移り部」に工作物をすべらせ，滑らかに乗り移ることを確認する。**図 4.10** はガイドプレートの調整の様子を示す。**図 4.11** は大形工作物の研削に際し専用ガイド装置を追加したものである。

（c）円筒度とガイドプレート〔図 4.9（c）〕　調整車側ガイドプレートが離れ過ぎている場合，砥石の出口（入口）部において工作物の後端（前端）部が細くなることがある。これが調整車より前にあれば出口部においてキズが発生する。

セットアップに際して，ガイトプレート位置を 1 μm の精度をもって調整することは困難である。したがって，ガイトプレート位置により円筒度を微調整することはできない。

円筒度は「両砥石間を通過する間に定まる」。高い精度の円筒度を得る要諦は，出口側の

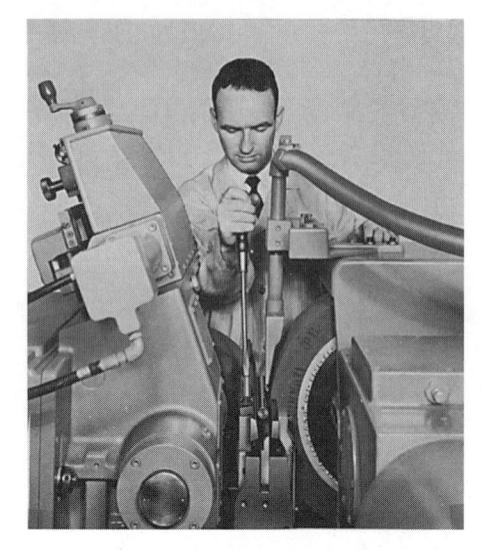

図 4.10 ガイドプレートの調整（Cincinnati 社による）

図 4.11 専用ガイド装置（Cincinnati 社による）

スパークアウト部分において円筒度を整え，滑らかに排出することである．

4.7 スルフィード研削における工程設定

（a） 通し回数 n〔pass〕

直径 D_0 なる素材に1回，または，数回のスルフィード研削を施し，仕上げ寸法 D を得るとともに所要の形状精度を確保する．これを通し回数という．通し回数は，

（ⅰ） 1パス当りの素材形状誤差の修正度合

〔例〕 長尺工作物における曲がり修正，薄肉工作物の真円度修正

（ⅱ） 総研削しろ断面積（取りしろ）$\pi D(D_0-D)/2$ と所要表面粗さ，寸法精度との関連，などから経験的に定まる．これは，適用研削盤の仕様（砥石幅，モータ容量）のみならず，その剛性などの諸性能，設定研削条件に依存している．

［小ロット生産］ 1台の設備（砥石交換なし）を用い研削条件を調整することにより粗研削，仕上げ研削と2パス工程が可能である．

［大ロット生産］ 粗研削，仕上げ研削にそれぞれ専用研削盤を設備し，連結して稼働することが一般的である．図 4.12 は大形機の2台連結の場合を示す．

（b） 通し送り速度 f_t〔m/min, pcs/min〕

通し送り速度の限界は切屑除去能率

$$Z=\pi D\frac{D_0-D}{2}f_t \quad 〔cm^3/min〕$$

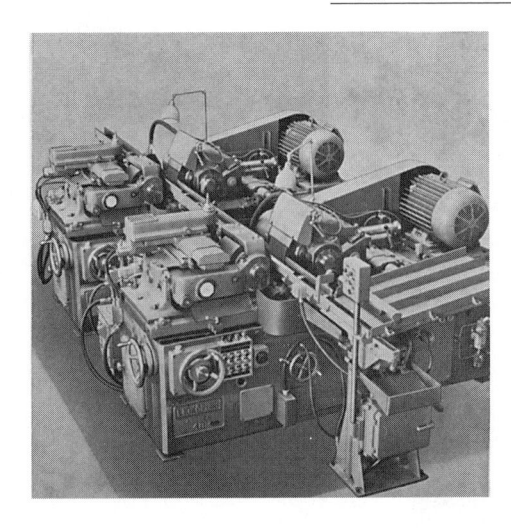

図4.12 設備の2台連結
（Lidköping社による）

とモータ容量の関係に制約される。

しかしながら，多くの場合，到達加工精度がそれ以前の制約となる。

生産数量 N〔pcs/min〕の指定されたとき，通し速度は $f_t \geqq LN$ が必要である。ここに L は工作物長さ〔mm〕である。この値を基本にして通し回数および所要設備台数を検討する。

$f_t = \pi D_r n_r \sin A$ であるから，所要の f_t 値に対し，調整車回転数 n_r と送り角 A に関して種々の組合せが選択できる。

（ⅰ）研削盤仕様範囲の限界近く（$A=4〜5°$，$n_r=200〜300$ rpm）を避け，まず $A=1.5〜2.5°$，$n_r=20〜80$ rpm の範囲内から選定する。

（ⅱ）調整車を所要形状に修正する。試研削を行い通し速度 f_t〔pcs/min〕を確認する。調整車回転数 n_r の変更により f_t の微調整を行う。

（ⅲ）調整車回転数（工作物回転数）は工作物真円度と密接な関係がある。n_r の設定後は必ず真円度を確認する。

（ⅳ）送り角 A を変更するとき，原則的には調整車の再修正が必要である。

（ⅴ）送り角 A が大き過ぎるとき，工作物の位置決めが不安定となりやすい。

5 調整車のドレッシングと調整車形状

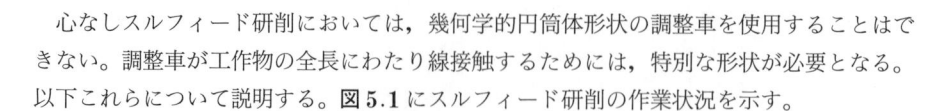

心なしスルフィード研削においては，幾何学的円筒体形状の調整車を使用することはできない。調整車が工作物の全長にわたり線接触するためには，特別な形状が必要となる。以下これらについて説明する。図 5.1 にスルフィード研削の作業状況を示す。

1 修正角設定目盛　　2 送り角設定目盛

図 5.1　心なしスルフィード研削
　　　　（Cincinnati 社による）

5.1　調整車の形状

（**a**）**プランジ研削**〔図 5.2（a）〕　研削砥石，調整車および工作物は幾何学的円筒体とする。砥石，調整車およびブレードの三者をたがいに平行に配置する。工作物はこれらと，G, R, B なる 3 点でたがいに平行な直線と線接触する。調整車とは直線 R-R で接している。

なお，多直径からなる段付き工作物の場合には，砥石，調整車をドレッシングにより工作物形状に対応した段付き円筒体に成形する。ブレードも段付きブレードとする。

（**b**）**スルフィード研削**〔図 5.2（b）〕　図において，調整車を「送り旋回軸」を中心

5.2 調整車修正装置（ドレッサ）の構成

O_g-O_g // O_r-O_r
G-G // B-B // R-R // O_g-O_g
調整車形状：円筒体

O_g-O_g：砥石中心線
O_r-O_r：調整車中心線

O_g-O_g ✕ O_r'-O_r'
G-G // B-B // R-R // O_g-O_g
調整車形状：
　O_r'-O_r' を中心として直線 R-R を回転した包絡面
　（つづみ形）

工作物は点 G, B, R において線接触する
G-G：工作物-砥石間接触線
B-B：ブレード接触線
R-R：調整車接触線

S-S：送り角旋回中心
A：調整車の送り角

（a）プランジ研削　　　　　　　（b）スルフィールド研削

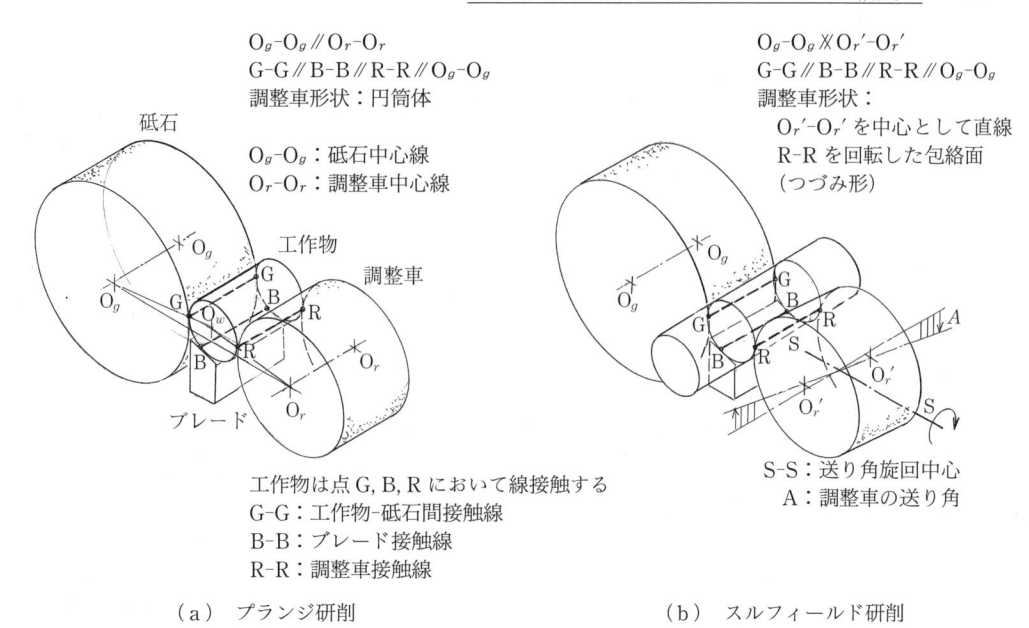

図 5.2 調整車の形状

として角 A だけ垂直面内で傾ける。調整車の点 R を含む水平断面曲線は中高の円弧となる。したがって，工作物と調整車は工作物の長さの中央において点接触することになってしまう。

プランジ研削の場合と同様に，R-R，B-B なる2本の直線による線接触状態の下に，工作物を位置決め支持したい。そのためには，どのような調整車形状が必要となるか？

点 R にダイヤモンドツールを設置する。調整車をドレッシング回転数（100〜300 rpm）の下に回転する。ダイヤモンドツールを直線 G-G と平行に走らせれば，調整車との干渉部分が除去される。その結果，接触直線 R-R を有する調整車形状を得ることできる。

5.2 調整車修正装置（ドレッサ）の構成

（a）修正装置の構成〔図 5.3（a）〕　実用機においては，接点 R の箇所にダイヤモンドツールを設置することはできない。ここは工作物の通過する空間である。調整車修正装置はこれを避けた別の位置に配置する。正面図において，点 R から角度 B だけ離れた箇所，すなわち，点 D にツールが位置するように配置する。市販機においては，つぎの2種類の装置が採用されている。図 5.4，図 5.5 はそれぞれの実例である。

［シンシナチ形］　$B = 90 \sim 120°$

　調整項目：心高 → ツールオフセット量 H'，送り角 → 修正角 A'

5. 調整車のドレッシングと調整車形状

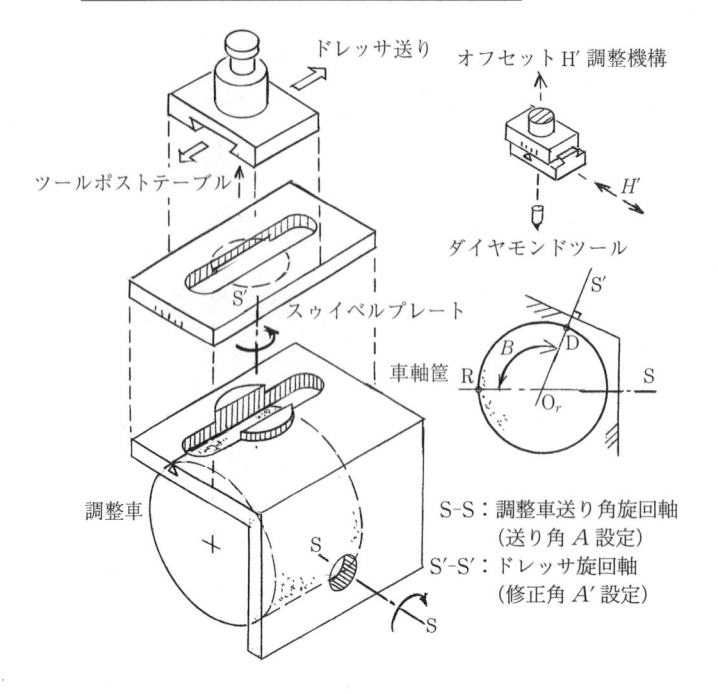

(a) 修正装置の構成

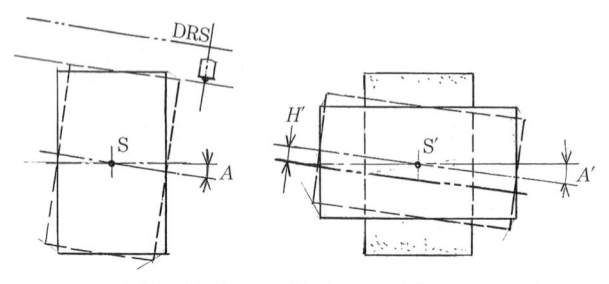

(b) 側面図，平面図

ドレッサの送り案内面は調整車軸と平行である

修正角 A'，ダイヤオフセット H' の設定

S-S：調整車送り角旋回軸（送り角 A 設定）
S'-S'：ドレッサ旋回軸（修正角 A' 設定）

(＊) 旋回軸 S, S' は調整車幅中心に位置する
(＊) 旋回軸 S, S' のなす角 B の値は任意であるが
　　シンシナチ形機 … 90〜120°
　　リジョッピング形機 … 180°
　　とされている

図 5.3 調整車修正装置（ドレッサ）の構成

［リジョッピング形］ $B = 180°$

調整項目：心高 → ツールオフセット量 H'

説明図はシンシナチ形のドレッサを示している。調整車の車軸筐はその幅の中央部に送り角の旋回中心軸 S-S を備えている。接点 R から角度 B だけ離れた位置にドレッサが配置されている。ツールポストを備えたトラバーステーブルは調整車軸と平行に直進運動をすることができる。

5.3 調整車の修正（ドレッシング）　55

図 5.4　調整車修正装置
　　　（Cincinnati 社による）

図 5.5　調整車修正装置（Lidköping 社による）

トラバーステーブルの下部にはスウィベルプレートがあり，調整車の幅中央 S′-S′ を中心として装置を旋回することができる。これは修正角 A' の設定に用いる。

ツールポストの先端にはツール位置を左右に移動するためのスライド機構が設けてある。ツールオフセット量 H' の設定に使用する。

（b）　**側面図，平面図**〔図 5.3（b）〕　　$B=90°$ の場合について側面図，平面図を示す。研削設定条件を，工作物心高$=H$，送り角$=A$ とする。側面図においては，送り角 A だけ調整車を傾けても，ダイヤモンドツール軌跡は調整車軸と平行である。ドレッサはこの筐体上に搭載されているからである。

調整車の修正に先立ち，平面図に示す設定を行う。スウィベルプレートを図の方向に角 A' だけ旋回する。さらに，ダイヤモンドツールの位置を図の方向に H' だけ移動する。角 A' が修正角であり，H' をダイヤモンドツールオフセット量という。修正設定条件は，A'，H' によって規定される。なお，図において，送り角の方向は工作物を操作面側から背面側に流す場合を示す。

5.3　調整車の修正（ドレッシング）

（a）　**修正装置の正面図**　　図 5.6（a）は修正装置の正面図である。修正角 A'，ダイヤモンドツールオフセット量 H' の設定に際して，その方向を示す。（$-$）符号は逆方向を意味する。A' および H' の値は，$D_w < 0.1 \times D_r$ と工作物直径の小さい場合

　　　$A' \fallingdotseq A,$　　$H' \fallingdotseq H$

とすることができる。

（b）　**工作物接触線とダイヤモンドの運動軌跡**〔図 5.6（b）〕　　調整車表面において工

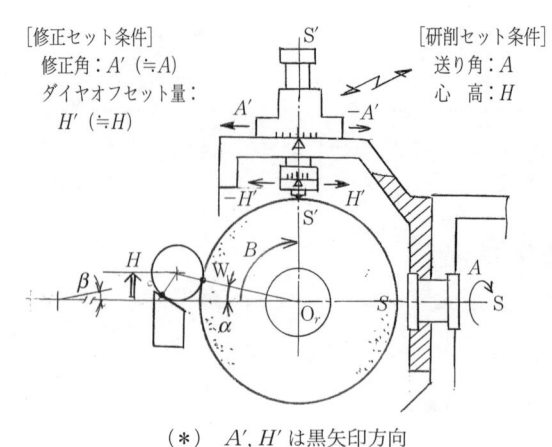

56   5. 調整車のドレッシングと調整車形状

[修正セット条件]
 修正角：$A'(\fallingdotseq A)$
 ダイヤオフセット量：
  $H'(\fallingdotseq H)$

[研削セット条件]
 送り角：A
 心高：H

（*）　A', H' は黒矢印方向

（a）　修正装置の正面図

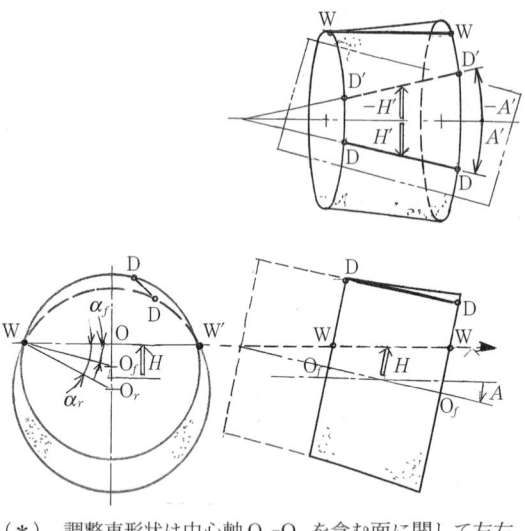

（*）　調整車形状は中心軸 O_r-O_r を含む面に関して左右対称である。直線 D'-D' も調整車面内に含まれる

（b）　工作物接触線（W-W）とダイヤモンドの運動軌跡（D-D）

図5.6　調整車の修正（ドレッシング）

作物との接触線 W-W，およびダイヤモンドの運動軌跡 D-D の位置関係を図解する。ただし，$B=90°$ とする場合である。

直線 W-W を，調整車軸 O_f-O_r を中心として時計方向に 90° だけ回転すれば，W-W は直線 D-D の箇所に移動する。すなわち，D-D 直線部にツールを走らせドレッシングを行えば，成形された調整車は直線 W-W を含んでいる。

したがって，調整車が傾いた状態において，工作物は直線 W-W と線接触することとなる。

調整車の形状は軸 O_f-O_r を含む垂直面に関し左右対称である。したがって，$(-)A'$，$(-)H'$ と設定した直線 D'-D' も調整車表面に含まれる。すなわち，この修正条件によってドレッシングを施してもよい。

ただし，$(+)A'$，$(-)H'$；$(-)A'$，$(+)H'$ なる組合せによっては所要形状を得ることはできない。

$B=180°$ とするリジョッピング形ドレッサの場合，W-W 直線に対し，O_f-O_r を含む垂直面に関して対称となる W'-W' 直線部にダイヤモンドツールを走らせる構造となっている。

5.4　調整車形状の作図

（a）　**研削条件の設定**〔図5.7（a）〕　　（工作物心高）$=H$，（送り角）$=A$ と設定し，工作物を設備正面から背面側に流す。正面側が上がった向きに送り角を設定する。なお，A の向きが $(-)A$ と逆の場合，工作物は背面から正面側に流れる。工作物は砥石，調整車お

5.4 調整車形状の作図   57

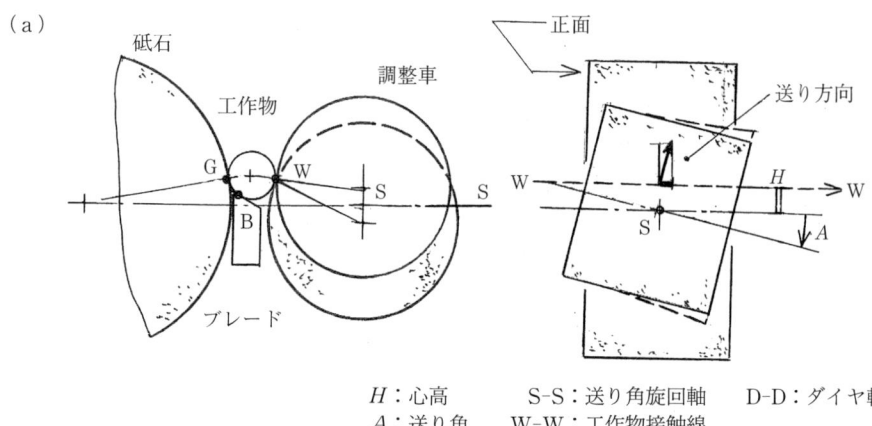

(a)

H：心高　　　S-S：送り角旋回軸　　D-D：ダイヤ軌跡
A：送り角　　W-W：工作物接触線

(b)

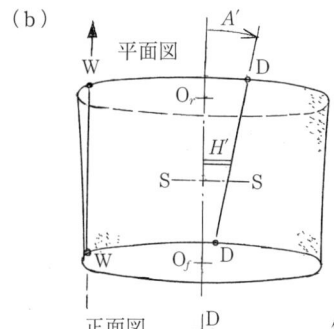

H'：ダイヤオフセット量　　H_f：入口部実質心高
A'：修正角　　　　　　　H_r：出口部実質心高
δ：ブレード干渉量　　　　R_f：入口部調整車半径
　　　　　　　　　　　　R_r：出口部調整車半径

(*)　$H' = \left(1 - \dfrac{1}{2}\dfrac{D_w}{D_r + D_w}\right)H$,　$A' = \left(1 - \dfrac{1}{2}\dfrac{D_w}{D_r + D_w}\right)A$

　　$D_w < \phi 25$ のとき $H' \fallingdotseq H$　$A' \fallingdotseq A$

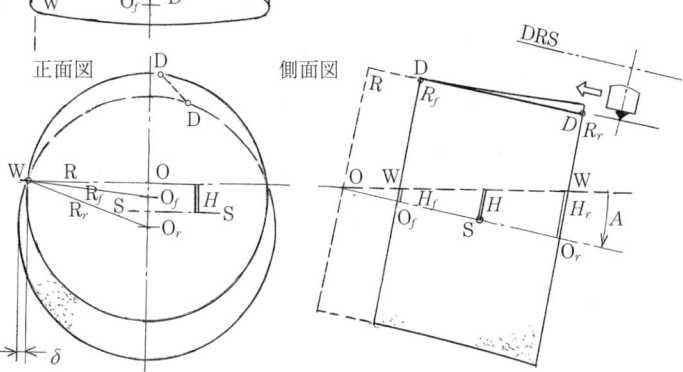

図 5.7　調整車形状の作図

よびブレードと G, W, B なる 3 点で接している。調整車との接触線は W-W である。ドレッサ位置の配置角度は 90°とする。

(b) 調整車形状〔図 5.7 (b)〕

［側面図］ O_f, O_r は調整車の両端における軸中心とする。添字 f, r は正面側，背面側を示す。仮想点 O は直線 W-W と調整車軸中心 O_f-O_r との交点である。送り角旋回中心（＝調整車幅中央）における心高は H である。調整車両端において軸中心から直線 W-W を含む水平面までの高さは W_r を調整車幅とするとき

入口側：$H_f = H - \dfrac{W_r}{2}\tan A$

出口側：$H_r = H + \dfrac{W_r}{2}\tan A$

となる。

〔注〕 心高は両砥石中心を結ぶ直線に対する工作物中心の高さである。両砥石直径を $G_{s,r}$ とするとき，実質心高は砥石幅に沿って変化し

入口端：$H - \dfrac{W_r}{2}\tan A\ \dfrac{D_s}{D_s + D_r}$

出口端：$H + \dfrac{W_r}{2}\tan A\ \dfrac{D_s}{D_s + D_r}$

となる。

[正面図] 軸中心を含む垂直線上に O, O_f, O_r, S-S の位置をプロットする。O_f を中心として半径 R_f（入口側半径）なる円を描く。この円と仮想点 O を含む水平線との交点を W とする。O_r を中心として，点 W において交わる円の半径 R_r が出口側の調整車半径となる。

S から O_f, O_r に至る途上の調整車半径も同様にして作図することができる。仮想点 O における半径が最小半径となる。調整車の直径は一様ではなく，入口から奥に行くにつれて大きくなり，出口部の直径が最大となる。

〔例〕 $R_f \equiv 125$, $W_r \equiv 200$, $A \equiv 2°$ → $R_r = 125.559$, $R_{W_r/2} = 125.231$

母線形状は $R_{W_r/2}$ において -0.048 の中低形状となる。なお，$R_{W_r/2}$ は，調整車幅方向中央における半径である。

[平面図] 正面図に基づいて作図することができる。

以上の3面図に工作物接触線 W-W，およびダイヤモンドツールの軌跡 D-D を書き加える。直線 D-D は，軸 O_f-O_r を中心として，直線 W-W を時計方向に 90° だけ回転した箇所に作図する。修正条件 A', H' は $A' = A$, $H' = H$ とした。

正面図において，点 W 部に半径の大きな工作物を左側から接触させる。工作物は出口側の大きな円と干渉してしまう。工作物直径が"0"ならばこのような干渉は生じない。工作物直径 D_w と調整車直径 D_r との比の大きい場合，つぎのように修正条件 A', H' に補正を加える。

$$A' = \left(1 - \dfrac{0.5\,D_w}{D_w + D_r}\right)A, \quad H' = \left(1 - \dfrac{0.5\,D_w}{D_w + D_r}\right)H$$

5.5 スルフィード研削における調整車の形状

(a) 透視図〔図5.8（a）〕　面 W-W-O_f-O_r を軸 O_f-O_r を中心として，角 B だけ回転すれば面 D-D-O_f-O_r を得る。直線 W-W は D-D に位置する。この線に沿ってダイヤモンドツールを走らせる。

(b) 一葉双曲面〔図5.8（b）〕　図に示すように，2 枚の円板の間にたがいに平行な多数の糸を張る。一方の円板を固定し，他方の円板を捩る。糸（直線）の包絡面は，一葉双曲面と称される「つづみ」形となる。これが調整車表面の形状であり，包絡面の母線形状は中低となる。

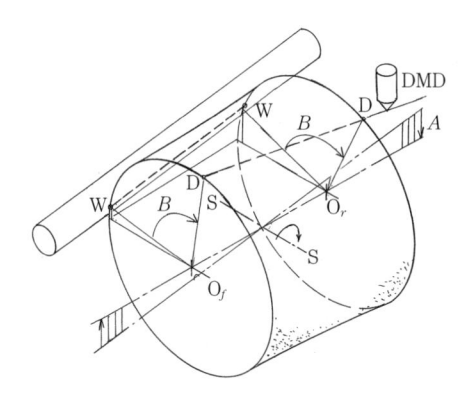

面 W-W-O_f-O_r を O_f-O_r を中心として角 B だけ回転すれば面 D-D-O_f-O_r となる。直線 W-W は D-D に位置する。この線に沿ってダイヤモンドを走らせる

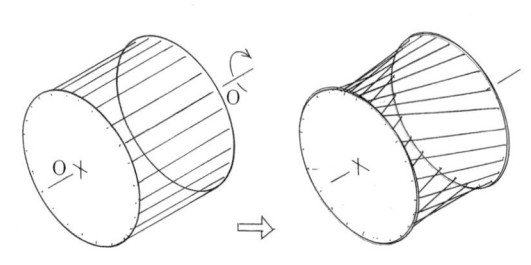

2 枚の円板の間に糸を張る。一方の円板を捩る。糸（直線）の包絡面は「つづみ」形となる。調整車の形状が得られる

(a) 透視図　　　　　　　　　(b) 一葉双曲面

図5.8　スルフィード研削における調整車の形状

5.6 機械背面側から工作物を送る場合

(a) 研削条件の設定〔図5.9（a）〕　付帯設備の配置，付帯工程との関連などの制約により，心なし研削盤の背面側から工作物を送る場合がある。調整車の送り角を正面側が下方に傾くように設定する（$-A$）。工作物の送り駆動力は機械背面から正面側に作用する。心高は H とする。

(b) 調整車の形状〔図5.9（b）〕　修正条件を，（修正角）＝$(-)A'$，（ダイヤオフセット量）＝H' と設定する。図5.7と同様な手順により，工作物との接触線 W-W，ダイヤモンド軌跡 D-D の位置関係を確認することができる。

60　　5. 調整車のドレッシングと調整車形状

A：送り角　　H：心高

（a）研削条件の設定

正面（操作面）　　背面

W-W：工作物接触線
D-D：ダイヤ軌跡
S-S：送り旋回中心
A'：修正角
H'：ダイヤオフセット

（b）調整車の形状

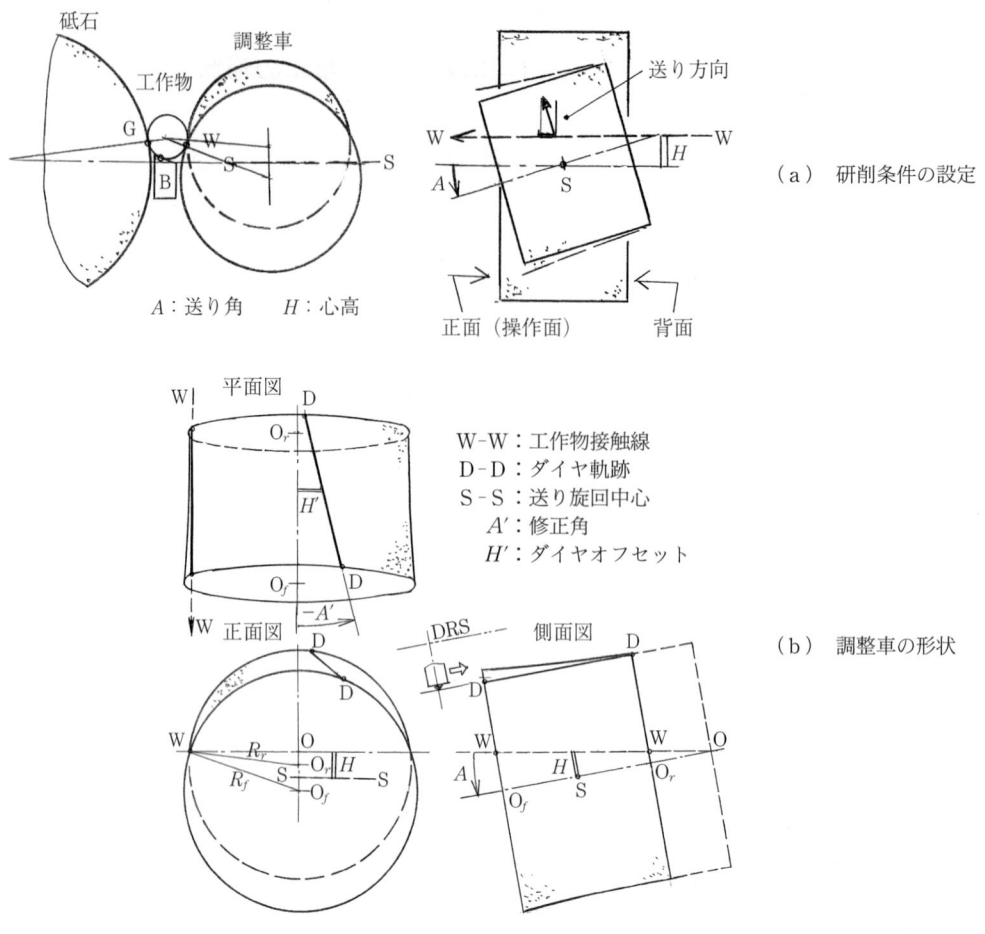

図 5.9　機械背面側から工作物を送る場合

　側面図を作成のうえ，正面図を作図する。入口部の O_r を中心として半径 R_r の円を描く。出口部の O_f を中心とし，これと点 W で交わる円を描く。この半径は R_f であり，$R_f > R_r$ の関係がある。調整車の直径は背面（入口）から正面（出口）にくるにつれて大きくなる。通常のセットアップの場合とは逆に正面端で調整車直径は最大となる。

　これは，図 5.7 における調整車を，その幅中央を通る垂直線を中心として 180° 回転して得られる調整車形状と等しい。つぎに平面図を描き，工作物との接触線 W-W およびダイヤモンド軌跡 D-D を記入する。

　調整車形状は正面図において左右対称であるから，修正条件を，（修正角）＝ A'，ダイヤオフセット量＝（−）H' と設定することもできる。

5.7 調整車修正後の研削条件変更

(a) 調整車の修正後 心高を変更する〔図5.10(a)〕 心高＝($-$)H（アンダセンタ），送り角＝A を想定し調整車を修正する。工作物との接触線 W-W は砥石と平行な直線である。

心高を（$-$）H ではなく（$+$）H（アップセンタ）に設定して研削を試みる。（$+$）H における調整車の水平断面曲線 W′-W′ はわずかな中高となる。また両砥石間隔の平行度が変化する。

〔例〕 $R_f = 125$, $W_r = 200$, $A = 2°$, $H = 10$ → $R_r = 124.439$

平行度変化量 $\dfrac{0.56}{200} = 0.16°$

$R_f = 125$, $R_r = 124.439$
周速差 入口-出口
3.5 mm/rev
($H = 10$, $A = 2°$, $W = 200$)

平行度変化：
0.56/200/0.16°
中高：1.3 μm/200

心高 $-H$, 送り角 A を想定して修正する。W-W は砥石と平行な直線となる。心高を H に変更する。W′-W′ 断面はわずかな中高となる。両砥石間平行度が変化する（要再設定）。$R_f > R_r$ となり「押せ押せ研削」に利用できる

(a) 調整車の修正後 心高を変更する

中高：3 μm/200
($R = 125$, $\varDelta A = 0.5°$)

修正後に送り角を $\varDelta A°$ だけずらす。W-W 断面はわずかな中高となる。あたり調整（出口，入口を逃がす）に用いる

(b) 調整車の修正後 送り角を変更する

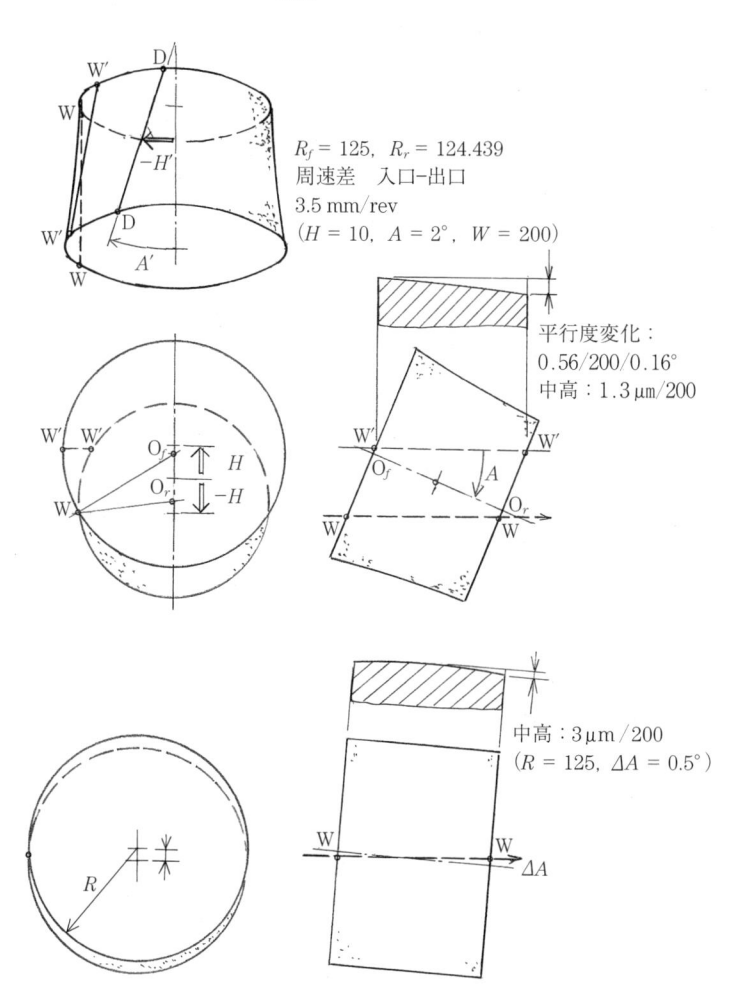

図5.10 調整車修正後の研削条件変更

$$中高量 = \frac{1.3\ \mu m}{200\ mm}$$

スウィベルプレートを用いてこの平行度変化を補正し,砥石「あたり」を調整する。微小中高調整車によるスルフィード研削が可能となる。$R_f > R_r$ であるから,調整車の周速度は入口から出口にいくにつれて小さくなる。

〔例〕 $R_f \equiv 125$, $W_r \equiv 200$, $H \equiv 10$, $A \equiv 2°$, $n_r \equiv 60$ rpm → $R_r = 124.439$
入口,出口端における周速度差 = 210 mm/min

したがって,工作物の送り速度も砥石幅に沿った位置によって変化する。

〔例〕 周速度差 = 210 mm/min → 送り速度差 = 0.12 mm/s

出口側に向かうにつれ,送り速度は小さくなっている。この状態の下に,長さの短い工作物をスルフィード研削する。工作物は入口から「押せ押せ」状態となり,工作物端面が密着する。

工作物は外径のみならず端面を基準として位置決めされる。このため,軸受軌道輪のように幅の短い工作物を加工する場合,外径と端面との直角度が修正される。

(b) 調整車の修正後 送り角を変更する〔図5.10(b)〕 修正後,送り角を ΔA だけずらす。「つづみ」形調整車の場合においても,W-W断面はわずかな中高となる。砥石「あたり」の微調整に用いる。

〔例〕 $R \equiv 125$, $W_r \equiv 200$, $\Delta A \equiv 0.5°$ → $中高量 = \dfrac{3.0\ \mu m}{200\ mm}$

5.8 テーパ調整車の適用

(a) 離れ勝手(標準セットアップ)〔図5.11(a)〕 調整車直径は出口側にいくにつれて大きくなる。工作物送り速度は,出口側にいくにつれて大きくなる。工作物の相互間隔は「離れ勝手」となる。工作物端面の接触に基づく加工精度への悪影響は避けられる。他方,直角度の修正効果はない。

(b) 押し勝手(特殊セットアップ)〔図5.11(b)〕 アンダセンタの条件で修正した調整車をアップセンタ研削に用いる。調整車直径は出口側に向かうにつれて小さくなる。工作物送り速度は出口側のほうが小さい。隣接する工作物は密着し「押せ押せ勝手」となる。工作物直角度の修正作用が期待できる。

(c) 修正(ドレッシング)関係図〔図5.11(c)〕 調整車修正装置は通常テンプレート倣い機構を備えている。ゆるい勾配を有するクサビ状テンプレートを準備する。テンプレートの山側が操作面側(入口)となるように装着する。

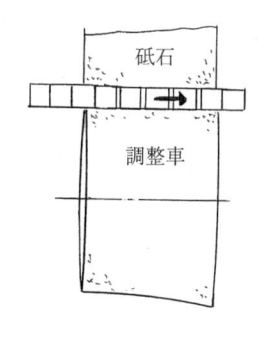

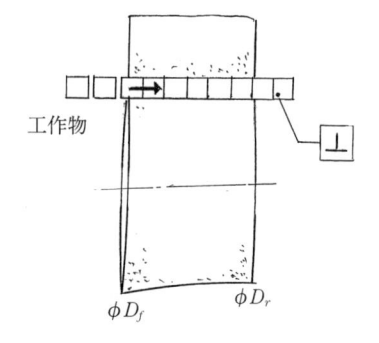

(a) 離れ勝手(標準セットアップ) $D_f < D_r$ のとき

(b) 押し勝手(特殊セットアップ) $D_f > D_r$ のとき

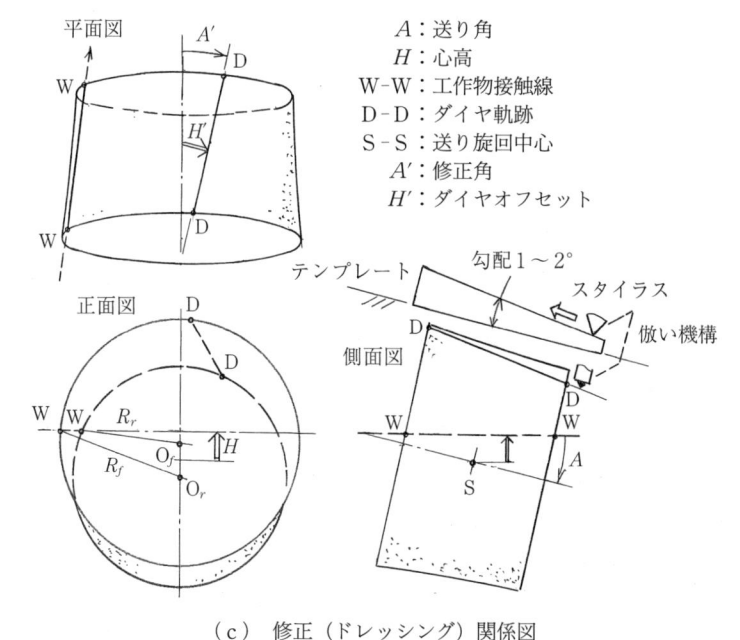

A：送り角
H：心高
W-W：工作物接触線
D-D：ダイヤ軌跡
S-S：送り旋回中心
A'：修正角
H'：ダイヤオフセット

(c) 修正(ドレッシング)関係図

図5.11 テーパ調整車の適用

標準修正条件の下に調整車ドレッシングを行う。「つづみ」形のテーパ調整車が得られる。出口側にいくにつれ調整車直径が小さくなる。テーパの値(=テンプレート勾配)だけスウィベルプレートにより補正のうえ「あたり」を調整する。

「押せ押せ勝手」の研削が実現される。(b)の場合と異なり任意の値のテーパを設定することができる。

6 心なし研削における工作物の回転駆動

図 6.1 は心なし研削盤の正面姿図である。ハンドホイールにより任意に選定した調整車の回転数はインジケータに表示される。

円筒研削においては回転駆動機構により工作物を強制回転する。心なし研削においては特別な回転駆動機構はなく，調整車の摩擦力が工作物を回転駆動する。これに関して橋本福雄博士（都立大 → Timken 社）が詳しく調査研究した。その結果に基づき工作物の回転駆動について説明する。

1 回転計（12〜300 rpm） 2 変速ハンドホイール
3 速度域切替え

図 6.1 心なし研削盤（Cincinnati 社による）

6.1 工作物の回転駆動

工作物には研削抵抗 F および自重 W が作用する。R, R' は調整車およびブレード接点における反力である。また，ここでは摩擦力 $\mu R, \mu' R'$ が接線方向に作用している。工作物，調整車の周速度を v_w, v_r とする。図 6.2 はプランジ研削における正面図を表す。

（a） 砥石は離れている〔図 6.2（a）〕　自重 W に起因して反力 R, R' が発生する。調整車接点における摩擦力 μR は，工作物に対する回転駆動力として作用する。ブレード

6.1 工作物の回転駆動

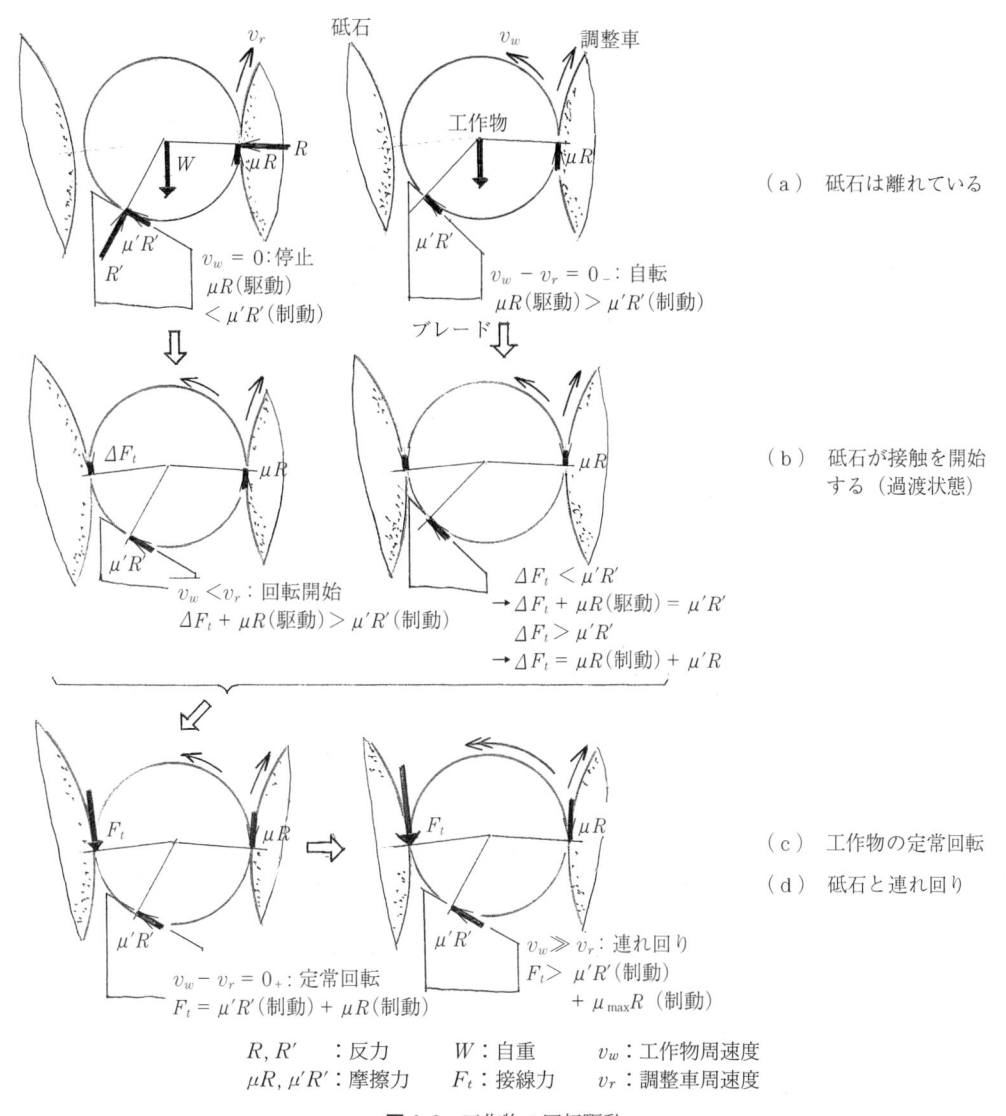

図 6.2 工作物の回転駆動

(a) 砥石は離れている
- $v_w = 0$：停止　μR(駆動) $< \mu' R'$(制動)
- $v_w - v_r = 0_-$：自転　μR(駆動) $> \mu' R'$(制動)

(b) 砥石が接触を開始する（過渡状態）
- $v_w < v_r$：回転開始　$\Delta F_t + \mu R$(駆動) $> \mu' R'$(制動)
- $\Delta F_t < \mu' R'$
- $\to \Delta F_t + \mu R$(駆動) $= \mu' R'$
- $\Delta F_t > \mu' R'$
- $\to \Delta F_t = \mu R$(制動) $+ \mu' R'$

(c) 工作物の定常回転
- $v_w - v_r = 0_+$：定常回転　$F_t = \mu' R'$(制動) $+ \mu R$(制動)

(d) 砥石と連れ回り
- $v_w \gg v_r$：連れ回り　$F_t > \mu' R'$(制動) $+ \mu_{max} R$(制動)

R, R'：反力　　W：自重　　v_w：工作物周速度
$\mu R, \mu' R'$：摩擦力　F_t：接線力　v_r：調整車周速度

接点における摩擦力 $\mu' R'$ はこれに対する制動力として作用する。

(i) μR(駆動力) $< \mu' R'$(制動力) のとき

→ 工作物は停止状態を保つ，$v_w = 0$

(ii) μR(駆動力) $\geqq \mu' R'$(制動力) のとき

→ 工作物は自転を開始する，$v_w - v_r = 0_-$

"0_+", "0_-"なる表記は，（+）あるいは（−）の微小量を示す。すなわち，"$v_w - v_r = 0_-$" とは，速度 v_w が v_r と比べわずかに小さい（遅い）状態を意味している。

調整車と工作物が「ころがり接触」している場合，両者の周速度は $v_w \fallingdotseq v_r$ である。しか

しながら，厳密には工作物に作用するトルクの釣合い条件に基づき，わずかな「ころがりすべり速度」が存在する。

（ⅰ） $v_w - v_r = 0_-$ のとき

→ μR は駆動力として作用する。

（ⅱ） $v_w - v_r = 0_+$ のとき

→ μR は制動力として作用する。

反力 R の値を一定とするとき，摩擦力 μR の値は「ころがりすべり速度」に依存して増大し，一定の値ではない。摩擦力の最大値を $\mu_{max} R$ と書くとき，μ_{max} は静摩擦係数と呼ばれることがある。

(b) 砥石が接触を開始する（過渡状態）〔図6.2(b)〕 研削接線力 ΔF_t が発生し工作物の回転駆動力として作用する。図(b)は図(a)からの継続状態を表すが，図の煩雑化を避けるため自重 W は省略する。

（ⅰ） 停止している工作物に駆動力 ΔF_t が作用する。$v_w = 0$ の間は μR は駆動力として作用する。ΔF_t の値が $\mu R + \Delta F_t \geqq \mu' R'$（制動力）に達するとき，工作物は回転を開始する。$\Delta F_t$ の値がさらに増大すれば工作物は増速され，μR の値は減少していく。$\Delta F_t > \mu' R'$ に達するとき，摩擦力 μR の作用方向が反転し制動力として作用する。$v_w - v_r = 0_+$ なる周速度で釣り合う。

（ⅱ） すでに自転している状態で新たに駆動力 ΔF_t が加わる。摩擦駆動力 μR は減少していく。$\Delta F_t > \mu' R'$ と ΔF_t の値が増大すれば摩擦力 μR の作用方向が反転し制動力として作用する。工作物は増速され，$v_w - v_r = 0_+$ となる。

$\Delta F_t < \mu' R'$ のとき

→ $\Delta F_t + \mu R$（駆動力）$= \mu' R'$, $v_w - v_r = 0_-$

$\Delta F_t > \mu' R'$ のとき

→ $\Delta F_t = \mu R$（制動力）$+ \mu' R'$, $v_w - v_r = 0_+$

(c) 工作物の定常回転〔図6.2(c)〕 研削接線力 F_t は工作物を加速する向きに作用し，摩擦力 μR, $\mu' R'$ は逆方向の制動力として作用する。工作物/調整車間における微小すべり速度の増大とともに，摩擦力 μR の値が増大する。ある微小すべり速度 $0_+ (= v_w - v_r)$ をもって駆動力 F_t と制動力 $\mu R + \mu' R'$ とが釣り合い $F_t = \mu R + \mu' R'$ となる。工作物周速度は $v_w = v_r + 0_+$ となり，ほぼ調整車の周速度をもって定常回転を続ける。なお，ブレード摩擦力 $\mu' R'$ における μ' の値は「すべり接触」であるから一定値であると見なすことができる。

(d) 砥石と連れ回り 調整車摩擦力の限界値 $\mu_{max} R$ を超えた大きな接線力 F_t が作用するとき，工作物の定常回転を維持することはできない。工作物は加速され砥石周速度をもって回転する。これを砥石による「連れ回り」回転という。もはや研削作業を行うことはでき

ない。

$$F_t > \mu_{\max} R + \mu' R', \quad v_w \gg v_r$$

連れ回りは事故をもたらす。すなわち，異常音の発生とともに，両砥石，ブレードが損傷する。スルフィード研削の場合，赤熱した工作物が両砥石の出口側から跳び出す。

研削力 F_t, F_n の値，幾何学的セットアップ条件，ブレード接点における摩擦特性が明らかな場合，「連れ回り」を回避するために必要な調整車接点における摩擦力 μR の値（「摩擦係数」$\mu R/R$ の値）を逆算することができる。

しかしながら，与えられた一般研削条件の下に「連れ回り」の発生を予知することは困難である。研削力 F_t, F_n の値のみならず，工作物とブレードおよび調整車間の摩擦特性が不明なためである。定性的には「ブレード頂角 $\theta \to$ 大，心高 $\to$ 低」とすれば，連れ回りは発生しにくくなる。

6.2　工作物自転の条件

砥石が接近し工作物に接触する。研削を開始する。このとき工作物が回転（自転）しているか否か？停止している場合においても，研削力 F_t の増大とともに工作物は回転を開始する。

しかしながら，工作物が停止している間は平面状に研削されてしまう。重量の大きな工作物の場合，回転開始までに時間を要する。回転開始に必要な研削力 F_t の値は，自重が大きくなるに従い増大するためである。また，スパークアウト研削において工作物の回転が停止し，平面状の傷（フラット）の発生する懸念がある。

砥石の接触前から工作物が自転し，スパークアウト研削においても，自転を継続し得ることが望ましい。

自転の条件は調整車接点における摩擦駆動力がブレード接点における摩擦制動力より大きいことである（図 6.3）。工作物自重 W，幾何学的セットアップ条件 a, θ およびブレード摩擦係数 μ' から

$$\mu R (駆動力) \geqq \mu' R' (制動力)$$

となる調整車摩擦係数 μ の値を算出する。$\mu \geqq \mu'(R'/R)$ ならば工作物は自転する。工作物周速度は $v_w - v_r = 0_-$ となる。0_- の値は $\mu' R'/R = \mu$ となるときの「ころがりすべり速度」を表す。

〔例〕　$\mu' \equiv 0.1$，$\mu \equiv 0.2 (= \mu_{\max})$，$a \equiv 4°$ とする。自転開始のためのブレード頂角 θ の値を算出する。→　$\theta > 35°$

ただし，算出値の精度は μ, μ' 値の精度に依存する。ブレード頂角 θ が大きいほど工作物は自転しやすい。自重の大きい大形工作物の場合，$\theta = 45°$ までと急角度ブレードを適用で

6. 心なし研削における工作物の回転駆動

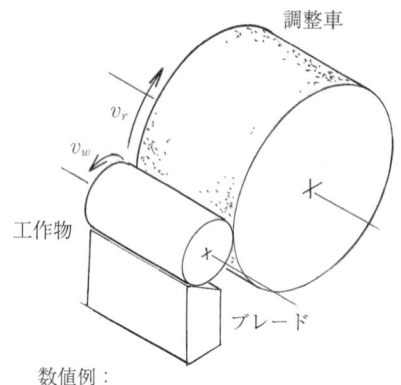

数値例：
摩擦係数 $\mu' \equiv 0.1$, $\mu \equiv 0.2$ のとき
μR（駆動力）$> \mu'R'$（制動力）となるブレード頂角 θ を求める
→ $\theta > 35°$

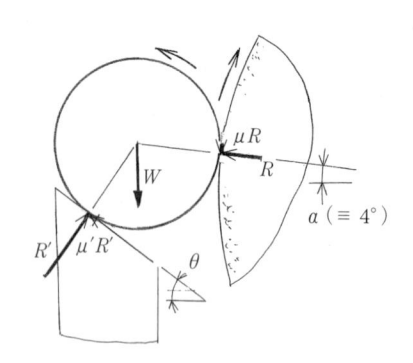

R, R' ：反力 　　　θ ：ブレード頂角
$\mu R, \mu'R'$ ：摩擦力　v_w ：工作物周速度
W ：自重　　　　v_r ：調整車周速度

図 6.3　工作物自転の条件

きる。大形工作物においてはブレードを十分厚くできるためである。図 6.4 はインフィード研削における 45° ブレードの適用例を示す。図 6.5 は大形工作物の自転を目的とした傾斜形心なしインフィード研削盤である。

〔例〕　ベッド傾き角 $\equiv 30°$，$\mu' \equiv 0.1$，$\alpha \equiv 4°$，$\theta \equiv 30°$ とする。自転開始のための調整車摩擦力の値を算出する。→ $\mu (= \mu'R'/R) > 0.09$

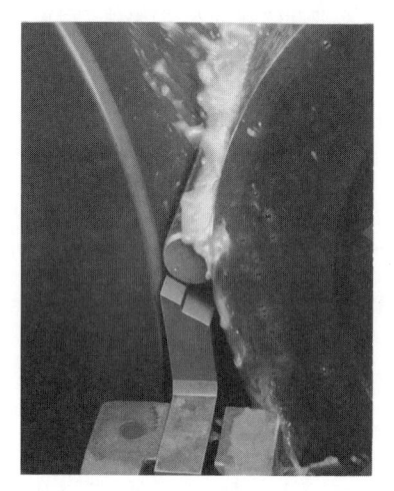

図 6.4　インフィード研削（45° ブレード）（Cincinnati 社による）

図 6.5　傾斜形心なしインフィード研削盤（Cincinnati 社による）

6.3　工作物の定常回転

（a）　自重の小さいとき〔図 6.6（a）〕　工作物回転の駆動（加速）力 F_t と，摩擦制

6.3 工作物の定常回転

F_n　　：法線力　　F_t　：接線力
R, R'　：反力　　　θ　：ブレード頂角
$\mu R, \mu' R'$：摩擦力　v_w　：工作物周速度
W　　　：自重　　　v_r　：調整車周速度

数値例：
$F_n \equiv 1.0$, $F_t \equiv 0.5$, $\mu' \equiv 0.1$,
$\theta \equiv 30°$, $\alpha \equiv 4°$, $\beta \equiv 3°$ のとき
　F_t（駆動力）$\leq \mu R$（制動力）
　　　　　　　　　　　　$+ \mu' R'$（制動力）
となる摩擦係数 μ の値（$\mu' R'/R$）
を求める
　→ $\mu \geq 0.28$

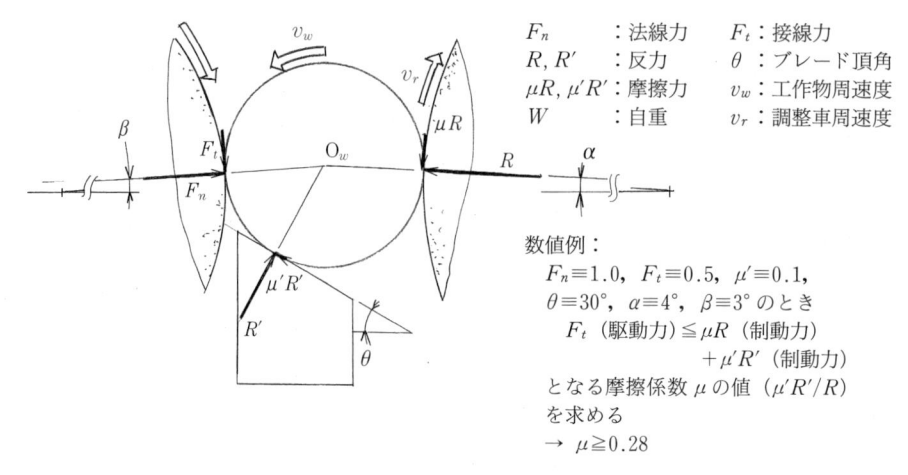

（a）　自重の小さいとき（$W \equiv 0$）

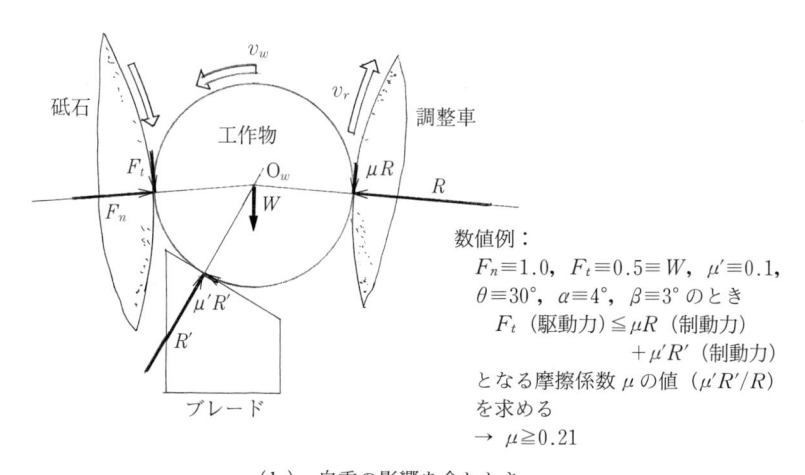

砥石　　　　工作物　　　調整車

ブレード

数値例：
$F_n \equiv 1.0$, $F_t \equiv 0.5 \equiv W$, $\mu' \equiv 0.1$,
$\theta \equiv 30°$, $\alpha \equiv 4°$, $\beta \equiv 3°$ のとき
　F_t（駆動力）$\leq \mu R$（制動力）
　　　　　　　　　　　　$+ \mu' R'$（制動力）
となる摩擦係数 μ の値（$\mu' R'/R$）
を求める
　→ $\mu \geq 0.21$

（b）　自重の影響を含むとき

図 6.6　工作物の定常回転

動力 $\mu R + \mu' R'$ とが釣り合い，工作物は調整車の周速度をもって回転している。$W \cong 0$ とする。

〔例〕　$F_n \equiv 1.0$, $F_t \equiv 0.5$, $\mu' \equiv 0.10$, $\theta \equiv 30°$, $\alpha \equiv 4°$, $\beta \equiv 3°$ とする。定常回転の条件

　　F_t（駆動力）$\leq \mu R$（制動力）$+ \mu' R'$（制動力）

を満たす調整車摩擦係数 μ（$\mu' R'/R$）の値を求める。

　→ 工作物中心 O_w に関する力，トルクの釣合い式から算出する（$\mu \geq 0.28$）。

　　$\mu < 0.28$ のとき，制動不能となり「連れ回り」が発生する。

例えば $\mu_{max} \equiv 0.32 (>0.28)$ とするとき微小すべり速度 $v_w - v_r = 0_+$ における 0_+ の値に応じ $0 \sim 0.32R$ なる大きさの摩擦力が発生する。この例においては $\mu R = 0.28R$ となる箇所で両トルクが釣合い定常回転となる。$\mu_{max} = 0.32$ であれば，F_t がさらに大きな値となっても

6. 心なし研削における工作物の回転駆動

定常回転を維持することができる。

（b） 自重の影響を含むとき〔図6.6（b）〕

〔例〕 $F_n \equiv 1.0$, $F_t \equiv 0.5 \equiv W$, $\mu' \equiv 0.10$, $\theta \equiv 30°$, $\alpha \equiv 4°$, $\beta \equiv 3°$ とする。定常回転の条件
$$F_t \leqq \mu R + \mu' R'$$
を満たす調整車摩擦係数 μ の値を求める。

→ 同様にして，$\mu \geqq 0.21$ を得る。

$W \equiv 0$ の場合と比較し，自重の影響により摩擦力が増大し「連れ回り」も発生しにくい。

6.4 摩擦係数 ― 目安の値を測定する ―

調整車の静止した状態でブレード上に，自重 W なる円筒状テストピースを置く。テストピースの回転開始に要する起動トルクを測定する。時計方向，反時計方向によりこの値が異なる。**図6.7** に示すように摩擦力の方向が反転するためである。この測定により調整車およびブレード接点における摩擦係数の値 μ, μ' を知ることができる。

測定 → 回転を開始するレバーの長さを両回転方向について求める

テストピース
$W - w$ 〔g〕
$\phi 30 - 100L$

調整車

ブレード

分銅 w〔g〕

R, R' ：反力　　　θ：ブレード頂角
$\mu R, \mu' R'$：摩擦力　　L：レバー長さ

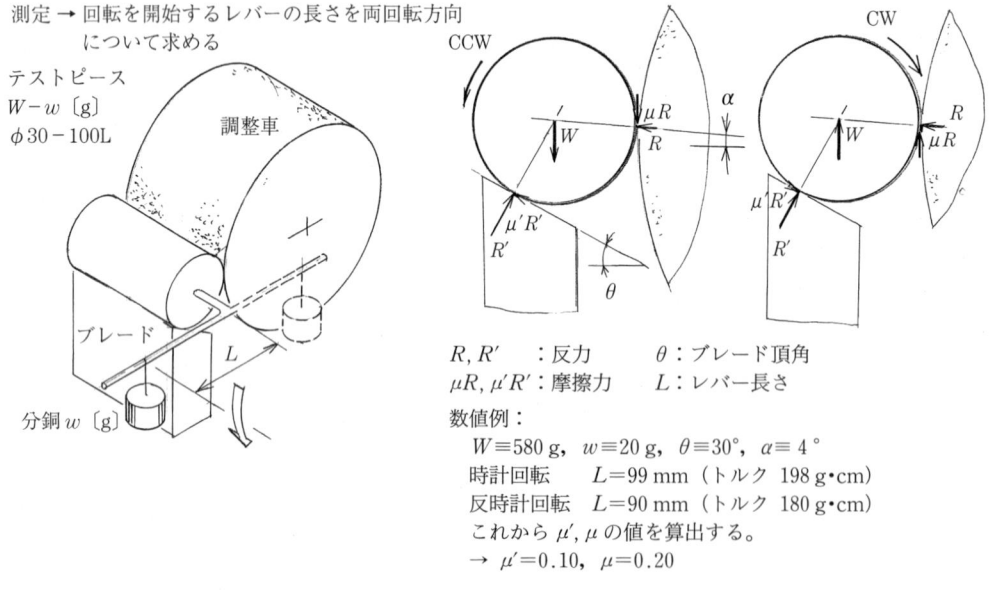

数値例：
　　$W \equiv 580$ g，$w \equiv 20$ g，$\theta \equiv 30°$，$\alpha \equiv 4°$
　　時計回転　　$L = 99$ mm（トルク 198 g·cm）
　　反時計回転　$L = 90$ mm（トルク 180 g·cm）
　　これから μ', μ の値を算出する。
　　→ $\mu' = 0.10$，$\mu = 0.20$

図6.7 摩擦係数 ― 目安の値を測定する ―

図はテストピース端面部にレバーを伸ばし，分銅（w〔g〕）の位置によりトルクを測定する方式を示している。

〔例〕　$W \equiv 580$ g（$\phi 30-100L$），$w \equiv 20$ g，$\theta \equiv 30°$，$\alpha \equiv 4°$

　　　起動トルク：時計方向 $L \equiv 99$（198 g·cm）

反時計方向 $L \equiv 90 \,(180\,\mathrm{g\cdot cm})$

→ $\mu=0.10,\ \mu'=0.20$

調整車接点における摩擦係数（≡摩擦力/押付け力）の値は，ころがりすべり速度のほか種々の要因に影響される。

　調整車：仕様（特に結合剤），ドレッシング条件

　研削条件：押付け力 R の大きさ，研削液

　工作物：材質，直径，表面粗さ

などにより変化することが経験されている。

6.5　異形工作物の回転速度（プランジ研削）

　プランジ研削においては単純円筒体のみならず，段付き軸，テーパ，プロファイルなど各種形状の工作部が加工対象となる。この場合，工作物の回転速度はどのような値となっているか。これらについて例を述べる。

　（a）　**段付き軸**〔図 6.8（a）〕　研削しろは均一とする。各段の表面積のうち，最大の表面積を有する部分の直径 D_w によって工作物の回転数 n_w が定まる。この直径部分において，調整車と同一の周速度となる。

$$D_w n_w = D_r n_r \;\rightarrow\; n_w = \frac{D_r}{D_w} n_r \quad (D_r：調整車直径,\ n_r：調整車回転数)$$

直径 d_w を有する他の直径部においては

$$\pi(D_w - d_w) n_w$$

なる周速度差をもって調整車との間に「すべり」が生じている。

　（i）　**研削レイアウトⅠ**　$\phi d - L_1$，$\phi D - L_2$，$\phi d - L_3$ なる3段からなる工作物をプランジ研削する。調整車，ブレードともこれに対応した段付き形状とし，工作物の全研削幅を支持する。

$$DL_2 > d(L_1 + L_3)$$

とすれば，工作物回転数は大径部 ϕD で定まり，小径部 ϕd において「すべり」が発生する。このため ϕd 部における調整車の摩耗が大きくなる。

　（ii）　**研削レイアウトⅡ**　逆に $DL_2 < d(L_1 + L_3)$ のときには，工作物回転数は小径部 ϕd で定まる。この場合，図示の研削レイアウトを適用することができる。すなわち，調整車，ブレードの大径部は「逃がし」とする。調整車偏摩耗の問題は発生しない。

　なお，$DL_2 > d(L_1 + L_3)$ の場合は，レイアウトⅡを適用することができない。大径部による駆動トルクが大きく，小径部で制動することがきない。「連れ回り」が発生する。

研削レイアウトⅠ　$DL_2 > d(L_1 + L_3)$ のとき

研削レイアウトⅡ　$DL_2 < d(L_1 + L_3)$ のとき

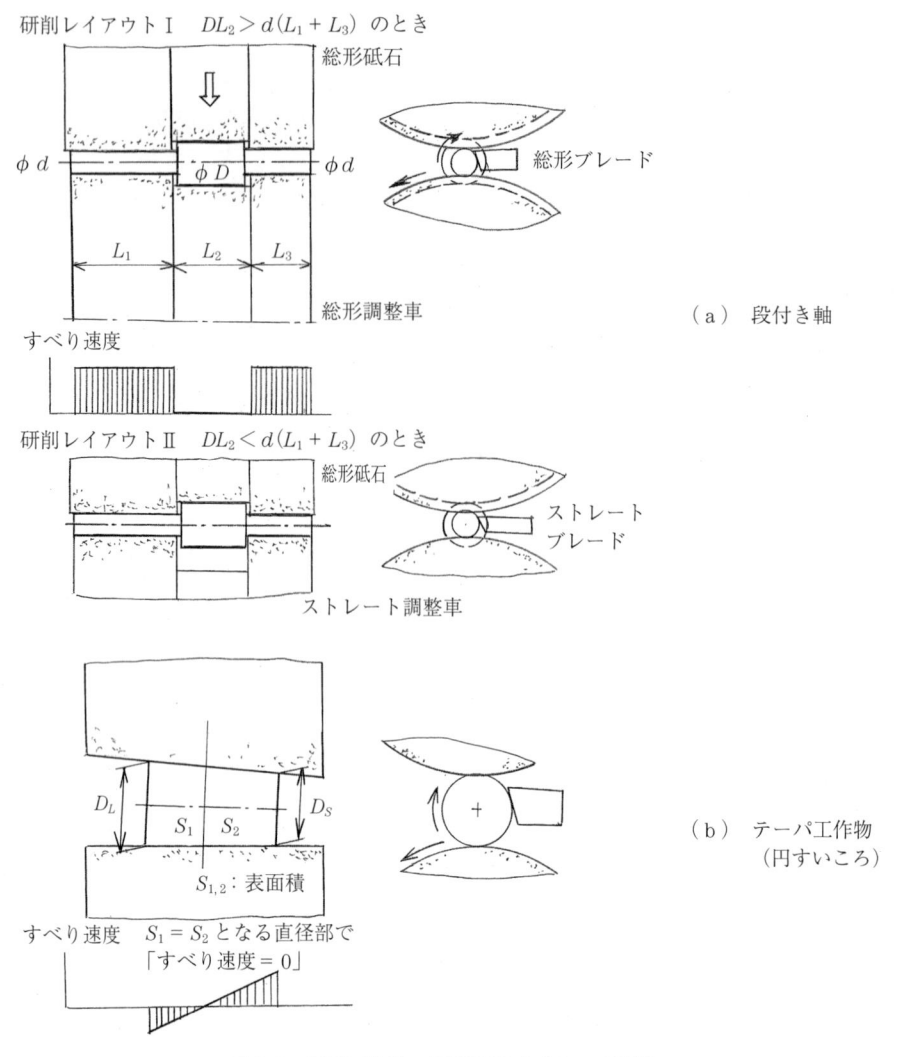

図6.8　異形工作物の回転速度（プランジ研削）

（b）テーパ工作物（円すいころ）〔図6.8（b）〕　大径 ϕD_L，小径 ϕD_s とする円すいころをプランジ研削する。ころをある直径部で切断するとき，それぞれの表面積 S_1, S_2 が等しくなるような直径 d_{mean} によって工作物回転数が定まる。すなわち

$$d_{\text{mean}} = 0.71\sqrt{D_L^2 + D_s^2}$$

となる。大径端，小径端においては，図示のように，それぞれ逆方向の「すべり」が発生する。

7 砥石修正（ドレッシング）

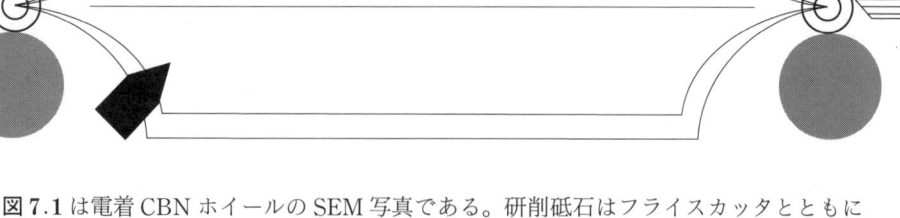

　図7.1は電着CBNホイールのSEM写真である。研削砥石はフライスカッタとともに回転多刃工具である。砥石を砥石スピンドルに装着，回転した状態において，その表面に修正作業（ドレッシング）を施した後，研削作業を開始する。すなわち，フライスカッタとの大きな相違点は，刃具に機上修正を施すということである。砥石修正の目的は，

（ⅰ）幾何学的形状を整える … 砥石の所要母線形状を創成し，外周の振れを除去する，

（ⅱ）表面性状を整える … 劣化した表面を除去し，新たな切刃を数多くつくる，

ことである。これらの目的に対応して，前者をツルーイング（truing），後者をドレッシング（dressing）と区分することもあるが，本稿においては両者を含めて「砥石修正（ドレッシング）」と呼ぶ。

図7.1 電着CBNホイールのSEM写真(ノリタケ社による)

　砥石仕様，砥石周速度など見かけの加工条件を同一としても，砥石修正のいかんにより得られる結果は大きく異なる。例えば，周知の事実であるが，WA60KV砥石を用いて円筒研削を行うとき3.2〜0.4 μmRzと広い範囲の表面粗さを得ることが可能である。

　また，機械精度は修正精度に重大な影響を及ぼす。例えば，砥石の外周振れを，スピンドルの回転精度以下の値とすることはできない。外周振れが残留すれば，砥石の1回転について断続研削となる場合がある。これは加工精度の低下，および，ドレッシング頻度の増大などの悪影響をもたらす。

　研削砥石は高硬度切削工具である。これを加工（ドレッシング）するための工具は，その材質が限られる。ダイヤモンドドレッシングツールが適用される。ダイヤモンドツールの詳細については製造元の技術資料を参照されたい。

7.1 ダイヤモンドドレッシングツール[†]

（a） 単石ダイヤモンドドレッサ〔図7.2（a）〕　図7.3に示すように，大きなサイズの天然ダイヤモンドをシャンクに固定したツールである。砥石寸法（直径 D，幅 T）に応じてダイヤモンド粒の大きさ（0.25〜3.5 ct）を選定する。ダイヤモンド粒の大きさはキャラット（carat，1 ct＝0.2 g → 57（＝3.83³）mm³）で表示する。なお，小径ダイヤモンド粒のサイズはその平均直径により定義し，これがXXX〔μm〕のとき"D XXX"と表す。ちなみに，D 1241球状粒の体積は1 mm³であり，1/57（0.018）ctに相当する。

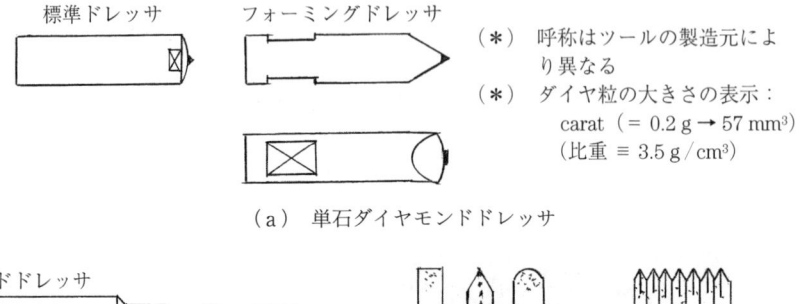

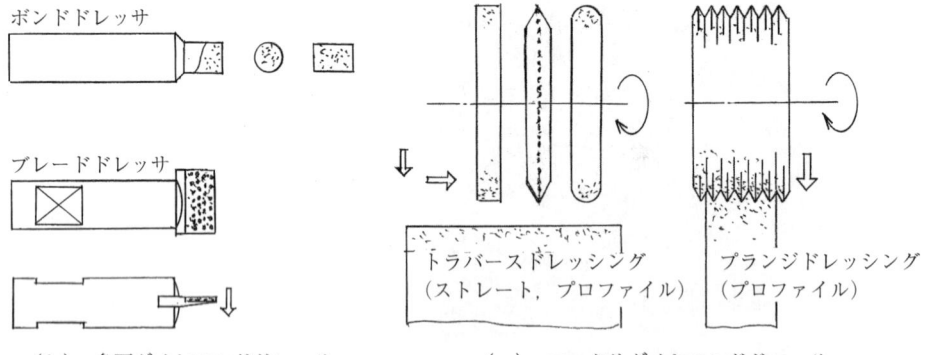

（＊）　呼称はツールの製造元により異なる
（＊）　ダイヤ粒の大きさの表示：
　　　carat（＝0.2 g → 57 mm³）
　　　（比重 ≡ 3.5 g/cm³）

(a) 単石ダイヤモンドドレッサ

(b) 多石ダイヤモンドドレッサ　　(c) ロータリダイヤモンドドレッサ

図7.2　ダイヤモンドドレッシングツール（Winterthur社による）

〔単石ドレッササイズの推奨値〕
〔例〕　砥石直径―砥石幅 … サイズ

　　　D 100―T 12　…　0.25 ct　　　D 350―T 30　…　1.0 ct
　　　D 500―T 50　…　2.0 ct　　　D 750―T 100　…　3.5 ct

フォーミングドレッサは精密プロファイル研削に用いる。斧形(おの)ダイヤモンドの先端は所定のR寸法に仕上げられている。

〔例〕　斧の角度 … 40〜60°

[†] 7.1節〜7.3節はWinterthur社による。

図7.3 単石ダイヤモンドドレッサ
（Winterthur社による）

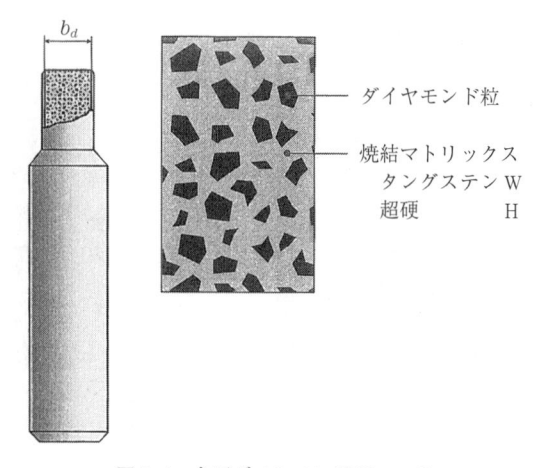

図7.4 多石ダイヤモンドドレッサ
（Winterthur社による）

R 寸 法 … 0.125, 0.250, 0.500 mm

単石ダイヤモンドツールは高精度ドレッシングに最も適したツールであるが，先端の摩耗に関しては，製造元によるメインテナンスが必要である．ダイヤモンド粒の方向を変えてシャンクに再固定する，先端の再ラッピングなどによりツールを再生する．

（b） 多石ダイヤモンドレッサ〔図7.2（b）〕 タングステン，タングステンカーバイドをバインダとし，小径ダイヤモンド粒を結合したダイヤモンドチップを製造する．チップは円形または長方形断面を有する．このチップをシャンクに固定しドレッシングツールとして使用する．図7.4に多石ダイヤモンドレッサを示す．これはボンドドレッサとも呼ばれている．

単石ツールと比較して，メインテナンスが不要である，大形砥石のより能率的なドレッシングが可能であるなどの特長を有する．ダイヤモンド粒のサイズとしてはD91〜D711が適用される．ダイヤサイズは対象砥石砥粒径の2〜3倍とする．

チップの幅を狭くし，ダイヤモンド粒を1層に配置した多石ツールがある．ブレードドレッサと呼ばれ，単石ツールに次いで高い精度のドレッシングが可能である．プロファイル修正にも適用できる．ダイヤモンドはD501〜D1181のサイズが用いられている．なお，天然針状ダイヤモンドを並べたツールは，ニードルツールと呼ばれ最も品質が高い．図7.5にこれを示す．

〔注〕 ツール品種に関する呼称は製造元により異なっている．

（c） ロータリダイヤモンドレッサ スチールロールの外周に，小径ダイヤモンド粒を固着したツールである．ロールを回転駆動する．これを研削砥石に当て，トラバースまたはプランジ方式によりドレッシングを行う．ツール摩耗が僅少であり寿命が長い，ドレッシン

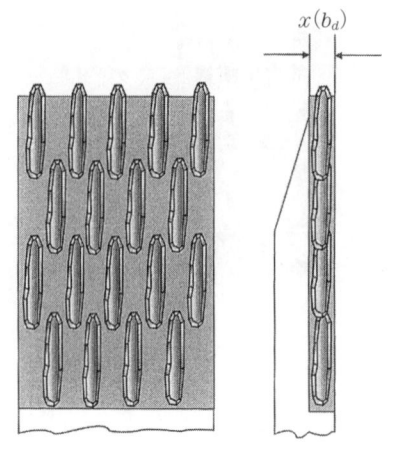

図 7.5　ニードルツール（Winterthur 社による）

図 7.6　ロータリダイヤモンドドレッサ（Winterthur 社による）

グのサイクルタイムが短いという特長を有する。他方，回転中心に関する，各ダイヤモンド粒位置の「ばらつき」という誤差要因は避けられない。図 7.6 はプロファイルドレッサの例である。

ダイヤモンドの配列は，ランダム配置または手並べによる。電気メッキまたはバインダ焼結によりダイヤモンドをロール上に固着する。遠心反転メッキ法は最も高い精度の製造方法である。

7.2　砥石修正の設定条件 ― ツール送り速度とオーバラップ比 ―

固定形ダイヤモンドツールを用いる場合，主要設定条件は

ツール切込み量　a_d〔mm/pass〕

トラバース速度　f_d〔mm/min〕

である（図 7.7）。切込み量の目安の値は

a_d = 0.002〜0.02　（単石，ブレードドレッサ）

0.010〜0.040〔多石（ボンド）ドレッサ〕

である。a_d の値は砥石砥粒径の 1/3 を超えてはならない。過大な切込みは，砥石ボンドポストの破壊，砥粒の脱落をもたらすからである。目的とする表面粗さを得るためには，主としてトラバース速度を調整する。なお，ダイヤモンドの熱損傷を避けるため，ツール先端に十分な研削液を供給することが不可欠である。

ツールのオーバラップ比 u_d なるパラメータを導入すれば，トラバース速度の選定が容易になる。

7.2 砥石修正の設定条件 — ツール送り速度とオーバラップ比 —

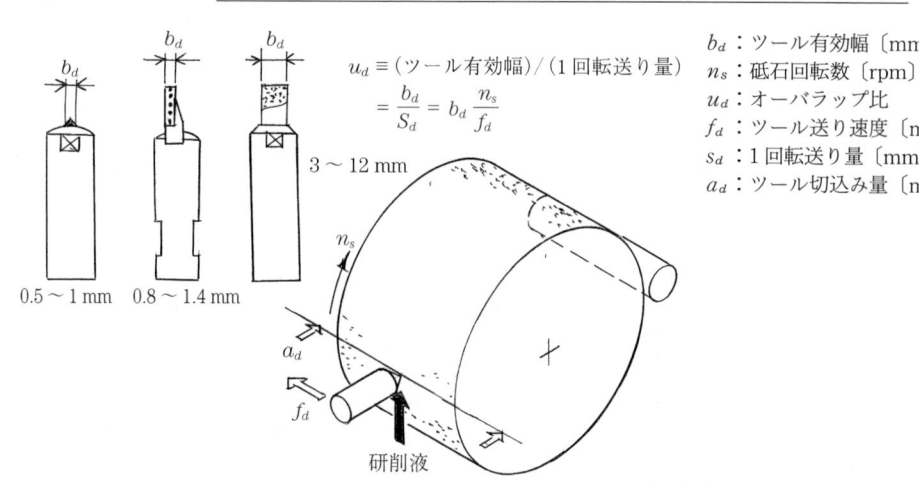

b_d：ツール有効幅〔mm〕
n_s：砥石回転数〔rpm〕
u_d：オーバラップ比
f_d：ツール送り速度〔mm/min〕
s_d：1回転送り量〔mm〕
a_d：ツール切込み量〔mm〕

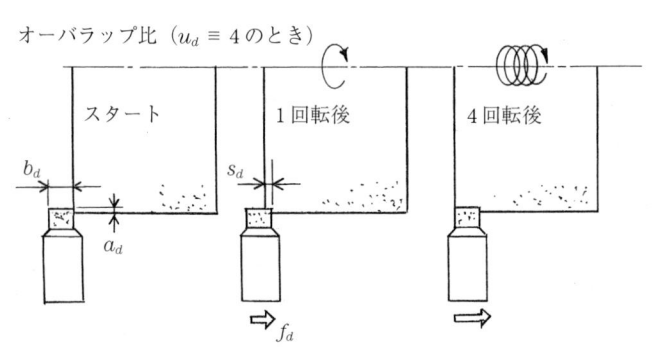

$u_d \equiv$（ツール有効幅）/（1回転送り量）
$= \dfrac{b_d}{S_d} = b_d \dfrac{n_s}{f_d}$

$3 \sim 12$ mm
$0.5 \sim 1$ mm　$0.8 \sim 1.4$ mm

オーバラップ比（$u_d \equiv 4$ のとき）
スタート　1回転後　4回転後

（＊）オーバラップ比（u_d 値）設定の目安
　　　粗研削：2〜3
　　　精研削：4〜6

（＊）切込み量（a_d 値）の目安
　　　$A_d = 0.002 \sim 0.02$ /pass
　　　　…単石ツール
　　　　$0.01 \sim 0.04$ /pass
　　　　…多石ツール
　　　ただし，砥石砥粒径の1/3を超えないこと

図 7.7 砥石修正の設定条件 — ツール送り速度とオーバラップ比 —（Winterthur 社による）

$u_d \equiv$（ツール有効幅 b_d）/（砥石1回転当りツール送り量 s_d）

$$= \frac{b_d}{f_d/n_s} = \frac{b_d n_s}{f_d}$$

f_d：トラバース速度〔mm/min〕，　n_s：砥石回転数〔rpm〕

オーバラップ比の推奨値は

　$u_d = 2 \sim 3 \cdots$ 粗研削

　　$4 \sim 6 \cdots$ 精研削

である。ツール有効幅の概略値〔mm〕は

　$b_d = 0.5 \sim 1.0$　（単石ドレッサ）

　　　$0.8 \sim 1.4$　（ブレードドレッサ）

　　　$3 \sim 12$　〔多石（ボンド）ドレッサ〕

となる。

〔例〕　$n_s \equiv 1\,720$ rpm（$\phi 500$，45 m/s），$b_d \equiv 0.5$（単石），$u_d = 4 \sim 6$

　　→ $f_d = \dfrac{b_d n_s}{u_d}$

$= 215 \sim 143$ 〔mm/min〕

$0.9 \sim 1.4$ 〔min〕/ 砥石幅 200 〔mm〕

$0.13 \sim 0.08$ 〔mm/rev〕

〔例〕 $n_s ≡ 1720$ rpm, $b_d ≡ 4.0$(多石), $u_d = 4 \sim 6$

→ $f_d = \dfrac{b_d n_s}{u_d}$

$= 1720 \sim 1150$ 〔mm/min〕

$7 \sim 10$ 〔s〕/砥石幅 200 〔mm〕, $1 \sim 0.7$ 〔mm/rev〕

多石(ボンド)ドレッサによれば高速送りが可能である。

実作業において経験値の存在しない場合,これらの値を参考に初期値を設定し,試研削の結果に基づきドレッシング条件を再調整していく。

7.3 単石ダイヤモンドドレッサの取扱い

(a) **ホルダへの取付け**〔図7.8(a)〕 ホルダからのオーバハング量は極力短くし,強固に固定する。長過ぎるとツールが振動する。

(b) **送り方向における取付け逃げ角**〔図7.8(b)〕 送り方向に対する「食い込み勝手」を避ける。$10 \sim 15°$の逃げ角をつけて取り付ける。トラバースの送り方向は1方向となる。なお,精密研削においては1方向ドレッシングを原則としている。修正装置の運動誤差の影響を軽減するためである。

(c) **回転方向における取付け逃げ角**〔図7.8(c)〕 同様に,回転方向に対して$10 \sim 15°$の逃げ角をつけて取り付ける。このように傾けて取り付ければ,ツールの摩耗面はシャンク中心軸と傾いている。シャンクを回転すればダイヤモンドの新たな面が砥石と接触することになる。

ダイヤモンドターナと称するが,ツールの自動回転機能を備えたツールホルダが実用に供されている。ダイヤモンドを回転することにより,ツールの長寿命化が図られる。

(d) **ダイヤモンドの結晶方向**〔図7.8(d)〕 八面体ダイヤモンド結晶を図示の向きとなるようシャンクに固定する。ピラミッドの稜線方向は結晶のへき開面である。ピラミッドの面が高強度方向である。この面が砥石周速度の方向と一致するように取り付ける。したがって,ダイヤモンドターナは,ここから90°ずつインデックスすることが望ましい。

(a) ホルダへの取付け
(b) 送り方向における取付け逃げ角
(c) 回転方向における取付け逃げ角
(d) ダイヤモンドの結晶方向

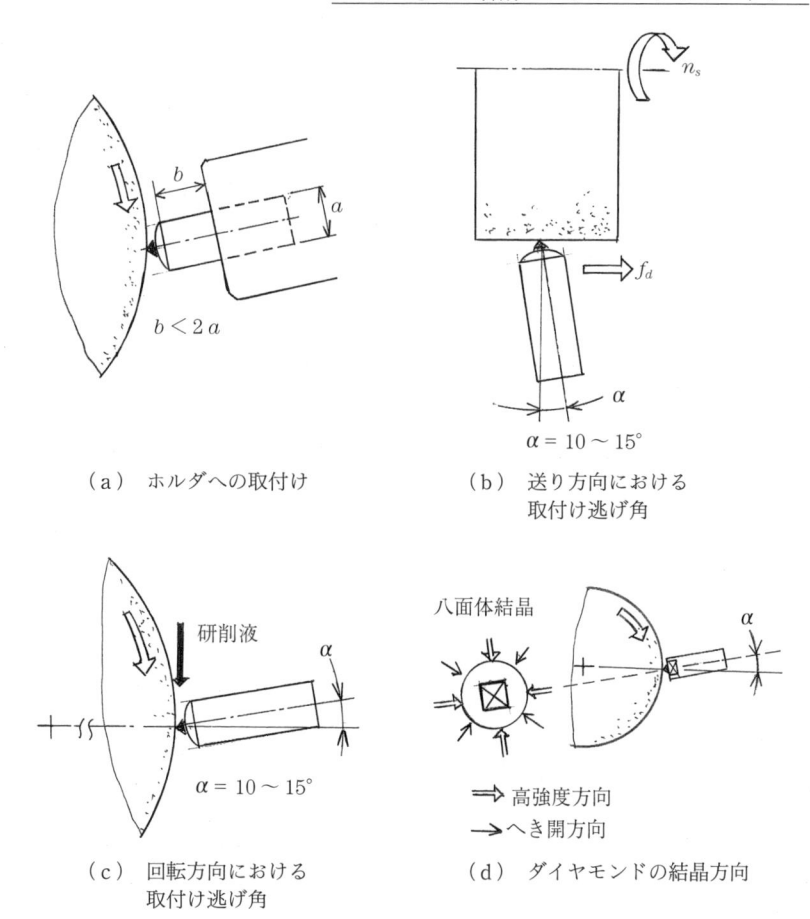

図7.8　単石ダイヤモンドドレッサの取扱い

7.4　心なし研削におけるロータリドレッサ

（a）　トラバースドレッシング〔図7.9（a）〕

（ⅰ）　研削砥石への適用（主にストレート砥石）　　ϕ500—200T に代表されるように，心なし研削においては大形砥石が使用される。GC砥粒の研削砥石は，固定形ダイヤモンドツールによってドレッシングすることはきわめて困難である。ツール摩耗の大きいこと，「びびり振動」の発生が問題となる。

ここにロータリダイヤモンドを適用すれば，これらの障害が克服され，GC砥石を広範な用途に適用できる。砥石およびドレッサ仕様が与えられたとき，ドレッシング条件の選定により，表面粗さを容易に調整することができる。なお，ドレッサ切込み量 a_d の目安の値は0.2～4 μm/pass とする。

（ⅱ）　調整車への適用　　調整車修正装置は，一般に，固定形ダイヤモンドツールを想定

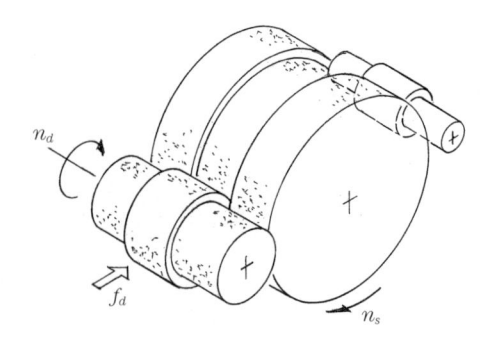

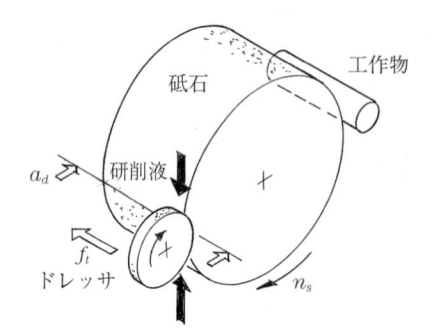

(*) ドレッサ切込み量 a_d の目安 (*) ドレッサ切込み速度 f_d
　　　$a_d = 0.002 - 0.005$ 〔mm/pass〕　　　　ドレッサ幅に依存（びびり振動の発生）
　（a）　トラバースドレッシング　　　　　（b）　プランジドレッシング
　　　　（主にストレート修正）　　　　　　　　（総形修正）

n_s：砥石回転数〔rpm〕　　　　　　a_d：ドレッサ切込み量〔mm/pass〕
v_s：砥石周速度（$=\pi D_s n_s$）　　　f_d：ドレッサ切込み速度〔mm/min〕
n_d：ドレッサ回転数　　　　　　　　q_d：周速度比 $\left(\equiv \pm \dfrac{v_d}{v_s}\right)$
v_d：ドレッサ周速度（$=\pi D_d n_d$）

図 7.9　心なし研削におけるロータリドレッサ

して設計されている。調整車はラバーボンドの特殊砥石である。この組合せの下では，調整車を精度高く修正することは困難である。調整車は工作物の位置決め基準面であり，所要工作物精度に応じた修正精度が要求される。

　ダイヤモンド研削砥石をドレッシングツールとした専用修正装置により，調整車を研削修正する。この方式によれば，調整車の外周振れを 0.2 μm 以下とすることも可能であり，調整車精度は著しく向上する。

（b）　プランジドレッシング〔図 7.9（b）〕　　ねじ研削に代表される狭小形状，アンギュラ研削における ±90° コーナなどの研削砥石は，固定形ダイヤモンドツールによっては成形することができない。総形ロータリドレッサを適用せざるを得ない。

　また，高能率生産研削において，ドレッシング時間削減のため総形プランジドレッシングを適用することがある。プランジドレッシングにおいては，

　（i）　ドレッシング抵抗が大きく，「びびり振動」が発生しやすいこと，
　（ii）　ドレッサ精度（母線形状，外周振れ）の確保，
　（iii）　研削焼けの回避，および表面粗さの調整方法，
などの項目に代表されるが，技術的困難が山積する。

7.5　ロータリドレッサにおける切込み軌跡

　ロータリドレッサを用いるとき，ドレッシングに際しての主要設定条件は，

(ⅰ) トラバースドレッシング → 切込み量，トラバース速度

(ⅱ) プランジドレッシング → 切込み速度，ドゥエル（ドレスアウト）時間

である。これら以外の特殊条件として，ロータリドレッサの周速度の問題がある。ドレッサ周上の各ダイヤモンド粒が，どのように砥石を削っていくのか。モデル図によってこれをを検討する。

（a） 作図の条件〔図 7.10（a）〕

a ：ドレッサダイヤモンドの連続切刃間隔（$a≡1$ mm）

q_d ：周速比 $q_d = \dfrac{v_d}{v_s}(\equiv(\pm)5.0 \sim (\pm)0.2)$

（＋）：同方向（ダウンドレス），（－）：逆方向（アップドレス）

v_d：ドレッサ周速度
v_s：砥石周速度
a：ドレッサ連続切刃間隔（$\equiv 1$ mm）
q：周速度比 $\left(=\dfrac{v_d}{v_s}\right)$
a_d：ドレッサ切込み量（$\equiv 5$ μm）

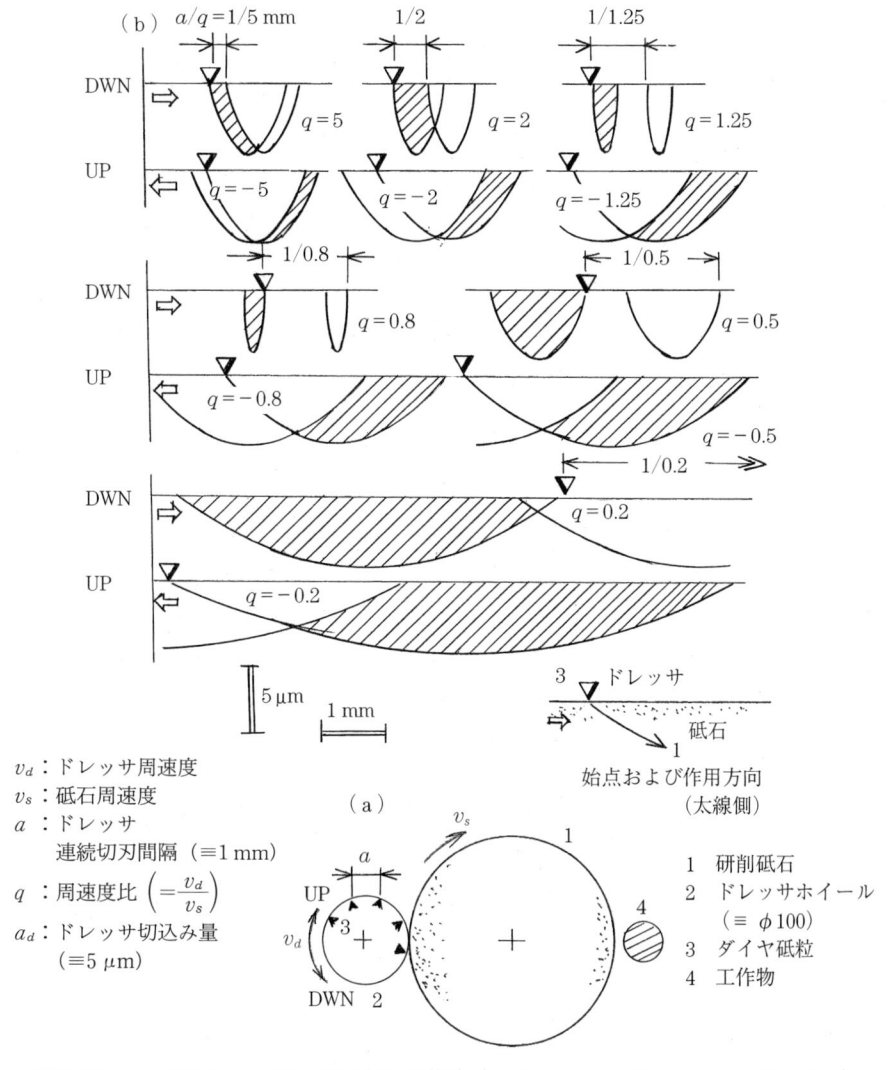

1　研削砥石
2　ドレッサホイール（$\equiv \phi 100$）
3　ダイヤ砥粒
4　工作物

図 7.10　ロータリドレッサにおける切込み軌跡（$a \equiv 1$ mm, $a_d \equiv 5$ μm, $q_d \equiv \pm 5 \sim \pm 0.2$）

v_d：ドレッサ周速度　　v_s：砥石周速度　　a_d：ドレッサ切込み量（$a_d \equiv 5$ μm）

（b）ダイヤモンド粒の切込み軌跡〔図7.10（b）〕　砥石直径は十分大きいものとし，平面状の砥石にダイヤモンドの軌跡を作図する。軌跡はサイクロイド曲線であるが，ダイヤモンドと砥石の干渉部においては円弧とみなしてよい。白矢印は v_s の相対方向を示し，三角形はダイヤモンド粒の作用方向を意味する。切屑の厚さに注目して図（b）を検討する。

（ⅰ）ダウンドレッシングのとき

$q_d \gg 1$ → 切屑は薄く研削過程に類似している。

$q_d \fallingdotseq 1$ → 相対速度 ≒ "0"，ダイヤモンド粒のころがり転写，すなわちクラッシングドレスとなる。

$q_d \ll 1$ → 切屑厚さ ≒ 設定切込み量，固定ツールによるドレッシングに近い（ただし，ツール摩耗が僅少という特長を有する）

（ⅱ）アップドレッシングのとき

$q_d \gg 1$ → 切屑は薄く研削過程（精密加工）に近い。

$q_d < 1$ → 切屑厚さ ≒ 設定切込み量，固定ツールによるドレッシングに近い。

調整車のドレッシングにおいては，$q_d \gg 1$ なる条件が成り立ち，加工工程はダイヤモンドホイールによる研削加工と見なすことができる。

心なし研削盤においては砥石直径が大きいため，砥石のロータリ修正に際し $q_d > 1$ なる条件は成り立たない。周速比 q_d を広範に変えて，表面粗さを調整することは困難である。

表面粗さは切込み量およびトラバース速度により調整する。ドレッシング作業中におけるツール摩耗は僅少であり，無視できる大きさである。このため，仕上げ切込み量を 0.1～0.2 μm/pass と小さく設定した精密ドレッシングも実用可能となる。この精密ドレッシングを施した研削砥石においては，砥石減耗が少なく，一般砥石においても，研削比は $G = 500$ ～ $1\,000$ にも達する。

砥石修正時に，特別に砥石回転数を下げた状態でダウンドレスを施せば，クラッシングドレスに近づく。すなわち，砥石の粗さが大きくなり「切れ味」の向上が期待できる。

7.6　総形砥石のドレッシング

円弧ローラ，段付き軸を工作物例として，各種ドレッシング方式の特徴を紹介する（**表7.1**）。

（ⅰ）総形ダイヤモンドロール（工作物品番専用）によるプランジドレッシング

　　→ 短時間修正，直角部，狭小形状の修正

　　→ ロール精度？　修正装置の精度，剛性？

7.6 総形砥石のドレッシング

表 7.1 総形砥石のドレッシング

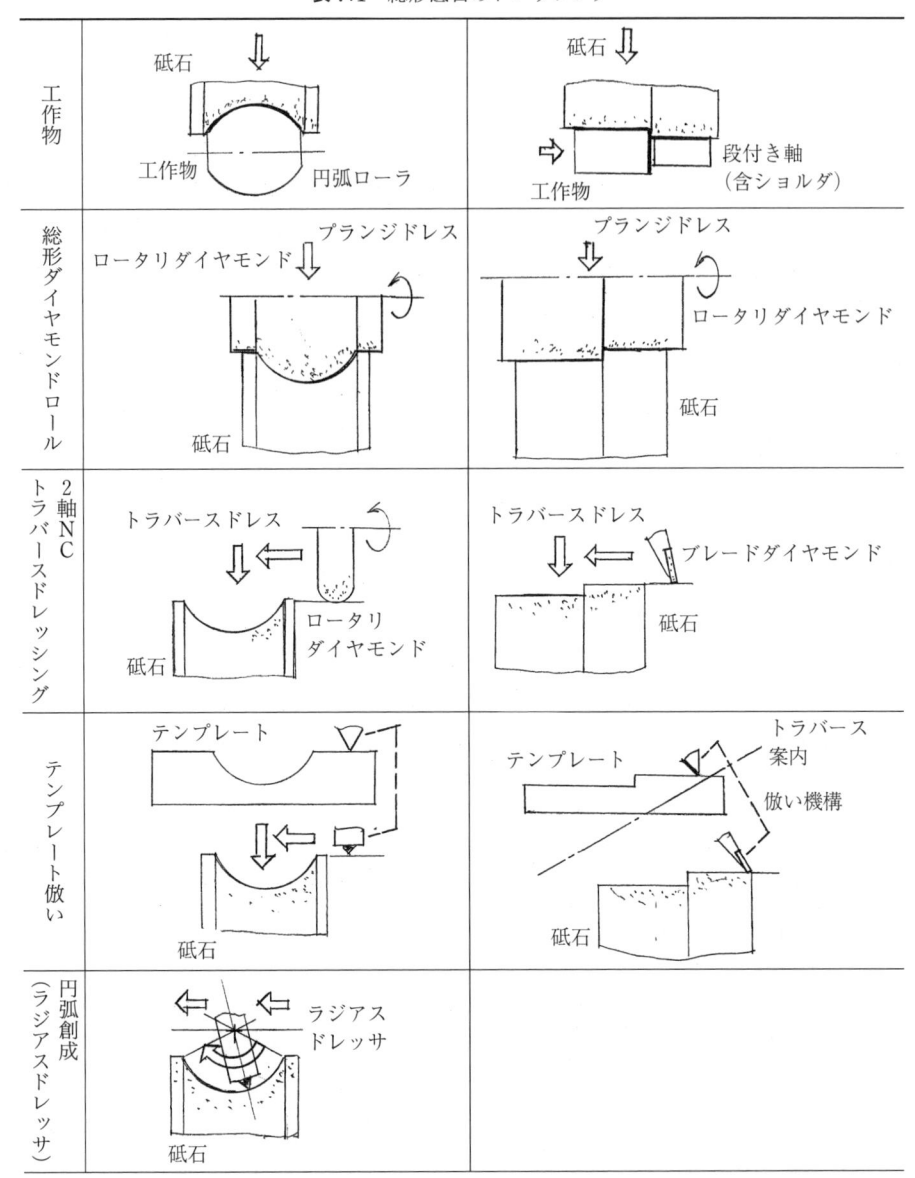

工作物	砥石／工作物／円弧ローラ	砥石／工作物／段付き軸（含ショルダ）
総形ダイヤモンドロール	ロータリダイヤモンド／プランジドレス／砥石	プランジドレス／ロータリダイヤモンド／砥石
2軸NCトラバースドレッシング	トラバースドレス／ロータリダイヤモンド／砥石	トラバースドレス／ブレードダイヤモンド／砥石
テンプレート倣い	テンプレート／砥石	テンプレート／トラバース案内／倣い機構／砥石
円弧創成（ラジアスドレッサ）	ラジアスドレッサ／砥石	

(ii) 2軸 NC，トラバースドレッシング

→ プログラム選択により異品番対応，急勾配部の修正

→ ツール先端寸法形状精度？　トラバース軸運動精度？　切込み軸位置決め精度？

(iii) テンプレート（品番専用）倣い

→ 高精度，省空間装置

→ テンプレート精度？　倣い精度？　急勾配？

(iv) 円弧創成（ラジアスドレッサ）

→ R精度はツール先端形状に依存しない，R寸法は調整できる

7.7 調整車のドレッシング

調整車は工作物の位置決め基準面であり，その精度が工作物の加工精度を大きく左右する．特に，真円度の到達限界はこれによって定まるということもできる．

［調整車の仕様］　調整車は調整砥石とも呼ばれA砥粒を硬質ゴムを結合剤として焼成した特殊砥石である．耐摩耗性に富み摩擦が大きいという特徴を有する．また工作物との接触コンプライアンスが高く，びびり振動の発生を抑制する．

切欠のある工作物の場合，その回転に伴う研削抵抗の変動が真円度に影響を及ぼす．切欠の対向側が凸となりやすい．これを避けるためビトリファイド調整車を適用することがある．

特殊な例として円すいころのスルフィード研削を挙げることができる．ねじ溝を備えた鋼製調整車を使用する．このねじは機外の専用機により加工する．

調整車のドレッシングにおいて，一般の修正装置は固定形ダイヤモンドツールを前提に設計されている．単石ドレッサ，多石ドレッサ，フォーミングダイヤモンドを用いる．多石ドレッサによれば，トラバース速度を大きく設定することができる．また，フォーミングダイヤによれば，最も高い修正精度が得られる．

精密仕上げ研削においては，単石ドレッサの場合，トラバース送り速度は0.05 mm/rev以下とする．修正作業に長時間を要する．

〔例〕　砥石回転数 $n_s \equiv 1\,720$ rpm，調整車回転数 $n_r \equiv 200 \sim 300$ rpm，砥石幅 $w_r \equiv 200$ mm，トラバース送り $s_d \equiv 0.05$ mm/rev

→ 修正所要時間：砥石 2.3 min/pass，調整車 20〜13 min/pass

ロータリダイヤモンドを適用すれば，修正精度の向上のみならず修正時間も著しく短縮される．

（a）**修正精度の確認**〔図7.11（a）〕　調整車を低速回転する．調整車の入口，出口部にインジケータを当て，外周振れを測定する．精密仕上げ研削においては，「振れ」は0.5 μm以下とすることが望ましい．当然のことながら，この値以下の調整車スピンドルの精度が要求される．

特別な場合には，工作物との接触線における母線真直度をも確認する．

（b）**ロータリダイヤモンドドレッサによる研削修正**〔図7.11（b）〕　黒色光沢を有する鏡面状の仕上げ面を得ることができる．入口および出口のエッジ部はGCスティックを用いてR面取りを施す．

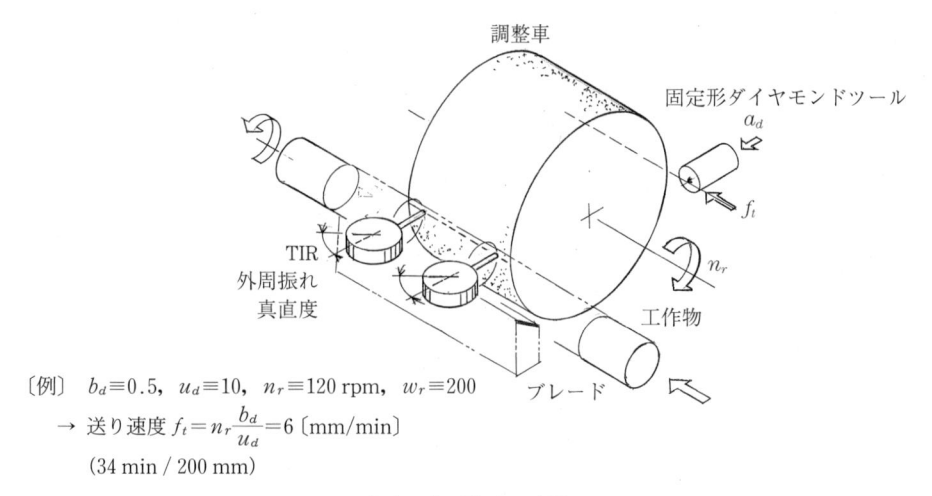

7.7 調整車のドレッシング

〔例〕 $b_d≡0.5$, $u_d≡10$, $n_r≡120$ rpm, $w_r≡200$

→ 送り速度 $f_t = n_r \dfrac{b_d}{u_d} = 6$ 〔mm/min〕

(34 min / 200 mm)

(a) 修正精度の確認

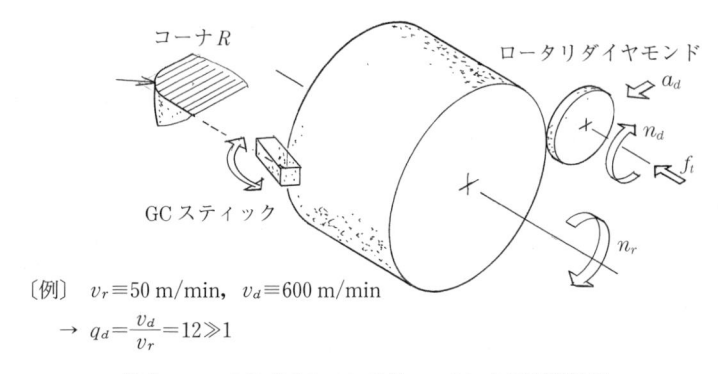

〔例〕 $v_r≡50$ m/min, $v_d≡600$ m/min

→ $q_d = \dfrac{v_d}{v_r} = 12 \gg 1$

(b) ロータリダイヤモンドドレッサによる研削修正

図 7.11 調整車のドレッシング

〔例〕 $v_r≡50$ m/min, $v_d≡600$ m/min

→ 周速度比 $q_d = 12 \gg 1$

ドレッシング条件は研削加工となっている。

8 砥石のアンバランスと加工精度

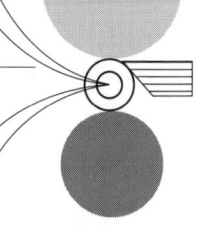

　研削盤の振動は加工精度に悪影響を与える。すなわち，工作物と研削砥石との間の相対振動は，切込み量の周期的変動をもたらし，これが工作物外周に転写される。この相対振動は研削盤の内部あるいは外部の振動源に起因する。

　（i）**内部振動源**　研削盤の全停止状態においては，これに基づく振動は発生しない。回転体の起動とともに発生する。振動周波数の測定により加振源を特定することができる。心なし研削盤の場合，主な加振源は研削砥石，同駆動モータ，調整車駆動機構などである。研削砥石の「バランスとり」をはじめ，状況に応じた対策が必要である。まず第一に，ベッド据付けのレベリングブロックの再点検を行う。各ブロックが指示書の位置に配置され，均一に「きいている」ことを確認する。

　（ii）**外部振動源**　鍛圧機械に代表されるが，外部振動が床を通じて伝達される。しかしながら，心なし研削盤においては，これが加工精度に影響を及ぼすことはまれである。心なし研削盤の設置に際して，アンカボルトによるベッドの固定，振動絶縁溝の設置などは不要である。

　心なし研削盤は大形砥石を備えているため，各種振動源のうち，砥石不釣合い（アンバランス）に基づくものが最も顕著である。

8.1　砥石のアンバランス

　（a）**軸系の構成**〔図8.1（a）〕　研削砥石は K〔kgf/μm〕なる剛性を有する軸受により両持支持されている。砥石外周上に W〔kg〕なる不釣合い量（アンバランス）が存在する。砥石を N〔npm〕で回転させるとき，F〔kgf〕の大きさの遠心力が発生する。

　（b）**遠心力下の砥石の振れ**〔図8.1（b）〕　遠心力の大きさは

$$F = \frac{W}{g} R \left(\frac{2\pi N}{60}\right)^2$$

　　　R：砥石半径〔cm〕，　g：980 cm/s^2

である。軸剛性は軸受剛性と比べ十分大きく，軸受変位 e〔μm〕による反力 F'〔kgf〕と遠心力とが釣り合うものとする。すなわち

$$F = F' = 2Ke$$

の関係が成り立つ。軸中心 S-S は，軸受中心 B-B を中心として，半径 e の円を描きながら

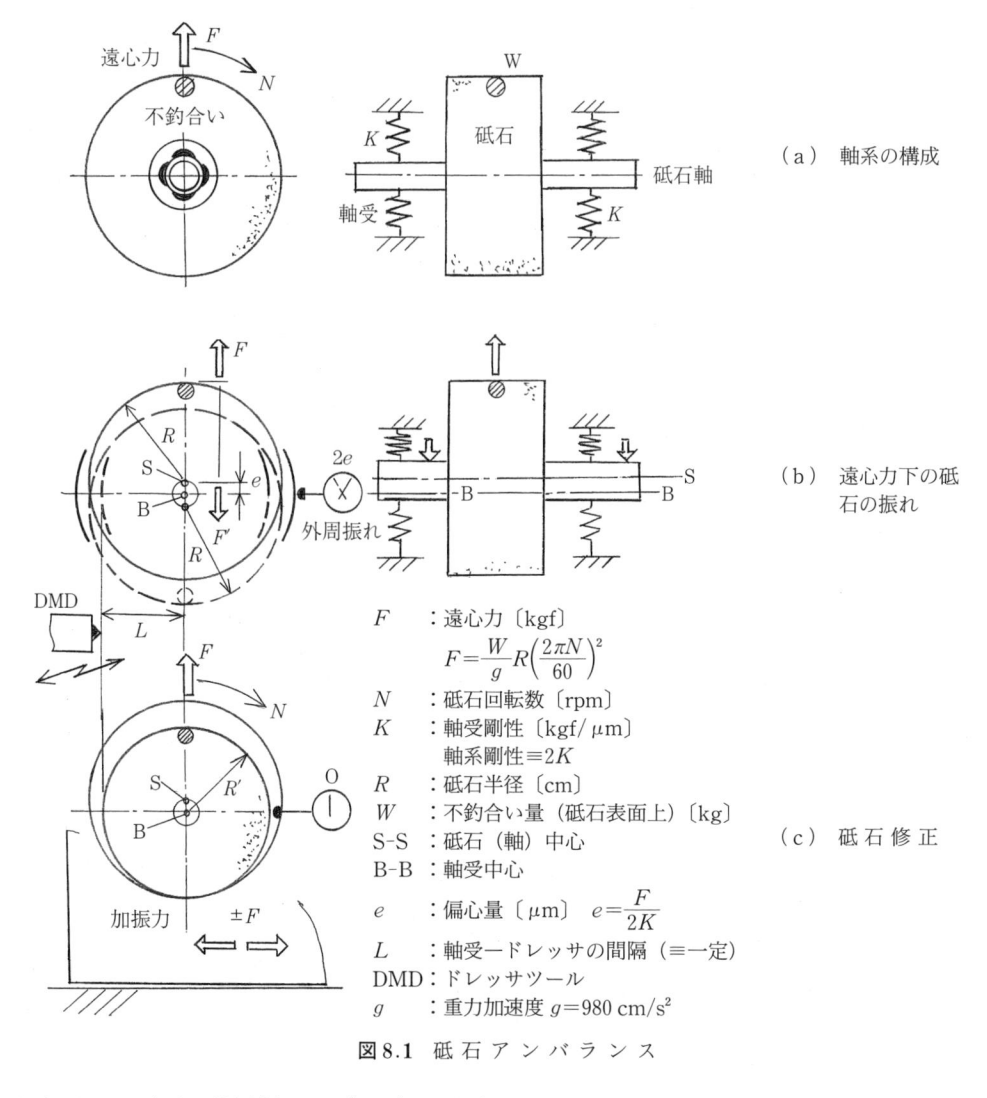

8.1 砥石のアンバランス

図8.1 砥石アンバランス

(a) 軸系の構成
(b) 遠心力下の砥石の振れ
(c) 砥石修正

F : 遠心力 〔kgf〕
$$F = \frac{W}{g} R \left(\frac{2\pi N}{60}\right)^2$$
N : 砥石回転数 〔rpm〕
K : 軸受剛性 〔kgf/μm〕
　　軸系剛性 ≡ $2K$
R : 砥石半径 〔cm〕
W : 不釣合い量(砥石表面上)〔kg〕
S-S : 砥石(軸)中心
B-B : 軸受中心
e : 偏心量 〔μm〕　$e = \dfrac{F}{2K}$
L : 軸受—ドレッサの間隔 (≡一定)
DMD : ドレッサツール
g : 重力加速度 $g = 980 \text{ cm/s}^2$

回転する。砥石の外周振れ $2e$ 〔μm〕が発生する。

〔例〕両持機

　　$W \equiv 50\text{ g}$, $R \equiv 25\text{ cm}$, $N \equiv 1\,720\text{ rpm}$, $2K \equiv 100\text{ kgf/μm}$

　→ $F = 41\text{ kgf}$, $2e = 0.82\text{ μm}$

〔例〕片持機

　　$W \equiv 50\text{ g}$, $R \equiv 25\text{ cm}$, $N \equiv 1\,720\text{ rpm}$, $K \equiv 20\text{ kgf/μm}$

　→ $2e = 4.1\text{ μm}$

例に用いた $W \equiv 50\text{ g}$ とは研削液体積 50 cm³ に相当する。砥石の停止時に，ノズル内の残留研削液がかかってしまうというトラブルが発生すれば，容易に 50 cm³ に達してしまう。また，砥石の回転停止に先立ち，「水きり」空転を忘れてはならない。

（c）砥石修正〔図8.1(c)〕　図(b)においては砥石外周は $2e$ なる振幅をもって振れている。ここにダイヤモンドツールを当て，トラバースドレッシングを施す。

遠心力の作用下にあっても修正装置に振動は伝達されず，軸受中心 B-B から見たツールの位置は一定（$=L$）であるとする。砥石外周の「三日月」状の部分が除去される。外周形状は，軸受中心 B-B を中心とした半径 R' の円となる。外周振れは"0"である。

〔例〕「三日月」形状のアンバランス量軽減に及ぼす影響

　　　弦高：最大値 $\equiv 4\,\mu m$（アンバランス側），最小値 0（反アンバランス側）

　　　$R \equiv 25\,cm$，砥石嵩比重 $\equiv 2.7\,gr/cm^3$，砥石幅 $T \equiv 200\,mm$ とする。

　　　外周上のアンバランス量に換算した三日月形状部の重量を算出する。

　→　$0.6\,g \ll 50\,g$

　　　影響は軽微であり，半径 e の値はほとんど変化しない。

なお，軸中心 S-S は，B-B を中心として半径 e の円を描きながら回転を続ける。また，遠心力はそのまま残留し研削盤を加振する。

アンバランスがあっても，砥石修正により外周振れは除去されることになる。ただし，

（ⅰ）軸受は回転誤差が"0"である，

（ⅱ）修正装置は振動しない，

ということを前提としている点に注意を要する。

8.2　砥石バランサ

（a）バランスウェイト方式（転がりバランサ）〔図8.2(a)〕　最も一般的な方式である。研削砥石を砥石フランジに組み付ける。バランスアーバのテーパ部に砥石フランジアッセンブリを装着する。これをバランス台上に置く。左右にアンバランスがあれば，重い側に転がり始める。フランジの溝に挿入したウェイトの位置を調整し，アンバランスを修正していく。図8.3に砥石バランススタンドの例を示す。

（b）ハイドロコンペンセータ（Hoffmann 社）〔図8.2(b)〕　砥石の回転中にアンバランスを修正する方式である。4等配された研削液チャンバを備えた円環状ユニットを，砥石フランジに取り付ける。チャンバに対向したノズルは，回転中のチャンバに研削液を噴射，注入する。ノズルの動作は振動センサと連動している。砥石の「軽い側」に研削液を噴射する。

これとは異なり，バランスウェイトを動かす形式のバランサも市販されている。一対のバランシングアームを内蔵し，砥石フランジアッセンブリ内における角度 A, B を調整する方式である。バランシングアームはスリップリングを介してモータにより駆動する。図8.4に

8.2 砥石バランサ　89

(a) バランスウェイト方式

(b) ハイドロコンペンセータ

(b′) ウェイト駆動方式

(c) バラントロン

(d) 2面バランサ（動バランサ）

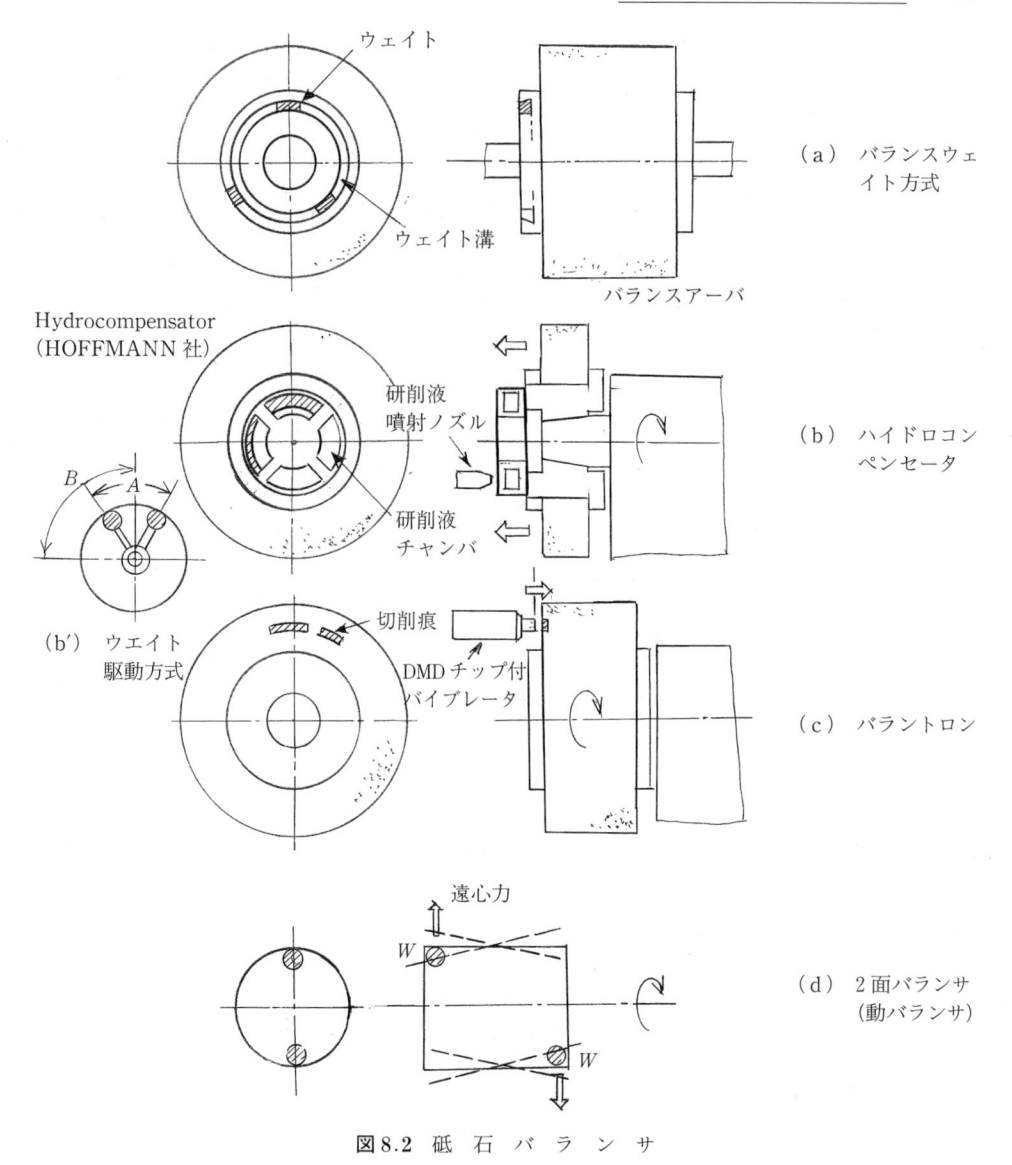

図8.2 砥 石 バ ラ ン サ

2ウェイト方式オートバランサの例を示す。

　図8.5はスピンドル振動モードの変化を利用した3球式オートバランサである。片持スピンドルの前軸受ハウジングのソフトクランプ状態においては，ウェイトボールが「軽い側」に位置する。ボールをクランプしリジッドクランプ状態に戻せば自動的にバランスがとれる。

　(c)　**バラントロン**（スイス製）〔図8.2(c)〕　微小アンバランスの修正に適用する。ダイヤモンドツールにより，回転中の砥石の「重い側」を削り取る。すなわち，振動センサと連動した多石ダイヤモンドチップ付きバイブレータを砥石側面に当て，アンバランスを修正していく。

8. 砥石のアンバランスと加工精度

白矢印：不釣合い量の方向
黒矢印：ウェイト調整

図8.3 砥石バランススタンド
（Cincinnati 社による）

図8.4 2ウェイト方式オートバランサ
（Cincinnati 社による）

図8.5 3球式オートバランサ
（Cincinnati 社による）

（d） 2面バランサ〔図8.2（d）〕 動バランサとも称される。軸方向に長い回転体においては，1面のみのバランス修正では不十分である。図示の場合，静的にはバランスがとれている。回転時には1対の遠心力によりモーメント荷重が発生し，モーメントの作用面が回転する。軸受負荷方向も回転し外周振れが発生する。両側面に関して，それぞれ単独にアンバランスの修正が必要となる。

砥石の回転中にアンバランスを修正するため上述の（b），（c）を動バランサということもある。しかしながら，これらは1面修正であるから，詳しくは静バランスを修正している

に過ぎない。

（e）両持支持砥石　$\phi500-500T$ などの大形砥石においては，2面バランスが必要と考えられる。専用バランシングマシンの適用は技術的にも経済的にも困難である。自身の軸受を基準としてスピンドルを回転し，機上でアンバランス修正を行う。

（i）砥石フランジを介して砥石アッセンブリを両持スピンドルに装着する場合
　　→　ころがりバランサが適用可能である（静バランス）。
（ii）機上におけるバランス修正
　　→　砥石を搭載したスピンドルを回転する。振動センサと連動したストロボスコープにより，砥石の「重い側」の方向を同定する。操作面側のバランスウェイト位置を調整し，アンバランスを修正していく。
　　→　反操作面側にもバランスウェイトを備えていれば，2面バランス（動バランス）修正が可能となる。

8.3　バランシングスタンド（ころがりバランサ）

（a）バランシングスタンド〔図8.6（a）〕　バランシングスタンドは2本の平行円筒レールからなっている。水準器を用いて，レールが水平となるようレベリングボルトを調整しておく。砥石フランジアッセンブリにバランスアーバを挿入し，これをスタンド上に置く。

アッセンブリは，その中心から見て左右の「重い側」に回転を始める。フランジ溝に挿入したウェイトの位置を調整し，アンバランスを修正していく。バランス修正が完了すれば，砥石アッセンブリは左右のどちら側にも転がらない。

（b）ウェイト調整の手順〔図8.6（b）〕

（i）**重い箇所（不釣合い量の方向）を探す**　二つのウェイトは溝内でたがいに180°の位置にある。不釣合い量の方向は不明である。周上の任意の位置に"0"マークを付けこれを上（12:00）にしてアッセンブリから手を離す。

→　右に回転，"0"マークを90°回し（3:00），手を離す
→　左に回転，"0"マークを90°/2戻す（1:30）。
→　右に回転，"0"マークを90°/4回す（2:15）。
→　右に回転，"0"マーク90°/8回す（2:38）。
→　同様に繰り返す。「軽い側（上）」に"UB"マークを付ける。

アッセンブリを放置すれば左右に揺動を繰り返し，やがて「重い側」を下にして停止するが，停止までに長い時間を要する。

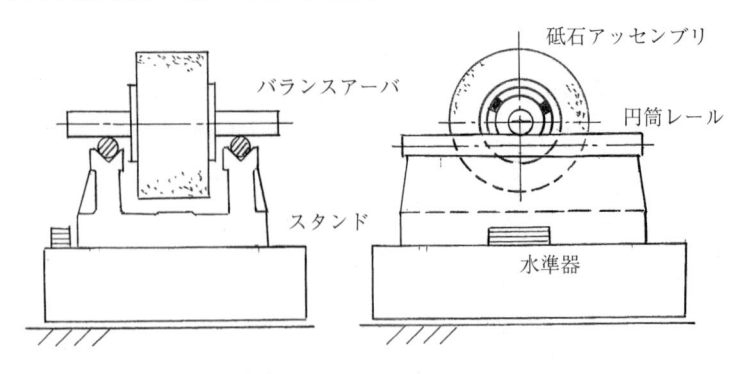

8. 砥石のアンバランスと加工精度

(a) バランシングスタンド

(i) 重い箇所を探す

(ii) ウェイト位置の調整

(iii) ウェイトが3個のとき

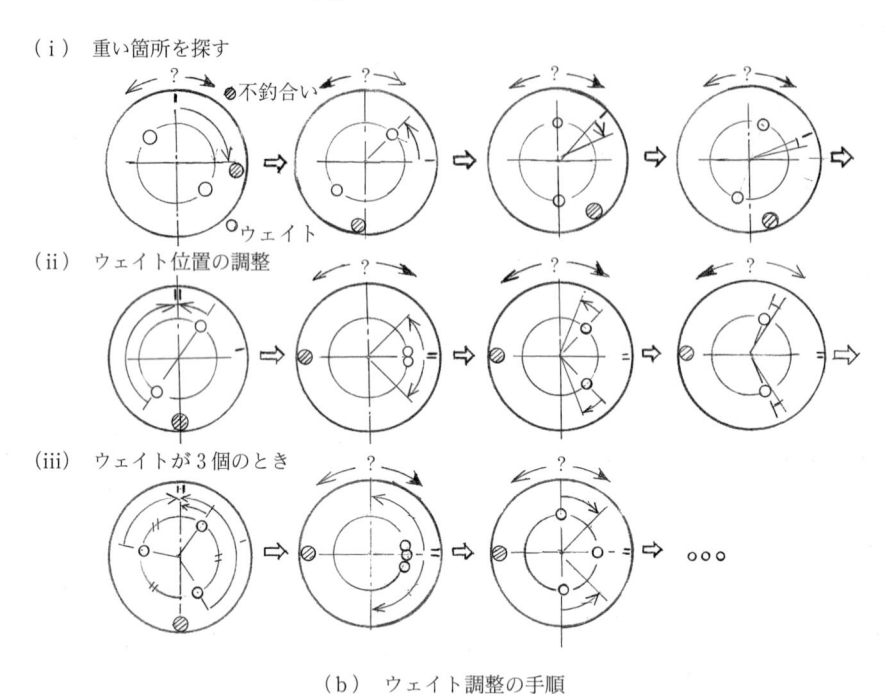

(b) ウェイト調整の手順

図 8.6　バランシングスタンド（ころがりバランサ）

(ii) **ウェイト位置（不釣合い量の大きさ）の調整**　　二つのウェイトを"UB"マーク側に寄せる。マークを3:00に位置させ手を離す。

→ 右に回転，ウェイトを45°ずつ広げ（1:30, 4:30），手を離す。

→ 右に回転，ウェイトを45°/2 ずつ広げる（12:45, 5:15）。

→ 左に回転，ウェイトを45°/4 ずつ戻す（1:7, 4:53）。

→ 同様に繰り返す。どちら側にも転がらない。

(iii) **ウェイトが3個のとき**　　120°間隔に仮配置されたウェイトを"UB"マークに寄せる。マークを3:00に位置させ手を離す。

→ 右に回転，二つの外側ウェイト位置を 90° ずつ広げる（12:00, 6:00）。

→ 左に回転，二つの外側ウェイト位置を 90°/2 ずつ戻す（1:20, 4:30）。

→ 同様に繰り返す。どちら側にも転がらない。

8.4 切込み変動と工作物の真円度 ― 円筒研削の場合 ―

砥石アンバランスに起因して，砥石外周が両振幅 $2a$ をもって振れているとする。砥石の1回転ごとに切込み量が周期的に変動する。工作物の中心はセンタにより支持され，一定の位置を保っている。

（a）（砥石回転数 n_s）/（工作物回転数 n_w）$\equiv 3.0$ のとき〔図 8.7（a）〕　工作物の1回転について3回切込み量が変動する。工作物外周上に3山のうねりが形成される。センタを中心として回転する工作物にインジケータを当てれば，その振れの値は $2a$ である。これは半径法真円度といわれる。

（b）　$n_s/n_w \equiv 3.5$ のとき〔図 8.7（b）〕　工作物の2回転目については切込変動の

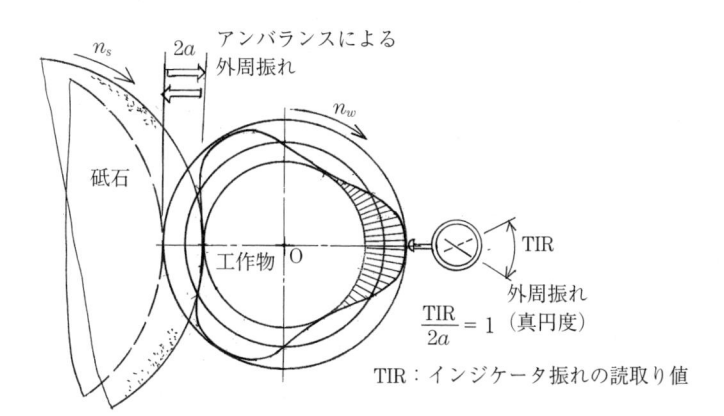

（a）　$n_s/n_w \equiv 3.0$ のとき

n_s：砥石回転数〔rpm〕
n_w：工作物回転数〔rpm〕
$2a$：切込み変動量〔μm〕
O：工作物回転中心（≡一定位置）

TIR：インジケータ振れの読取り値

$\dfrac{TIR}{2a} = 1$（真円度）

（b）　$n_s/n_w \equiv 3.5$ のとき　$\dfrac{TIR}{2a} = 0.5$

（c）　$n_s/n_w \equiv 4.0$ のとき　$\dfrac{TIR}{2a} = 1$

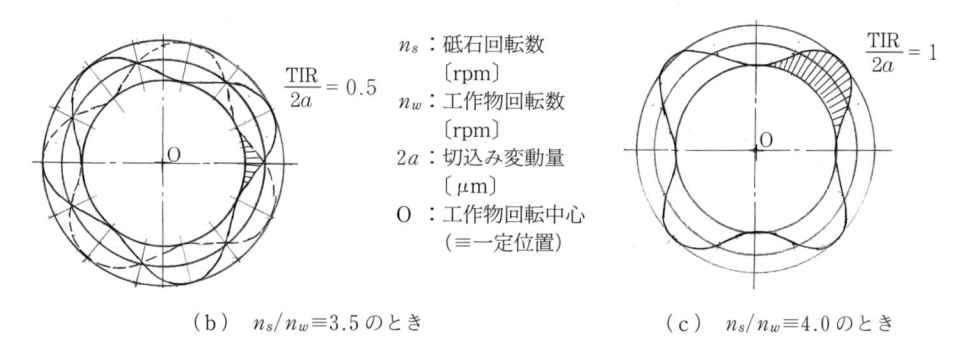

図 8.7　切込み変動と工作物の真円度 ― 円筒研削の場合 ―

位相が180°ずれている。前回山の箇所は谷となる。図のハッチング部分が残留する。インジケータの振れの値は a である。

（c） $n_s/n_w \equiv 4.0$ のとき〔図8.7（c）〕　ハッチング部分に示すように4山のうねりが形成される。インジケータの振れの値は $2a$ である。

なお，アンバランスにかぎらず，砥石位置が周期的に変動するときも同様に考えればよい。円筒研削においては，このように強制振動に基づき切込み量が変動するとき，その振幅を超える「うねり山」は発生しない。

8.5　切込み変動と工作物の真円度 ― 心なし研削の場合 ―

工作物は調整車，ブレードにより支持され，砥石は調整車接点から一定の位置にある。詳しくは，工作物中心が一定の位置にあるとはかぎらない。砥石の接点部が両振幅 $2a$ をもって振れているとする。工作物の1回転ごとに，n_s/n_w の振動数をもって，切込み量が変動している。

（a）　$n_s/n_w \equiv 3.0$ のとき〔図8.8（a）〕　真円素材を研削する。1回転目はハッチング

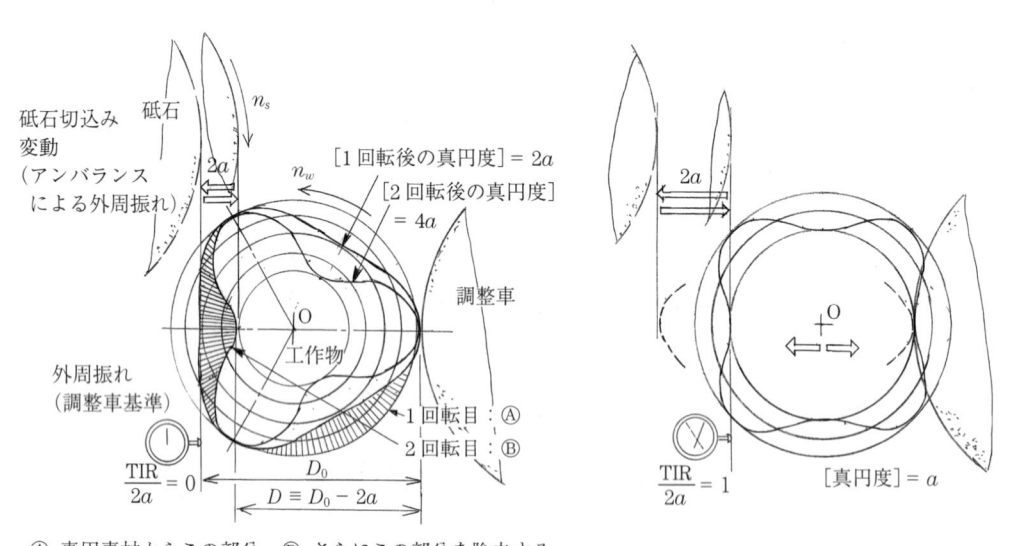

Ⓐ 真円素材からこの部分を除去する　Ⓑ さらにこの部分を除去する

（a）　$n_s/n_w \equiv 3.0$ のとき　　　　　　　　　　（b）　$n_s/n_w \equiv 4.0$ のとき

n_s：砥石回転数〔rpm〕
n_w：工作物回転数〔rpm〕
$2a$：切込み変動量〔μm〕
O：工作物回転中心（≡移動する）

図8.8　切込み変動と工作物の真円度 ― 心なし研削の場合（心高≡0）―

部分が除去され周上に3山のうねりが形成される。半径法真円度は$2a$である。砥石の接点は調整車接点からD_0（工作物直径）なる所に位置する。ここにインジケータを当て，工作物外周の振れを測定する。工作物中心が左右に$2a$だけ動くため，振れの値は"0"となる。ただし，工作物の心高Hは低く，$H\fallingdotseq 0$とする。

　砥石台を送り2回転目を削る。さらにハッチング部が除去され，3山うねりの振幅が2倍になる。半径法真円度は$4a$となる。円筒研削とは異なり，研削の継続により，切込み変動の振幅を超える「うねり山」が形成される可能性がある。

　(b)　$n_s/n_w \equiv 4.0$のとき〔図8.8（b）〕　真円素材を研削する。4山うねりが形成される。インジケータの振れは$2a$である。工作物中心は左右にaだけ動く。半径法真円度はaとなる。4山のときは研削を継続しても「うねり山」の振幅は増大しない。

　心なし研削においては，円筒研削と異なり工作物中心の位置が移動するため現象は複雑化する。切込み変動量Δaの工作物うねり振幅Δr（＝真円度）への伝達率$\Delta r/\Delta a$を考える。円筒研削においては，うねり山数$n \equiv n_s/n_w$の値にかかわらず$\Delta r/\Delta a \leq 1$である。

　心なし研削においては伝達率は"n"によってその値が異なる。さらに，あるnにおいても幾何学的セットアップ条件によってもこの値は変化する。

　$\Delta r/\Delta a > 1$のときは，研削の継続につれて「うねり山」の振幅が増大していく場合があることに注意を要する。

9 真円度とその測定

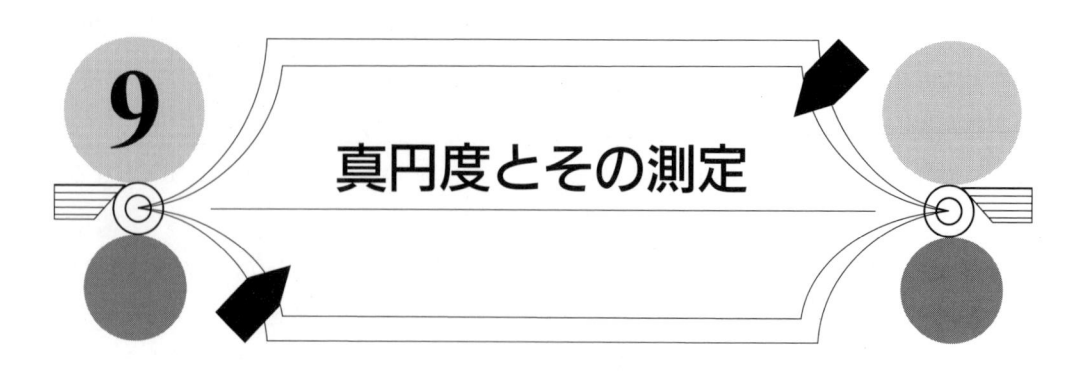

　円筒状工作物をある位置において中心軸に直角に切断する。この断面における円周形状の幾何学的円からの偏差の大きさを「真円度」という。

　円周上における偏差の形状は，通常，真円度形状と呼ばれる。真円度測定器による真円度形状の極座標表示を「真円度グラフ」という。「真円度がよい」という表現は，幾何学的円からの偏差が少なく，真円度の値が小さいことを意味する。ちなみに，英語には非真円度（out of roundness）なる明解な表現がある。

9.1 心なし研削に特有な真円度形状

（a）**グライヒディッケの作図**〔図 9.1（a）〕　奇数山ひずみ円の特別な形状に，「グライヒディッケ」と呼ばれる形状がある。これを平行 2 直線で挟むとき，周方向の位置によらず 2 直線の間隔，すなわち，直径 D が一定となる。

　3 山（$n=3$）のグライヒディッケを作図する。$R>r$，$D=R+r$ として，部分円弧の半径 R, r の値を選定する。一辺の長さを $R-r$ とする正三角形の各頂点から，対辺側に半径 R の円弧を描く。反対側に半径 r の円弧を描く。直径 D はつねに $D=R+r$ となり一定である。

　同様にして，$n=3, 5, 7$，$r=0$ の場合を例示する。なお，$R\equiv r$ とすれば円となる。

　［心なし研削との関連］　工作物直径が小さく，心高も低い場合，両砥石表面を平行 2 平面と見なすことができる。したがって，平行 2 平面で挟んで回転体を創成していることとなる。「直径一定」という加工結果の得られる可能性がある。

（b）**真円度の測定**〔図 9.1（b）〕　インジケータに平面状接触子を取り付ける。平面アンビルとの間に工作物を挟み，周方向の位置を変えながら，直径を測定する。この値のばらつき，すなわち，直径不同を「直径法真円度」という。グライヒディッケにおいては，「直径法真円度」＝"0" である。幾何学的円からの偏差を検出することができない。図 9.2 は直径測定に用いるコンパレータスタンドである。

　これを避けるため，後述の「3 点法真円度」が考案された。平面アンビルではなく V ブロックとの間に工作物を挟む方式である。

　工作物中心を両センタで支持する。工作物を回し，インジケータの振れを読み取る。この

9.1 心なし研削に特有な真円度形状　97

(a) グライヒディッケの作図

一辺の長さを $R-r$ とする正三角形の頂点から半径 R, r の円弧を描く

(b) 真円度の測定

直径不同 = "0"　　半径不同 = $0.15(R-r)$

TIR $= 0.15(R-r)$

図 9.1 心なし研削に特有な真円度形状

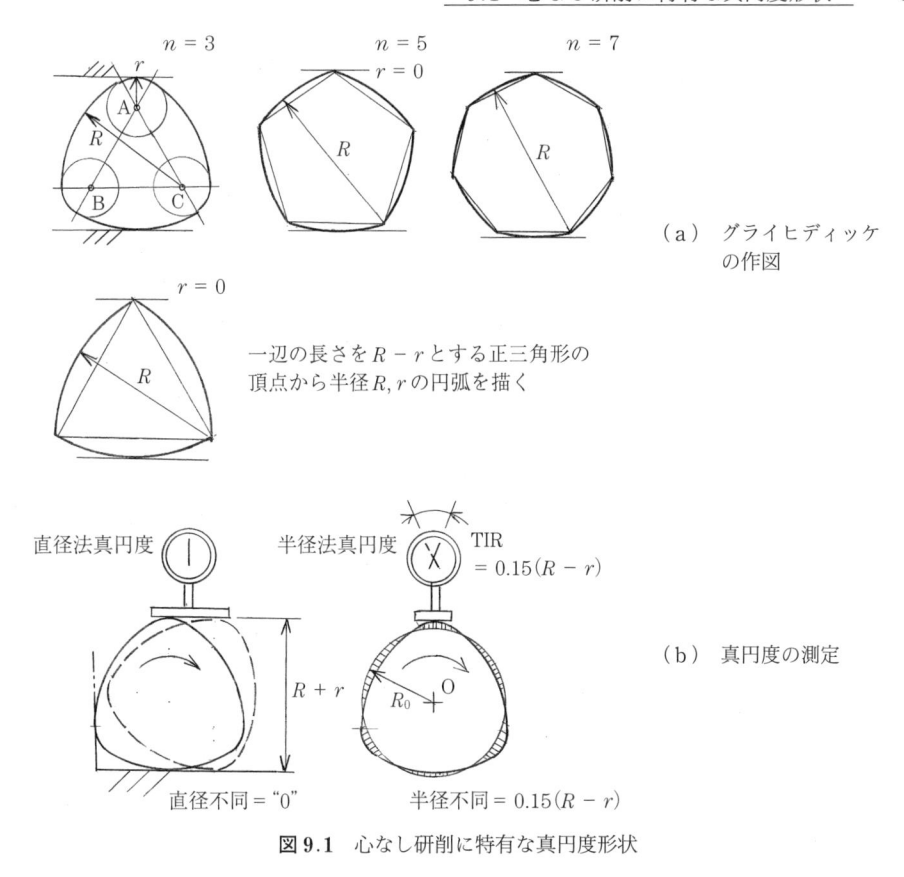

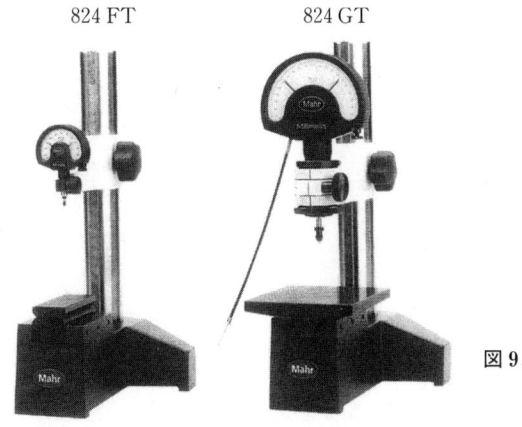

824 FT　　824 GT

図 9.2 コンパレータスタンド（Marl 社による）

半径不同の値を「半径法真円度」という。単に真円度といえばこの値を意味する。3 山グライヒディッケにおいても，幾何学的円からの偏差を検出することができる。「半径法真円度」の値は $0.15(R-r)$ となる。

これら 3 種類の真円度は測定方法に基づく定義であり，旧 JIS B 0607「真円度」（1972 年廃止）に規定されていた。

9.2 真円度と「はめあい」

グライヒディッケにおいては，その直径は $D=R+r$ となり一定である。「はめあい」との関連を考える。軸または穴がこの形状を有するとき，相手穴または軸の直径寸法はどのような制約を受けるであろうか。

(a) グライヒディッケの真円度〔図9.3(a)〕 図は3山の場合を示す。三角形 ABC の重心 O が真円度グラフにおける平均円の中心となる。O を中心とし3点で接する外接円および内接円のの半径は，$r+(R-r)/\sqrt{3}$，$R-(R-r)/\sqrt{3}$ である。これらの円の半径差 $(2/\sqrt{3}-1)(R-r)=0.15(R-r)$ が真円度となる。

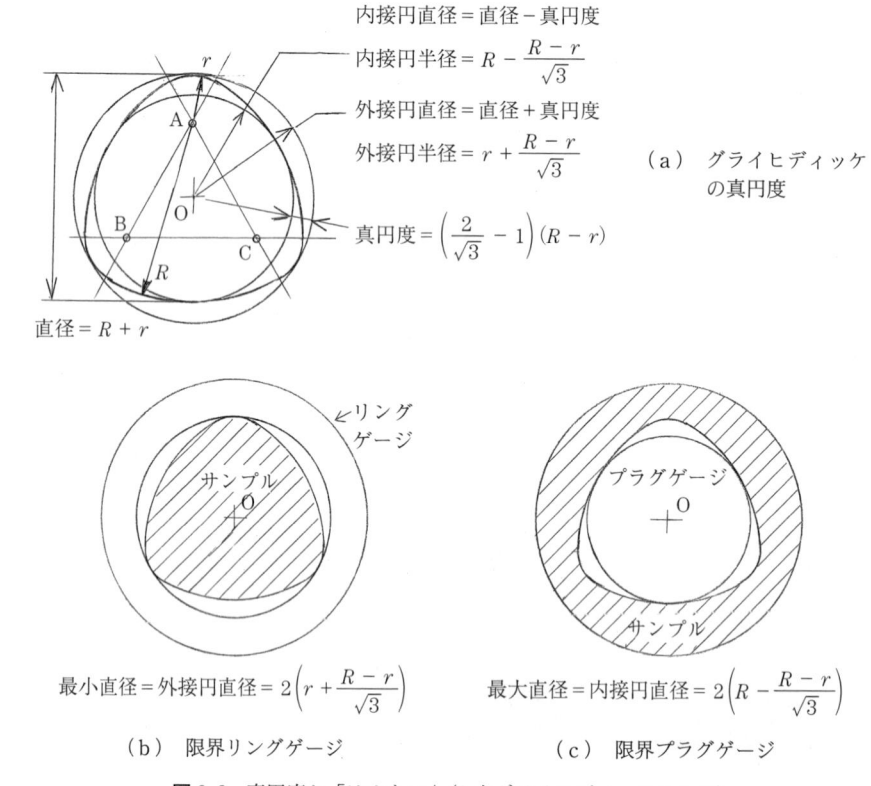

図9.3 真円度と「はめあい」(3山グライヒディッケのとき)

(a) グライヒディッケの真円度
- 内接円直径＝直径－真円度
- 内接円半径＝$R-\dfrac{R-r}{\sqrt{3}}$
- 外接円直径＝直径＋真円度
- 外接円半径＝$r+\dfrac{R-r}{\sqrt{3}}$
- 真円度＝$\left(\dfrac{2}{\sqrt{3}}-1\right)(R-r)$
- 直径＝$R+r$

(b) 限界リングゲージ：最小直径＝外接円直径＝$2\left(r+\dfrac{R-r}{\sqrt{3}}\right)$

(c) 限界プラグゲージ：最大直径＝内接円直径＝$2\left(R-\dfrac{R-r}{\sqrt{3}}\right)$

(b) 限界リングゲージ〔図9.3(b)〕 プラグ状サンプルは3山グライヒディッケとなっている。サンプルが通過し得るリングゲージの最小直径は，サンプル真円度形状の外接円直径 $2\{r+(R-r)/\sqrt{3}\}$ となる。ここに

$$2\left(r+\frac{R-r}{\sqrt{3}}\right)=(R+r)+\left(\frac{2}{\sqrt{3}}-1\right)(R-r)$$

であり，(外接円直径)＝(直径)＋(真円度) なる関係が成り立つ。一般的な真円度形状においても直径として平均円直径を用いればこの関係が成り立つ。

（c） 限界プラグゲージ〔図9.3（c）〕　リング状サンプルが3山グライヒディッケとなっている。サンプルを通過し得るプラグゲージの最大直径は，サンプル真円度形状の内接円直径 $2\{R-(R-r)/\sqrt{3}\}$ となる。ここに

$$2\left(R-\frac{R-r}{\sqrt{3}}\right)=(R+r)-\left(\frac{2}{\sqrt{3}}-1\right)(R-r)$$

であり，(内接円直径)＝(直径)－(真円度) なる関係が成り立つ。

9.3　真円度のうねり山成分

真円度形状を極座標により表示する。すなわち，測定サンプル上に座標原点 O-X を設定し，角度 ψ（$\psi=0\sim360°$）における半径を $r_c(\psi)$ とする。任意形状をフーリエ分析し

$$r_c(\psi)=r_0+\sum A_n\cos(n\psi+\psi_n) \quad (n=1,2,3\cdots)$$

と表すことができる。ψ_n は初位相である。平均円 r_0 からの偏差，すなわち真円度 $r(\psi)$ は

$$r(\psi)=\sum A_n\cos(n\psi+\psi_n) \quad (n=2,3,\cdots)$$

と表すことができる。$A_n\cos(n\psi+\psi_n)$ を真円度形状の n 次高調波成分という。ある値の n のみが単独に存在するとき，$n=$偶数, 奇数 に対応して，それぞれ偶数山うねり，奇数山うねりと称する。

（a）　奇数山うねり〔図9.4（a）〕　直径一定という特徴を有するため「等径ひずみ円」とも呼ばれる。3山うねりを例示する。

（i）　グライヒディッケ

$$r(\psi)=\sum A_{3n}\cos(3n\psi+\psi_{3n}) \quad (n=1,2,3,\cdots)$$

と表され多くの $3n$ 次高調波成分を含む3山うねりの特別な形状である。

サンプルを固定平面，可動平面の間に挟むとき，サンプルを回しても両平面の間隔は，$R+r$ と一定である。なお，中心 O の位置は回転につれ上下左右に $0.15(R-r)=$ (真円度) だけ移動する。

（ii）　3山うねり：$r(\psi)=A_3\cos3\psi$　サンプルを対向した固定接触子，可動接触子の間に挟むとき，サンプルを回しても両接触子の間隔は，$R_0+A_3\cos3\psi+R_0+A_3\cos3(\psi+\pi)=2R_0$ となり，一定である。中心 O の位置は回転につれ $2A_3=$(真円度) だけ移動する。

（b）　偶数山うねり（4山）：$r(\psi)=A_4\cos4\psi$〔図9.4（b）〕　「直径は一定ではない」という性質を有するため「異径ひずみ円」とも呼ばれる。4山うねり $r(\psi)=A_4\cos4\psi$ を例示する。直径不同の値は，$D_{\max}-D_{\min}=4A_4$ となる。中心 O の位置は回転につれ $2A_4=$

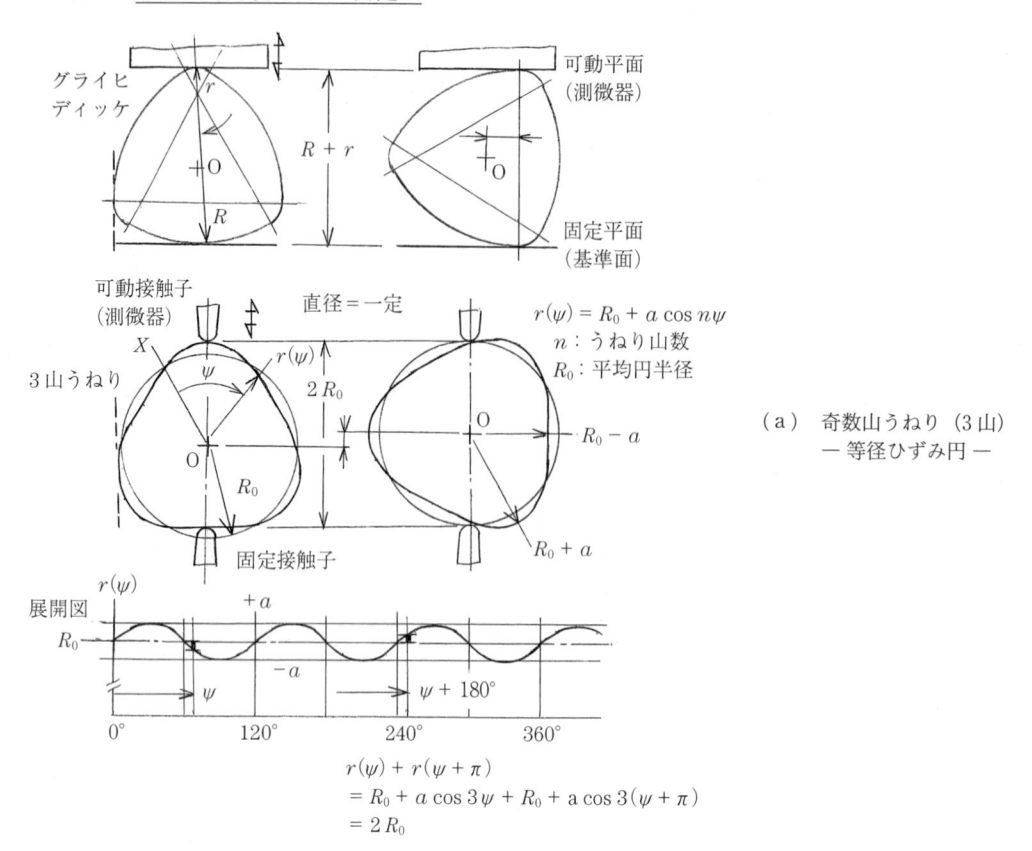

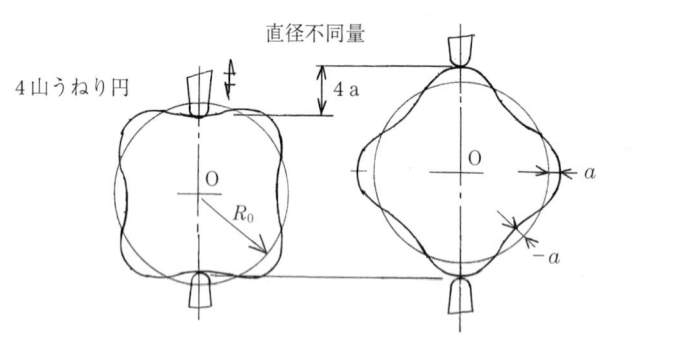

100　9. 真円度とその測定

図9.4　真円度のうねり山成分

(a) 奇数山うねり (3山)
　　― 等径ひずみ円 ―

$r(\psi) = R_0 + a \cos n\psi$
n：うねり山数
R_0：平均円半径

$r(\psi) + r(\psi + \pi)$
$= R_0 + a \cos 3\psi + R_0 + a \cos 3(\psi + \pi)$
$= 2R_0$

(b) 偶数山うねり (4山)
　　― 異径ひずみ円 ―

(真円度) だけ移動する。

9.4　真円度の測定

(a)　**直径法真円度**〔図9.5(a)〕　検査規定に基づき，周方向に位置を変えながら，サンプルの直径 D を測定する。

(最大値 D_{max}) − (最小値 D_{min}) を直径法真円度という。測定には平面スタンドと測微器を

9.4 真円度の測定

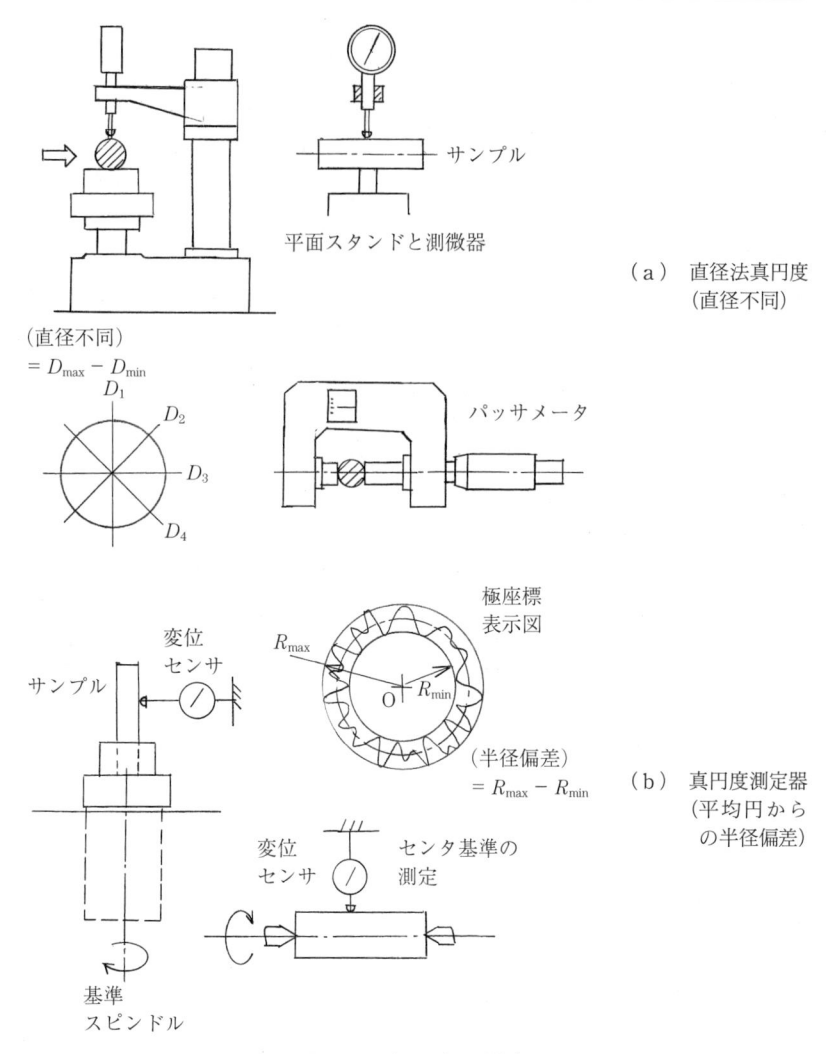

図9.5 真円度の測定

使用する。図9.6に示すようなパッサメータを適用することもある。

（b） **真円度測定器**〔図9.5（b）〕　幾何学的円からの半径偏差を測定する。1950年代，Taylor Hobson社（英国）によりスピンドル式真円度測定器が実用化された。超精密回転スピンドルの回転軌跡が幾何学的円を創成するものとして，これに対する偏差から平均円および真円度を算出する方式である。スピンドルはその下部に変位センサを備え，これを測定サンプルに当てる。スピンドルを回転し，サンプルの全周にわたって偏差を測定記録する。図9.7に真円度測定器を掲げる。

画期的な特徴は，真円度形状の極座標表示（真円度グラフ）を可能にしたことである。これは加工工程における真円度向上に大きく貢献した。真円度グラフを検討することにより，

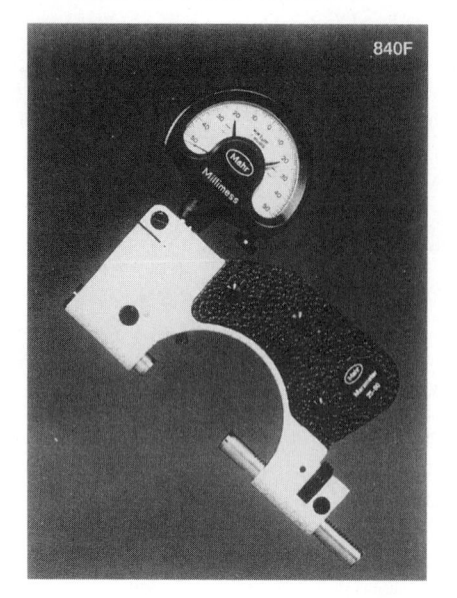

図 9.6　パッサメータ（Marl 社による）　　　図 9.7　真円度測定器（Rank Taylor Hobson 社による）

真円度向上のための具体的対応が可能となったためである。

　JIS B 0621「幾何偏差の定義及び表示」は真円度グラフを「2つの同心の幾何学的円で挟んだとき，同心2円の間隔が最小となる場合の半径差をもって真円度を表す」と規定している。

　また JIS B 7451「真円度測定機」は真円度グラフからその中心を求める方法に関して，最小二乗中心法，最小領域中心法などを規定している。

［最小二乗中心法］　真円度グラフにおいてある円を想定する。この円を基準とした真円度形状偏差の二乗平均値を計算する。これが最小となる円を最小二乗平均円という。平均円からの最大偏差範囲が真円度の値となる。

［最小領域中心法］　当初は最小領域円法により真円度が定義された。同心円テンプレートを使用する。真円度グラフを二つの同心円の内部に収める。テンプレート位置をずらしながら，半径差が最小となる同心円セットを求める。この半径差を真円度の値とする。

　センタ穴を備えた大形工作物の場合，「半径法真円度」を適用することができる。両センタ支持により円筒研削する。研削終了後アンチャックはしない。そのまま機上で回転し，工作物外周に当てたインジケータの振れを読み取る。この値を真円度とする。

　測定結果にはセンタの回転精度に起因した誤差も含まれる。なお，工作物を取り外し別置の測定スタンドを用いる場合，センタの「再心出し」精度に起因した誤差も含まれる。

9.5　真円度グラフと実形状

（a）　真円度グラフ例〔図9.8（a）〕　　サンプルの真円度は，振幅を4μm p-v とする20山うねりである。図は半径方向に2 500倍の倍率をもって拡大表示したグラフである。山（A, C部）と谷（B′部）が顕著に見える。なお，周方向の倍率は（グラフ上の平均円直径）/（工作物直径）であり，両倍率の値が著しく異なる点に注意を要する。

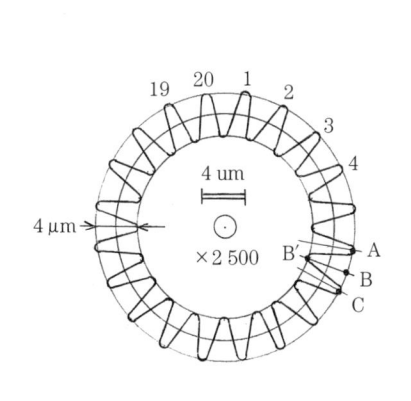

（a）　真円度グラフ例
　　　（×2 500, 20山うねり, 4 μm）

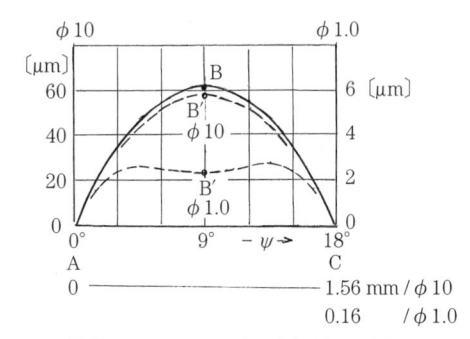

（b）　谷底の形状

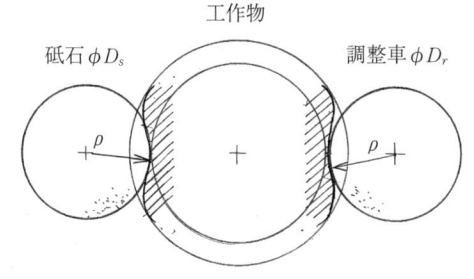

横軸 0°-9°-18°：正二十角形の一辺
A-B-C　　　　：外接円弧
A-B′-C　　　　：うねり山高さ
　　　　　　　＝（円弧高さ）− 0.002(1 − cos 20ψ)

（c）　谷底の曲率半径

（＊）　うねり谷底の曲率半径は $D_s/2$ 以上である
（＊）　$D_s > D_r$ であるから調整車との接点において，調整車が工作物の谷部をまたぐことはない

図9.8　真円度グラフと実形状

（b）　谷底の形状〔図9.8（b）〕　　工作物直径を $D \equiv \phi 10(\phi 1)$ とする。正二十角形および20山うねり形状が内接する円を考える。両内接図形は，それぞれの頂点が一致する位相関係にある。二十角形の一辺を基準として，$\phi 10(\phi 1)$ 円弧，および，頂点-谷-頂点までのうねり形状を作図する。横軸は 0〜18°（×38.5/φ10, ×385/φ1）を表し，縦軸は一辺からの高さ μm（左：×500/φ10, 右：×5 000/φ1）を意味する。

　（i）　φ10のとき　　円弧高さ A-B-A は 62 μm である。うねり山 A-B′-A は 58 μm と

わずかに低くなるが，一辺から見て A–B′–A にわたり，外側に凸である。文字どおりの谷底（外側に凹）は存在しない。

（ⅱ）　$\phi 1$ のとき　　円弧高さ A–B–A は 6 μm である。うねり山 A–B′–A は 2 μm と大幅に低くなる。一辺から見て B′ 部の両側により高い箇所がある。B′ 部が外側に凹となっている。谷底が存在する。

（c）　谷底の曲率半径〔図 9.8（c）〕　　外側に凹となったうねりの存在する場合，谷底における曲率半径は，研削砥石の半径（$D_s/2$）以上である。心なし研削盤においては，$D_s=\phi 350\sim\phi 600$ と砥石直径が大きく，外側に凹となったうねりは実用的には発生しない。

ちなみに，（b）（ⅱ）における砥石直径を試算すれば，$D_s<\phi 10$ となってしまう。また，心なし研削盤においては $D_s>D_r$ であるから，研削砥石によって創成された外周形状は調整車と干渉する，すなわち，谷をまたぎ 2 点で接することはない。

図（a）においては谷底が存在するかのように見えるが，心なし研削の場合，実形状において谷は存在しない。実形状は，外周を二十角柱状にわずかにそいだ形状である。全周にわたり外側に凸である。

9.6　Vブロックによる真円度測定 ― 3 点法真円度 ―

（a）　直径不同〔図 9.9（a）〕　　周方向に位置を変えながら工作物の直径 D を測定する。工作物は $2a$ p-v なる振幅を有する n 山のうねりとする。結果を図に示す。縦軸は検出倍率，すなわち，（直径不同 $D_{max}-D_{min}$）$/2a$ を示し，横軸はうねり山数 n である。n が奇数のとき倍率は"0"となりうねりの存在を検出できない。

（b）　90°V ブロックによる真円度〔図 9.9（b）〕　　90°V ブロック上の工作物頂点にインジケータを当てる。工作物を回しインジケータの振れ（TIR）を読み取る。心なし研削においては 3 山，5 山のうねりが発生しやすいが，これらを検出することができる。

この方式は 3 点法真円度と称されているが，生産現場における優れた測定方法である。

ただし，うねり振幅の検出倍率は，山数 n に依存し一様ではない。また，7, 9, 15, 17 山うねりは検出できない。4, 12, 20 山の倍率は逆相となり，（−）0.5 である。

図は幾何学的計算結果であるが，略図を描けばこの傾向は容易に理解できる。心なし研削において，偶数山うねり 4, 6, 8 山は容易には発生しない。「だ円傾向」の形状（$n=2$）は研削焼けの発生時に観測される。

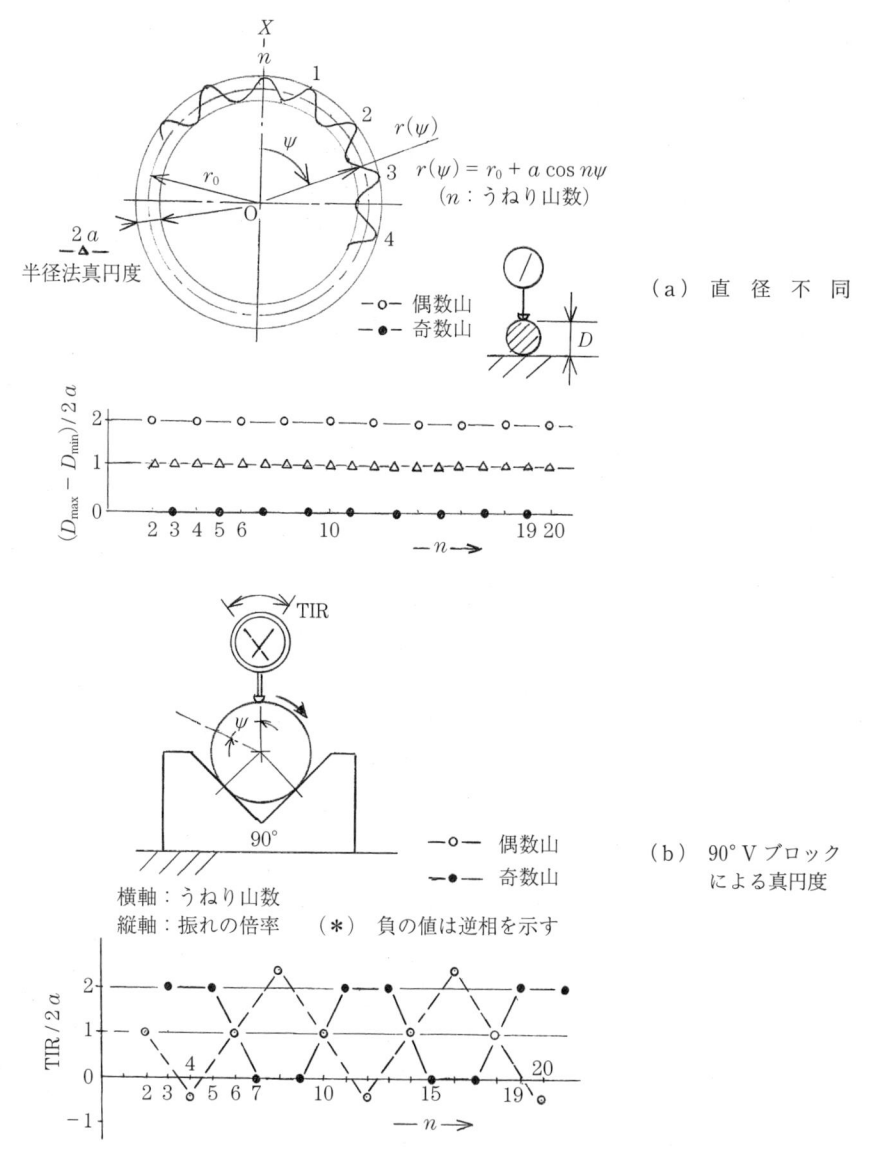

$r(\psi) = r_0 + a \cos n\psi$
(n：うねり山数)

図9.9 Vブロックによる真円度測定 － 3点法真円度 －

9.7 特殊Vブロックによる真円度測定

(a) 90°Vブロックを傾ける〔図9.10(a)〕 90°Vブロックの下に10°のアングルブロックを挿入する。工作物の頂点において，垂直方向からインジケータを当てる。2～20山うねりについて検出倍率を求める。

アングルブロックなしの場合と比較して，検出倍率が均一化されている。倍率が0.5以下となる山数は $n=4, 16, 18, 19$ のみである。この測定方法は多くの生産現場に適用されている。

9. 真円度とその測定

図中:
- $r(\psi) = r_0 + a\cos n\psi$ （n：うねり山数）
- 90°、10°
- 横軸：うねり山数
- 縦軸：振れの倍率
- （＊）負の値は逆相を示す
- 偶数山／奇数山
- TIR/2a

(a) 90°Vブロックを傾ける　　(b) 100°Vブロックによる真円度

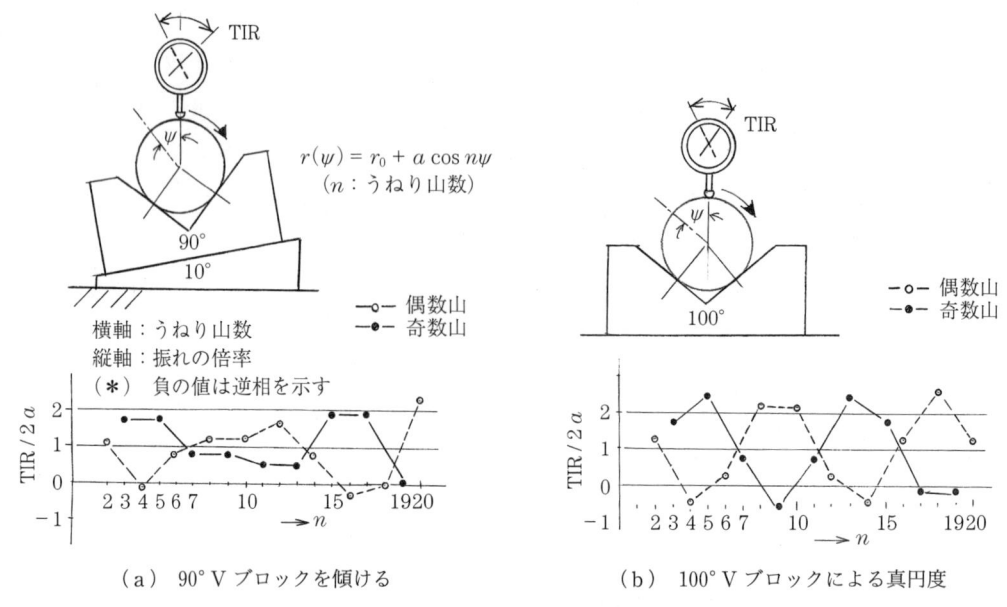

図 9.10 特殊Vブロックによる真円度測定

（b）100°Vブロックによる真円度〔図9.10(b)〕　90°Vブロックの場合と比較して，検出倍率は若干均一化されている。倍率が0.5以下となる山数は $n=6, 12, 14, 17, 19$ である。なお，100°のVブロックは標準品としては市販されていない。

9.8 3点法真円度と心なし研削

心なし研削において，工作物は研削砥石，調整車およびブレードと P_g, P_r, P_b なる3点で接している。研削砥石をインジケータに置き換える。心なし研削における幾何学的配置を，特殊Vブロックによる真円度測定の場合に置き換えてみる。

（a）測定レイアウト〔図9.11(a)〕　70°Vブロックの下に30°のアングルブロックを挿入する。ブロック上に n 山うねりを有する工作物を載せる。工作物外周の水平線から5°だけ下方において，中心に向けてインジケータをあてる。2〜20山うねりについて，外周振れの検出倍率を求める。

この測定レイアウトは，心なし研削における幾何学的配置を

ブレード角 $\theta \equiv 25°$　　心高角 $\gamma \equiv 10°$ （$\psi_2 \equiv 170°$）

砥石接点とブレード接点に至る半径の挟む角度 $\psi_1 \equiv 60°$

と設定した場合に相当する。

（b）振れの検出倍率〔図9.11(b)〕

（i）偶数山うねり　山数 n が 2→20 と大きくなるにつれ，検出倍率は 2→0 へと減

9.8 3点法真円度と心なし研削

（a） 測定レイアウト

$r(\psi) = r_0 + a \cos n\psi$
(n：うねり山数)

P_g：工作物と研削砥石の接点
P_b：ブレード接点
P_r：調整車接点

横軸：うねり山数　—○—　偶数山
縦軸：振れの倍率　—●—　奇数山
（＊）　負の値は逆相を示す

（b） 振れの検出倍率

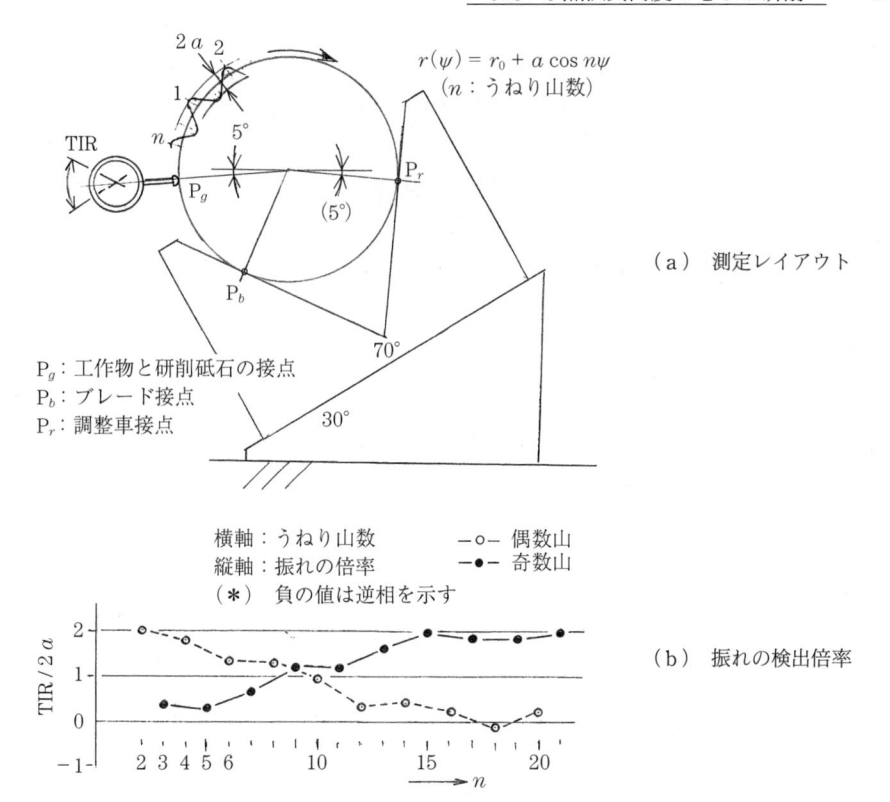

図 9.11 特殊 V ブロックによる真円度測定 — 心なし研削相当レイアウト —

少する。$n=18$ において極小値（≒0）をとる。18山うねりが存在してもインジケータは振れない。

心なし研削において $n=18$ の初期うねりが存在しても，研削砥石の切込みがかからないことになる。すなわち，18山の初期うねりは修正されないものと予測される。

（ⅱ）**奇数山うねり**　山数 n が $3 \to 21$ と大きくなるにつれ，検出倍率は $0.3 \to 2$ へと増大する。したがって，3，5山の初期うねりは修正されにくいものと推定される。

10 心なし研削における成円機構

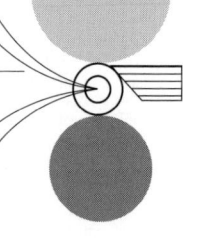

　円筒研削においては，工作物中心を一定の位置に保ちながら研削が進行する。工作物中心から砥石表面に至る半径が一定である。したがって，
　（ⅰ）　工作物の断面形状として，幾何学的円を創成すること，
　（ⅱ）　工作物の初期形状誤差を，半径一定となるように修正すること，
が期待される。
　心なし研削においては，調整車とブレードの構成するV字状ブロックが工作物外周の位置を定める。これに対向した研削砥石により研削が進行する。
　（ⅰ）　これら3点で接する回転体として，幾何学的円の外にどのような形状が考えられるか？
　（ⅱ）　初期うねり山形状は，どのように修正されていくのか？
という疑問が生ずるが，直感的に理解することは困難である。宮下政和博士をはじめとした多くの研究者により，この問題が検討された。以下にその結果を紹介する。

10.1　心なし研削の幾何学的配置と符号

　工作物4は研削砥石1，調整車2およびブレード3とそれぞれ接点G, R, Bで接している（図10.1）。各直径を D_w, D_s, D_r とする。研削の設定条件を

　　　心高＝H，　ブレード頂角＝θ

とする。接点G, Rの位置は，心高 H ではなく，心高角 γ を用いればより明確な幾何学的表現ができる。

　接触角：$\alpha = \sin^{-1}\dfrac{2H}{D_r + D_w}$, 　$\beta = \sin^{-1}\dfrac{2H}{D_s + D_w}$

　心高角：$\gamma \equiv \alpha + \beta$

真円度形状を表現するため。つぎのような座標を設定する。
　O-X：工作物上の固定座標軸
　　ψ：研削点Gの方向O-Gと固定座標軸O-Xとのなす角度
　　ψ_1：ブレードとの接点Bの方向O-BとO-Gとのなす角度 $\psi_1 = (\pi/2) - \theta - \beta$
　　ψ_2：調整車との接点Rの方向O-RとO-Gとのなす角度 $\psi_2 = \pi - \gamma$

10.2 調整車，ブレード接点における偏差の切込み深さに与える影響

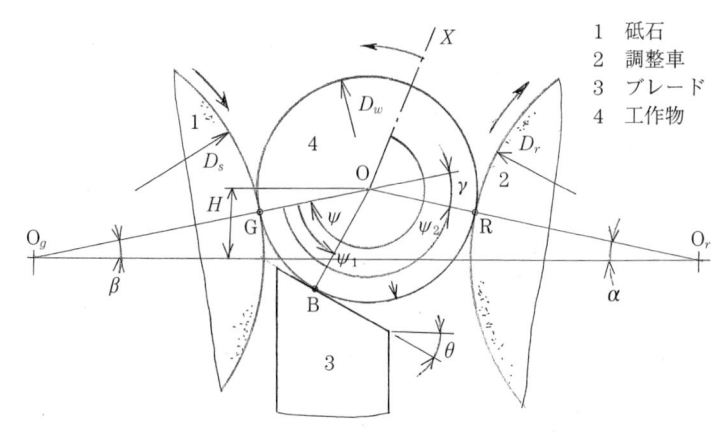

O-X ：工作物上の固定座標軸
ψ ：O-X と研削点 G の方向 O-G のなす角度
ψ_1 ：ブレードとの接点 B の方向 O-B と O-G のなす角度 $\psi_1 = \frac{\pi}{2} - \theta - \beta$
ψ_2 ：調整車との接点 R の方向 O-R と O-G とのなす角度 $\psi_2 = \pi - \gamma$
γ ：心高角　H ：心高
θ ：ブレード頂角
$r(\psi)$：研削点 G における平均円からの偏差

図 10.1　心なし研削の幾何学的配置と符号

$r(\psi)$：研削点 G における平均円からの偏差

10.2　調整車，ブレード接点における偏差の切込み深さに与える影響

(a) 調整車の影響〔図 10.2 (a)〕　調整車との接点部に"1"なる大きさの偏差がある。工作物中心 O はブレード面と平行に点 O' まで移動する。O-O' の O-G 方向への投影量が切込み深さ $(1-\varepsilon)$ となる。図示の関係から

$$1-\varepsilon = \frac{\cos(\theta+\beta)}{\cos(\theta-\alpha)}$$

を得る。

〔例〕　$\gamma \equiv 6 \sim 8°$，$\alpha \fallingdotseq 2\beta$，$\theta \equiv 20 \sim 40° \rightarrow 1-\varepsilon = 0.98 \sim 0.90$

(b) ブレードの影響〔図 10.2 (b)〕　ブレードとの接点部に"1"なる大きさの偏差がある。工作物中心 O は調整車接線と平行に点 O' まで移動する。O-O' の O-G への投影量が切込み深さ $-\varepsilon'$ となる。図示の関係からつぎの式を得る。

$$\varepsilon' = \frac{\sin \gamma}{\cos(\theta-\alpha)}$$

〔例〕　$\gamma \equiv 6 \sim 8°$，$\alpha \fallingdotseq 2\beta$，$\theta \equiv 20 \sim 40° \rightarrow \varepsilon' = 0.10 \sim 0.15$

$\gamma = 6 \sim 8°$, $\theta = 20 \sim 40°$ のとき
$1 - \varepsilon = 0.98 \sim 0.90$

$\gamma = 6 \sim 8°$, $\theta = 20 \sim 40°$ のとき
$\varepsilon' = 0.10 \sim 0.15$

(a) $1 - \varepsilon = \dfrac{\cos(\theta + \beta)}{\cos(\theta - \alpha)}$

(b) $\varepsilon' = \dfrac{\sin \gamma}{\cos(\theta - \alpha)}$

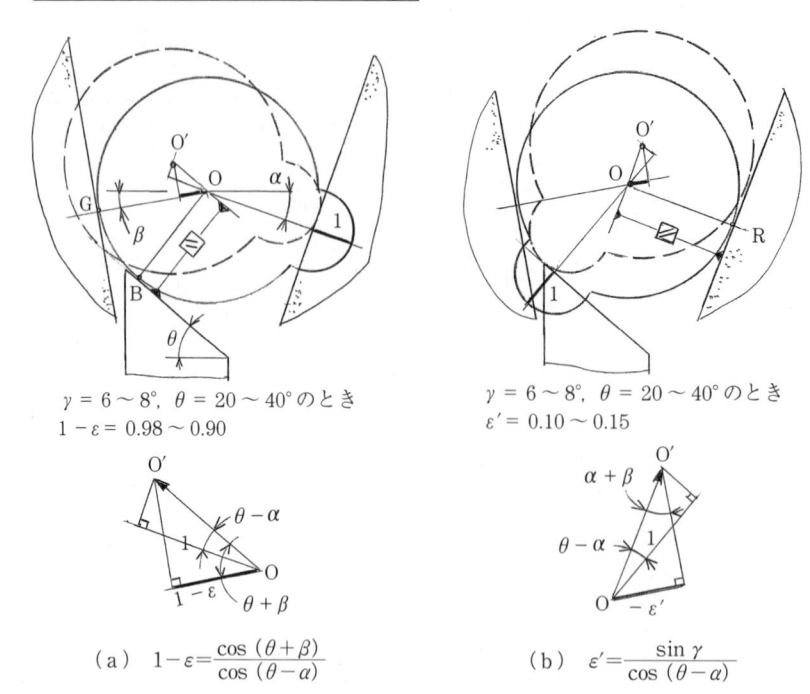

図 10.2 調整車, ブレード接点における偏差の切込み深さに与える影響

10.3 n 山うねり成分と切込み量のベクトル表示

（a） **ベクトルの定義**〔図 10.3（a）〕　三つの接点における各偏差は, O-X 座標上で

砥　石　部：$r(\psi - 2\pi)$ … 1 回転前の値

ブレード部：$r(\psi - \psi_1)$　　調整車部：$r(\psi - \psi_2)$

と書くことができる。

n 山うねり $r(\psi) = a_n \cos(n\psi)$ の場合, これらをその振幅 a_n で割った値を, つぎのベクトルの実数部として表すことができる。

$$\frac{r(\psi - 2\pi)}{a_n} = \mathrm{Re}[e^{jn(\psi - 2\pi)}] \; (e^{jn(\psi - 2\pi)} \equiv \boldsymbol{r}_0), \quad \frac{r(\psi - \psi_1)}{a_n} = \mathrm{Re}[e^{jn(\psi - \psi_1)}] \; (e^{jn(\psi - \psi_1)} \equiv \boldsymbol{r}_1),$$

$$\frac{r(\psi - \psi_2)}{a_n} = \mathrm{Re}[e^{jn(\psi - \psi_2)}] \; (e^{jn(\psi - \psi_2)} \equiv \boldsymbol{r}_2)$$

〔注〕　$e^{jA} = \cos A + j \sin A$

（b） **切残しのないとき**〔図 10.3（b）〕　$\boldsymbol{r}_0$ を基準として $-\varepsilon' \boldsymbol{r}_1$, $(1-\varepsilon)\boldsymbol{r}_2$, 切込み $\boldsymbol{t}$ の関係図を示す。ベクトル $\boldsymbol{r}_1$, $\boldsymbol{r}_2$ は $\boldsymbol{r}_0$ からそれぞれ $n\psi_1$, $n\psi_2$ だけ位相が遅れている。切込みベクトル $\boldsymbol{t}$ は

$$\boldsymbol{t} = \boldsymbol{r}_0 - \varepsilon' \boldsymbol{r}_1 + (1 - \varepsilon)\boldsymbol{r}_2$$

10.3 n 山うねり成分と切込み量のベクトル表示

$$\frac{r(\psi-2\pi)}{a_n} = \text{Re}[e^{jn(\psi-2\pi)}]$$

$$\frac{r(\psi-\psi_1)}{a_n} = \text{Re}[e^{jn(\psi-\psi_1)}]$$

$$\frac{r(\psi-\psi_2)}{a_n} = \text{Re}[e^{jn(\psi-\psi_2)}]$$

$$e^{jn(\psi-2\pi)} \equiv \boldsymbol{r}_0$$
$$e^{jn(\psi-\psi_1)} \equiv \boldsymbol{r}_1$$
$$e^{jn(\psi-\psi_2)} \equiv \boldsymbol{r}_2$$

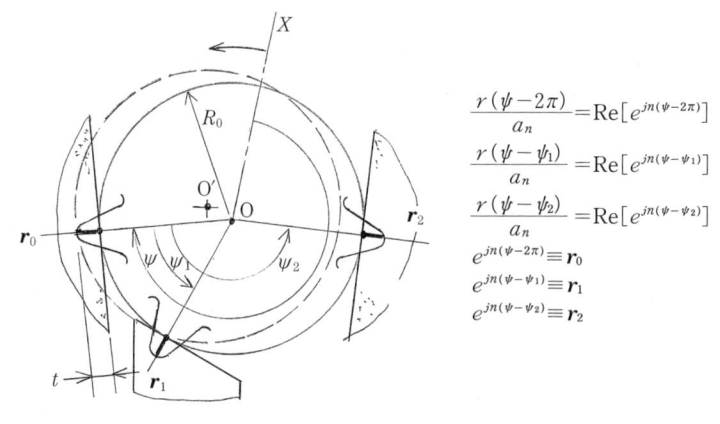

(a) ベクトルの定義

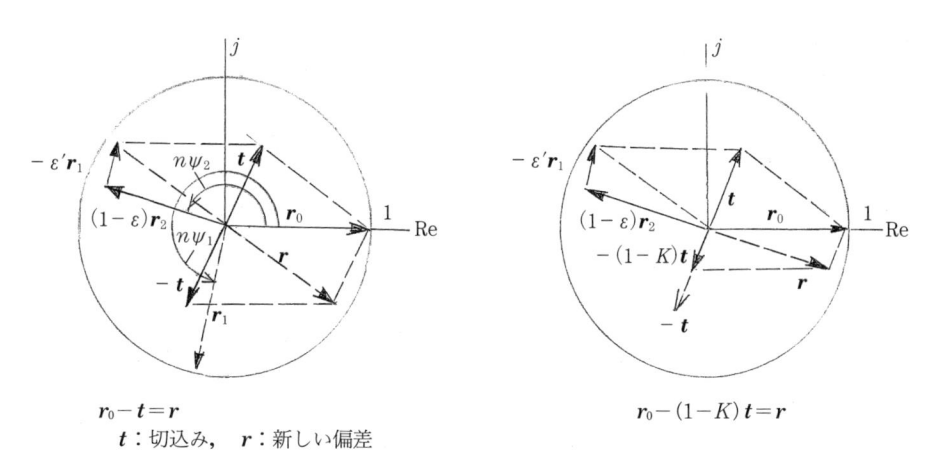

$\boldsymbol{r}_0 - \boldsymbol{t} = \boldsymbol{r}$

$\boldsymbol{t}$：切込み，$\boldsymbol{r}$：新しい偏差

(b) 切残しのないとき

$\boldsymbol{r}_0 - (1-K)\boldsymbol{t} = \boldsymbol{r}$

(c) 切残し（切残し率 K）のあるとき

図 10.3　n 山うねり成分と切込み量のベクトル表示

なるベクトル和として表すことができる．なお，切込み t は初期うねり山の修正度合いを表し，うねり山の「幾何学的修正率」という．また，この値は前述のVブロックによる真円度測定における外周振れの値に等しい．

切込みの結果生じた新しい偏差 $\boldsymbol{r}$ は

$$\boldsymbol{r} = \boldsymbol{r}_0 - \boldsymbol{t}$$

となる．このように，心なし研削においては，工作物中心の位置，したがって，切込み量が1回転前の工作物形状に影響される．これを「心出し再生効果」という．

［切込み量の算出］

$$\boldsymbol{t} = \boldsymbol{r}_0 - \varepsilon' \boldsymbol{r}_1 + (1-\varepsilon) \boldsymbol{r}_2 = e^{jn(\psi-2\pi)} - \varepsilon' e^{jn(\psi-\psi_1)} + (1-\varepsilon) e^{jn(\psi-\psi_2)}$$

$$= e^{jn\psi}\{1 - \varepsilon' e^{-jn\psi_1} + (1-\varepsilon) e^{-jn\psi_2}\} \qquad (e^{-j2\pi n} = 1)$$

なる関係がある．$1 - \varepsilon' e^{-jn\psi_1} + (1-\varepsilon) e^{-jn\psi_2}$ なるベクトルのベクトル $e^{jn\psi}$ への投影長さが

切込み量の値となる。両者のなす角は位相差を表す。$r_0 = e^{jn\psi}$ を実軸上の単位ベクトルとしてベクトル関係図を描くとき，ベクトル

$$1 - \varepsilon' e^{-jn\psi_1} + (1-\varepsilon) e^{-jn\psi_2}$$

の実数部が切込み量を表す。

これらのベクトルは，ψ の増加につれ $e^{jn\psi}$ とともに原点を中心として回転している。しかしながら r_0 に対する各ベクトル相対位置は変化しない。このためベクトル表示によればベクトル $e^{jn\psi}$ の影響を計算過程から排除することができ，成円作用の解析が簡略化される。

（c） 切残しのあるとき〔図10.3（c）〕 切残し率を K とすれば，見かけの切込み量が t のとき，$(1-K)t$ だけが実際の切込みとなる。切込みの結果生ずる新しい偏差 r は

$$r = r_0 - (1-K)t$$

と書くことができる。

10.4　切込みベクトルの作図法

（a） ベクトル $\pm e^{\pm j\alpha} = \pm(\cos\alpha \pm j\sin\alpha)$ の関係図を示す〔**図10.4（a）**〕。

（b） 切込みベクトル〔図10.4（b）〕

$$t = \{1 - \varepsilon' e^{-jn\psi_1} + (1-\varepsilon) e^{-jn\psi_2}\} r_0$$

$-\varepsilon'$ および $(1-\varepsilon)$ の値は幾何学的設定条件に基づいて定まる。n 山うねりにおける切

$$t(\psi) = r(\psi - 2\pi) - \varepsilon' r(\psi - \psi_1) + (1-\varepsilon) r(\psi - \psi_2)$$
$$= \mathrm{Re}[r_0 - \varepsilon' r_1 + (1-\varepsilon) r_2]$$
$$= \mathrm{Re}[1 - \varepsilon' e^{-jn\psi_1} + (1-\varepsilon) e^{-jn\psi_2}]$$

（a）　　　　　　　　　　　　（b） 切込みベクトル

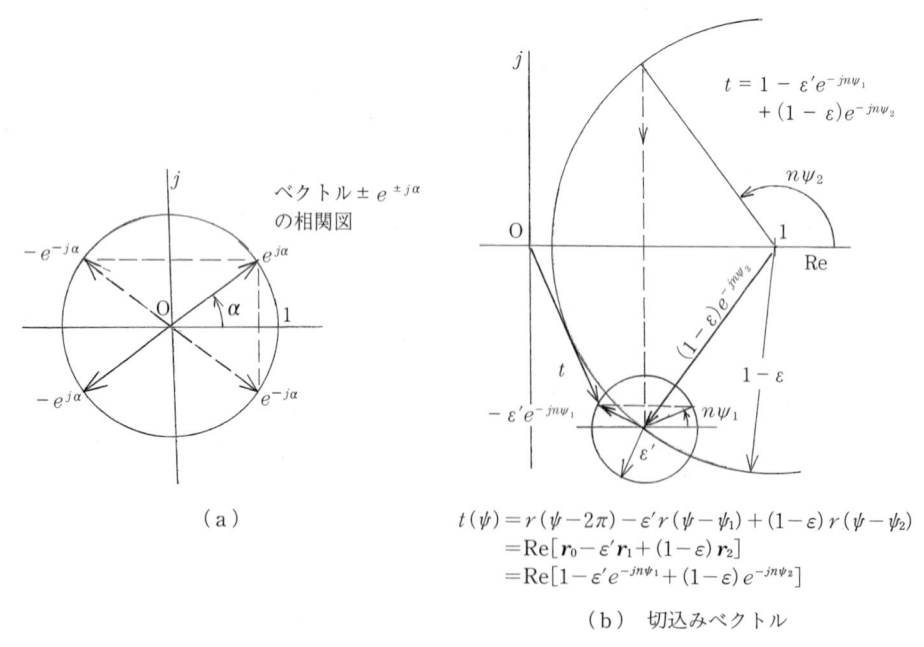

図10.4　切込みベクトルの作図法

込みベクトル t を r_0 を基準 ($r_0 \equiv 1+j0$) として表せば

$$t = 1 - \varepsilon' e^{-jn\psi_1} + (1-\varepsilon) e^{-jn\psi_2}$$

と書くことができる。各 n について $-\varepsilon'$, $n\psi_1$; $1-\varepsilon$, $n\psi_2$ の値を用いてベクトル t を作図する。t の実数部が n 山うねりにおける切込み量となる。

図はある n の値を想定する場合の作図手順を説明する。横軸は実数部，縦軸は虚数部である。

$(1, j0)$ を中心として半径 $1-\varepsilon$ の円を描く。$n\psi_2$ の向きに注意しながら

　　ベクトル $(1-\varepsilon) e^{-jn\psi_2}$

の終点を円上に確定する。その点を中心として半径 ε' の小円を描く。$n\psi_1$ の向きに注意しながら

　　ベクトル $-\varepsilon' e^{-jn\psi_1}$

の終点を円上に確定する。原点 $(0, 0)$ からこの点に至る直線が切込みベクトル t となる。

10.5 切込み量のベクトル作図例

（a） $\alpha \equiv 6°$, $\beta \equiv 3°$, $\theta \equiv 30°$ のとき〔図 10.5（a）〕
　→ $\varepsilon' = 0.17$, $1-\varepsilon = 0.92$, $\psi_1 = 57°$, $\psi_2 = 171°$

（ⅰ）円 $1 + (1-\varepsilon) e^{-jn\psi_2}$　　$(1, j0)$ を中心として，半径 $1-\varepsilon = 0.92$ の大円を描く。各 $n\psi_2$ に対応して小円 $-\varepsilon' e^{-jn\psi_1}$ の中心を決定する。例えば $n = 12$ の場合, $n\psi_2 = 2\,052° = 252°$ を図の位置にとり小円中心を求める。n が 2 増すごとに, この中心は大円上で, $2\gamma = 18°$ ずつ反対時計方向に移動していく。

（ⅱ）円 $-\varepsilon' e^{-jn\psi_1}$　　上に求めた小円の中心から半径 $\varepsilon' = 0.17$ の小円を描く。$n = 12$ の場合, $n\psi_1 = 684° = 324°$ を図の方向にとり小円との交点を求める。この交点は n が 2 増すごとに, 小円上で, $2\psi_1 = 114°$ ずつ反対時計方向に移動していく。

原点 $(0, 0)$ から小円上の交点に向けて描いた直線が，切込みベクトル t である。

（b） 近似値の場合〔図 10.5（b）〕　　$\varepsilon' \ll 1-\varepsilon$ であるから，$\varepsilon' \equiv 0$, $1-\varepsilon \equiv 1$ とおきブレードの「再生心出し」に及ぼす影響を無視する。

$t = 1 - \varepsilon' e^{-jn\psi_1} + (1-\varepsilon) e^{-jn\psi_2} \fallingdotseq 1 + e^{-jn\psi_2}$ と近似される。$\gamma = \alpha + \beta \equiv 9°$ ($\psi_2 = 171°$) とする。

（ⅰ）**偶　数　山**　　$(1, j0)$ を中心として，半径 1 の円を描く。$n = 2$ のとき，点 $(1, j0)$ から $n\psi_2 = 342°$ ($360° - 18°$) を図の方向にとり交点を求める。原点 $(0, 0)$ から，この交点に向けて描いた直線が，切込みベクトルとなる。交点の位置は，$n = 4, 6, \cdots$ と n が 2 だけ増すごとに 2γ ずつ反時計方向に回転していく。すなわち，$t = 1 + e^{jn\gamma}$ ($n = 2, 4, \cdots$) と書

114   10. 心なし研削における成円機構

(a) $\alpha \equiv 6°$, $\beta \equiv 3°$, $\theta \equiv 30°$ のとき
→ $\varepsilon' = 0.17$, $1-\varepsilon = 0.92$
$\psi_1 = 57°$, $\psi_2 = 171°$

$$t = 1 - \varepsilon' e^{-j12\psi_1} + (1-\varepsilon) e^{-j12\psi_2}$$

(b) 近似値の場合
$(1-\varepsilon \fallingdotseq 1,\ \varepsilon' \fallingdotseq 0)$

$$t \fallingdotseq 1 + e^{-jn(\pi-\gamma)}$$
$\gamma = \alpha + \beta \equiv 9°$

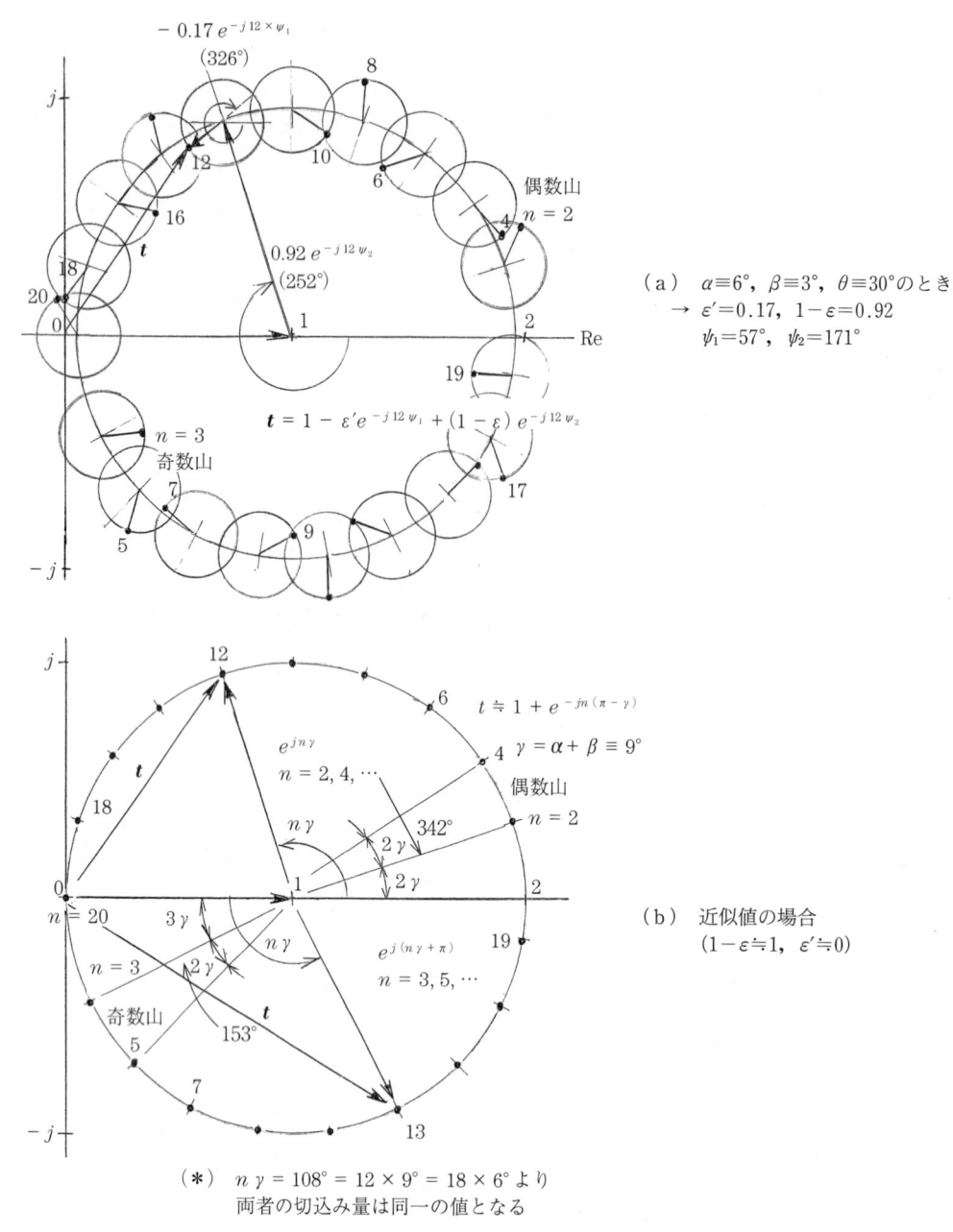

(*) $n\gamma = 108° = 12 \times 9° = 18 \times 6°$ より
両者の切込み量は同一の値となる

図 10.5 切込み量 ($=\text{Re}[t]$) のベクトル作図例

くことができる。

 (ⅱ) **奇 数 山**　$n=3$ のとき，点 $(1, j0)$ から $n\psi_2 = 513° = 153°$ を図の方向にとり交点を求める。これは $(1, j0)$-$(0, 0)$ 直線から反時計方向に 3γ だけ回転した方向に相当する。原点 $(0, 0)$ から，この交点に向けて描いた直線が切込み t となる。交点の位置は，n

$=5, 7, \cdots$ と n が 2 だけ増すごとに 2γ ずつ反時計方向に回転していく。すなわち
$$t = 1 + e^{j(n\gamma+\pi)} \qquad (n=3, 5, \cdots)$$
となる。

例えば，$n=12$（$n\gamma=108°$）の場合 t は図示のベクトルとなるが，$n=18$，$\gamma=6°$ の組合せとしても $n\gamma=108°$ であるから t は同一のベクトルとなる。したがって，このベクトルは
$$n\gamma = 108° \quad (n=偶数)$$
とする任意の n, γ の組合せに関する切込み t を意味している。すなわち

$n=$ 偶数のとき　$t = 1 + \cos n\gamma$

$n=$ 奇数のとき　$t = 1 + \cos(n\gamma + \pi)$

として切込み t の値（幾何学的修正率）を求めることができる。

この関係は $\psi' \equiv n\psi$ とおき，うねりの 1 周期について考えることにより容易に理解することができる。調整車接点部のうねり山が切込みに及ぼす影響は

$n=$ 偶数 → 位相遅れ $=$ "$n\gamma$"　　$n=$ 奇数 → 位相遅れ $=$ "$\pi + n\gamma$"

となっているからである。

10.6　切込み量とうねりの減衰率

（a）　厳密値と近似値の比較〔図 10.6（a）〕

（i）　厳　密　値
$$t = \mathrm{Re}[1 - \varepsilon' e^{-jn\psi_1} + (1-\varepsilon) e^{-jn\psi_2}] \qquad (\alpha \equiv 6°,\ \beta \equiv 3°,\ \theta \equiv 30°)$$
→　$\varepsilon' = 0.17$，$1-\varepsilon = 0.92$，$\psi_1 = 57°$，$\psi_2 = 171°$

図 10.5（a）の計算結果を示す。横軸はうねり山数 n，縦軸は切込み量 t を表す。

［偶数山］　$n=2$ のとき t は最大値をとり初期うねりは修正されやすい，n の増加につれて t の値が減少し修正しにくくなる。$n=20$ において $t=(-)0.03$ となる。後述するように，研削の継続に伴い 20 山うねりの振幅が増大していく。

［奇数山］　$n=3$ のとき t は最小値をとり初期うねりは修正しにくい。n の増加につれて t の値が増大し，修正されやすくなる。

t の値は，山数 n の奇数偶数によりたがいに逆の傾向となっている。すなわち，n 山うねりが修正しやすいとき，$(n\pm1)$ 山うねりの修正は困難である。

（ii）　近　似　値
$$t = \mathrm{Re}[1 + e^{-jn\psi_2}] \qquad (\alpha \equiv 6°,\ \beta \equiv 3°,\ \theta \equiv 30°)$$
→　$\varepsilon' = 0.17 \equiv "0"$，$1-\varepsilon = 0.92 \equiv "1"$，$\psi_2 = 171°$

図 10.5（b）の計算結果である。厳密値はこれに小円 $-0.17 e^{-jn\psi_1}$ が加算され，t の各値

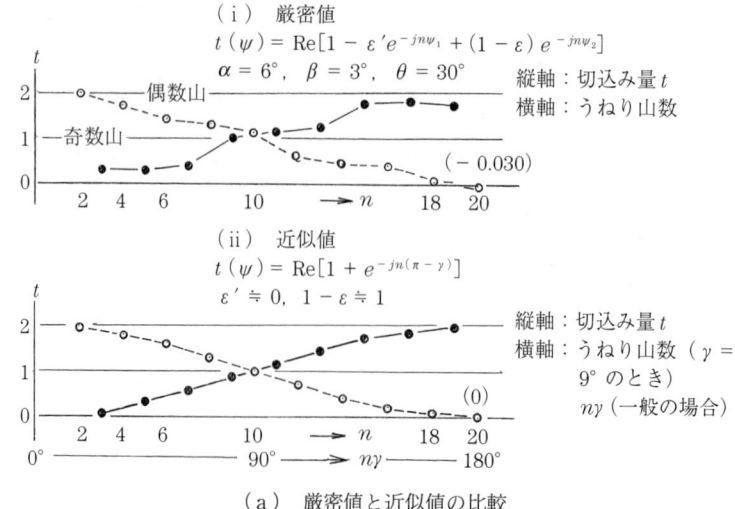

(i) 厳密値
$$t(\psi) = \text{Re}[1 - \varepsilon' e^{-jn\psi_1} + (1-\varepsilon) e^{-jn\psi_2}]$$
$\alpha = 6°, \quad \beta = 3°, \quad \theta = 30°$

縦軸：切込み量 t
横軸：うねり山数

(ii) 近似値
$$t(\psi) = \text{Re}[1 + e^{-jn(\pi - \gamma)}]$$
$\varepsilon' \fallingdotseq 0, \quad 1 - \varepsilon \fallingdotseq 1$

縦軸：切込み量 t
横軸：うねり山数（$\gamma = 9°$ のとき）
　　　$n\gamma$（一般の場合）

(a) 厳密値と近似値の比較

$A = A_0 \exp(2\pi n_w t \sigma)$

$n_e = 180°/\gamma°$ とする
偶数山が発生しやすい

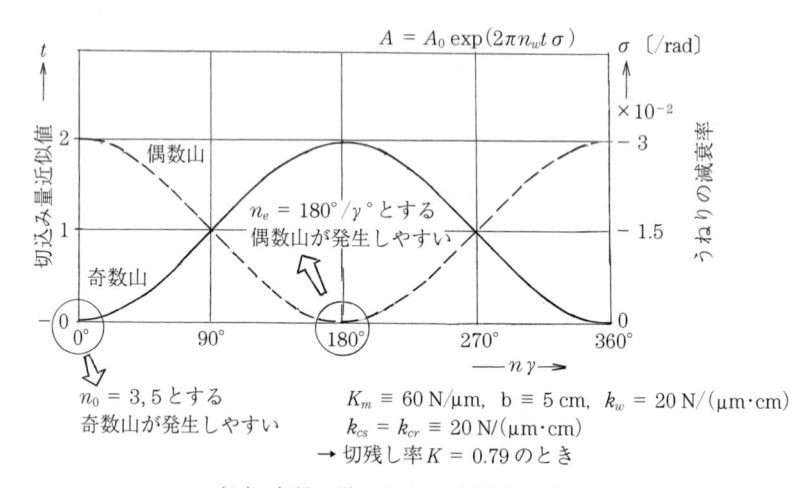

$n_0 = 3, 5$ とする
奇数山が発生しやすい

$K_m \equiv 60\,\text{N}/\mu\text{m}, \quad b \equiv 5\,\text{cm}, \quad k_w \equiv 20\,\text{N}/(\mu\text{m}\cdot\text{cm})$
$k_{cs} = k_{cr} \equiv 20\,\text{N}/(\mu\text{m}\cdot\text{cm})$
→ 切残し率 $K = 0.79$ のとき

(b) 切込み量とうねりの減衰率のグラフ

図 10.6　切込み量（幾何学的修正率）とうねりの減衰率

が上下に分散している。

　[偶数山]　$n=2$ のとき t は最大値をとり，n の増加につれて t の値が減少する。$n=20$ では $t=0$ となる。初期うねり 20 山は修正できない。

　[奇数山]　偶数山と逆の傾向をとる。$n=3$ のとき t は最小値 $t=0$ をとり，n の増加に伴い t の値が増大する。

　横軸は $\gamma=9°$ としたときのうねり山数 n を表している。前項の説明に基づき，横軸を $n\gamma$ と見なすこともできる。$\gamma=9°$ における横軸上の $n=20$ 位置を，$n\gamma=180°$ と目盛るとき横軸は $n\gamma$ 目盛となる。これにより，任意の (n, γ) の組合せから切込み量 t を求めることができる。

（b） 切込み量とうねりの減衰率のグラフ〔図10.6（b）〕　横軸を $n\gamma$ とする近似値表示の場合，$n\gamma=180\sim360°$ の範囲に関しても，同様の手法により t の値を求めることができる。図はこの結果である。

縦軸は左側に切込み量 t を示し，右側にうねりの減衰率（$-\sigma$）を示す。計算手順は省略するが，研削に関する力学的パラメータの値が明らかな場合，初期うねり山の修正度合いを振幅減衰率として求めることができる。

ただし，ここでも $\varepsilon'\fallingdotseq0$，$1-\varepsilon\fallingdotseq1$ としている。また，力学的パラメータとしては，注記のように，心なし研削における典型的な値を用いた。

このように，切込み量 t と振幅減衰率 $-\sigma$ は縦軸スケールは異なるものの，同一曲線として表すことができる。このため切込み量 t は「幾何学的修正率」とも呼ばれる。

初期うねり振幅＝A_0，　$n_w t$ 回転後のうねり振幅＝A，

工作物回転角1ラジアン当りの減衰率＝σ

とすれば

$$A=A_0\exp(2\pi n_w t\sigma)$$

と表される。「$-\sigma\to$大」とはうねりが修正されやすく，「$-\sigma\fallingdotseq0$」とはうねりが修正されにくいことを意味する。

［偶数山］　$n=2$ のとき $-\sigma$ は最大値をとり，n の増大につれて $-\sigma$ の値が減少する。$n=20$ では $\sigma=0$ となる。初期うねり20山は修正できない。

　　　$180°/\gamma°$（$n_e\gamma=180°$）の値に近い偶数の n_e 山は σ の値が小さく修正されにくい。

［奇数山］　偶数山と逆の傾向をとる。$n=3$ のとき t は最小値 $t=0$ をとり，n の増加に伴い $-\sigma$ の値が増大する。$360°/\gamma°$ の値に近い奇数の n_o 山も σ の値が小さく修正されにくい。

10.7　心高角とうねりの減衰率

前節における"$\sigma-n\gamma$"関係図を書き変え**図10.7**に示す。すなわち，ある心高角 γ の値を設定し，うねり山数 n と減衰率 σ の関係図を求める。

（a）　$\gamma\equiv10.5°$：$\dfrac{\pi}{\gamma}=17.1$　→　$n_e=16,18$

　　　　　　　　$\dfrac{2\pi}{\gamma}=34.2$　→　$n_o=33,35$

（b）　$\gamma\equiv7°$　：$\dfrac{\pi}{\gamma}=25.7$　→　$n_e=24,26,28$

10. 心なし研削における成円機構

(a) $r \equiv 10.5°$ ($\pi/r = 17.1$)

(b) $r \equiv 7.0°$ ($\pi/r = 25.7$)

(c) $r \equiv 3.5°$ ($\pi/r = 51.4$)

図 10.7 心高角 γ とうねりの減衰率 σ

(c) $\gamma \equiv 3.5°$: $\dfrac{\pi}{\gamma} = 51.4 \quad \rightarrow \quad n_e = 48, 50, 52$

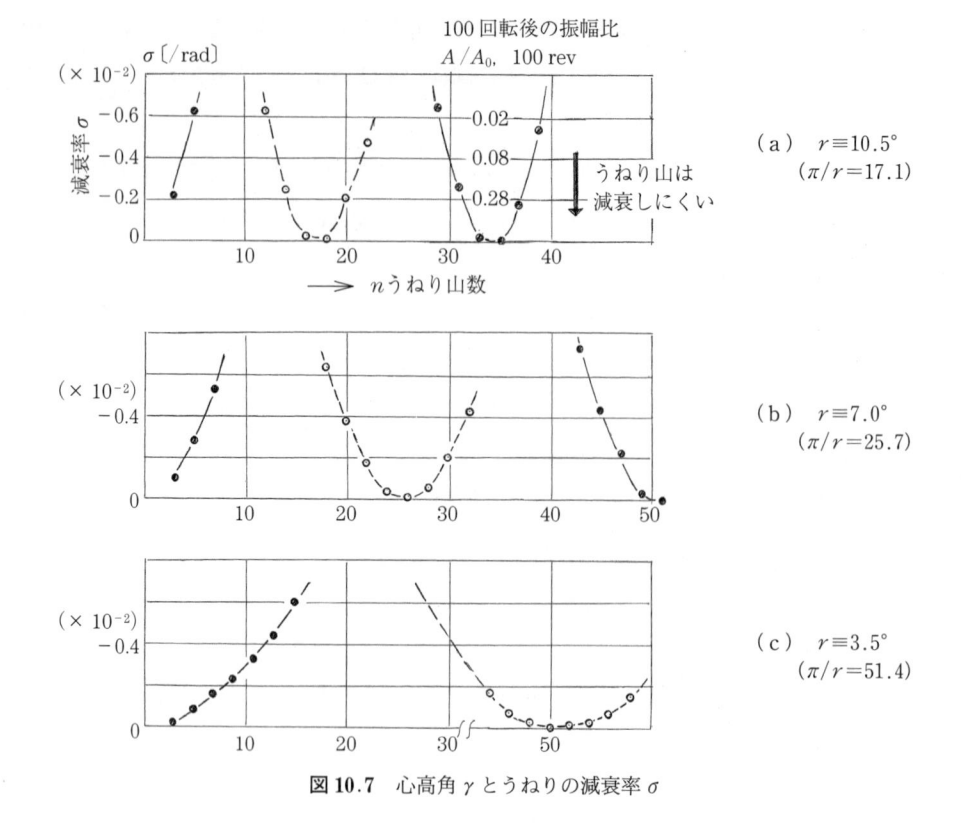

$\dfrac{2\pi}{\gamma} = 51.4 \quad \rightarrow \quad n_o = 49, 51$

$\dfrac{2\pi}{\gamma} = 102.8 \quad \rightarrow \quad n_o = 103$

n_e (n_o) は π/γ ($2\pi/\gamma$) に近い整数を意味する。これらの山数のうねり円を固有ひずみ円という。

横軸はうねり山数 n、縦軸は減衰率 σ を表す。また、縦軸には工作物 100 回転後のうねり山の振幅比 A/A_0 を併記した。図 10.7 から、

(i) $\gamma \rightarrow$ 小のとき：$n_o = 3, 5, 7$ の固有ひずみ円が修正されにくい。すなわち、残留しやすい。

(ii) $\gamma \rightarrow$ 大のとき：3, 5, 7 山うねりは修正されやすくなるが、

π/γ の値に近い山数の偶数山の固有ひずみ円が残留しやすい、

$2\pi/\gamma$ の値に近い奇数山の固有ひずみ円が減衰しにくい、

ことがわかる。

心高角 γ の初期設定に際しては「$\gamma=6\sim7°$」とすることが望ましい。試研削の結果によっては，上述の図の傾向に基づき心高を調整する。

10.8 切込み量と切込み変動の伝達率

（a） **研削レイアウト**〔図10.8（a）〕　図は特殊Vブロックによる真円度測定（図9.10）を心なし研削に置き換えたものである。

　　$\alpha\equiv5°$，$\beta\equiv5°$，$\theta\equiv25°$ とした研削レイアウト図となる。

（ⅰ）工作物は n 山の初期うねりを有する。接点 B, R における偏差の再生心出し効果により切込み量 t が定まる。

（ⅱ）素材形状は真円とする。外部振動に起因して，$A(t)=A\cos(2\pi nn_w t)$ なる工作物1回転について n 回の切込み変動があるものとする。

（ⅲ）工作物周上に振幅を A' とする n 山うねりが形成される。

（b） **計 算 結 果**〔図10.8（b）〕

（ⅰ）$t(\psi)=\mathrm{Re}[1-\varepsilon'e^{-jn\psi_1}+(1-\varepsilon)e^{-jn\psi_2}]$

　　　　$\varepsilon'=0.19$，$1-\varepsilon=0.92$，$\psi_1=60°$，$\psi_2=170°$

として $n=2\sim20$ について切込み量 t を示す。

　　$n_e=\pi/\gamma=18$ において最小値 $t=-0.1$ をとる。

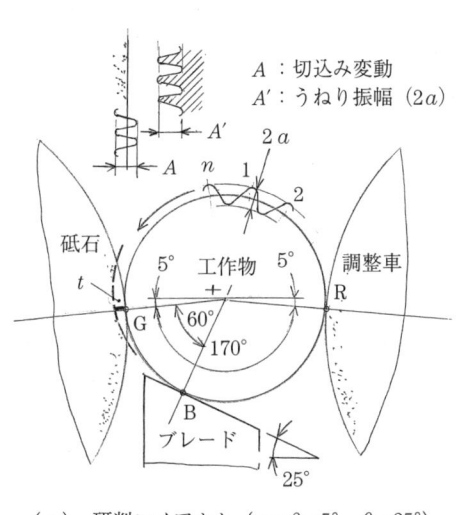

（a） 研削レイアウト（$\alpha=\beta=5°$，$\theta=25°$）　　（b） 計 算 結 果

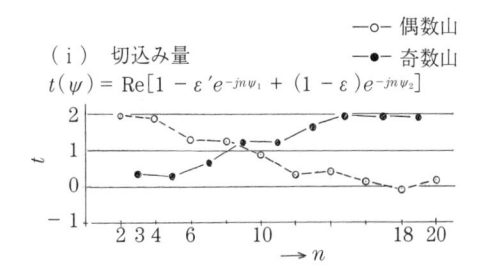

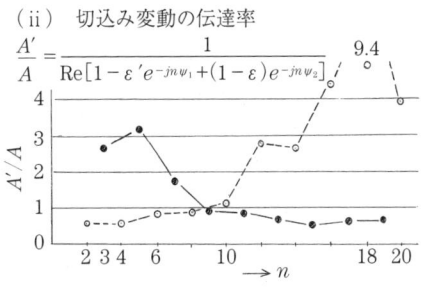

図10.8　切込み量（幾何学的修正率）と切込み変動の伝達率

(ii)　　$A'/A = \text{``}1/t\text{''} = 1/\text{Re}[1 - \varepsilon' e^{-jn\psi_1} + (1-\varepsilon)e^{-jn\psi_2}]$

解析結果によれば $A'/A = 1/t$ となる。これにより $n=2\sim20$ について切込み変動の伝達率 A'/A を示す。例えば，$n=16$ においては研削の継続により $A'=4.4A$ なる 16 山うねりが形成される。隣接する $(n-1)=15$ 山においては $A'=0.5A$ となり，15 山うねりとしては伝達されにくい。

形成された「うねり山を特殊 V ブロックにより測定する」場合，真円度の値はどのようになっているか？ V ブロックは研削レイアウトに対応しているものとする。

この問により，伝達率と修正率の関係を容易に理解することができる。特殊 V ブロックにより，$A'=4.4A$ なる 16 山うねりを測定するとき，外周振れ（TIR）は

　　　　TIR $= 4.4A \times$（検出倍率 $t=0.23$）$= A$

となる。同様に $A'=0.5A$ なる 15 山うねりにおいては，TIR $=0.5A \times 1.9 = A$ となっている。外周振れは n の値にかかわらず（TIR）$=A$ と一定である。

$n_e = \pi/\gamma = 18$ においては，修正率は $t=(-)0.1$ となっている。18 山のうねり振幅は，一定値 $A'=9.4A$ にとどまらず，研削の継続とともに増大（成長）していく。この特殊な場合については次項において説明する。

（c）　修正率と伝達率　　心なし研削においては，初期うねりの修正と切込み変動による新たなうねり山の形成が同時に進行する。あるうねり山数について，修正率が小さければ切込み変動の伝達率が高い。この山数において，切込み変動の周波数がうねり山数に一致すれば，大きなうねり山が発生する可能性がある。

10.9　幾何学的に不安定なセットアップ

$\alpha \equiv 6°$，$\beta \equiv 3°(\gamma = 9°)$，$\theta \equiv 30°$ とする。

$\pi/\gamma = 20$ に近い偶数うねり山 $n_e = 16\sim24$ に関して切込みベクトル $\boldsymbol{t}$ を検討する。

　　　　$\boldsymbol{t} = 1 - \varepsilon' e^{-jn\psi_1} + (1-\varepsilon)e^{-jn\psi_2}$

　　　　$\varepsilon' = 0.17$，$1-\varepsilon = 0.92$，$\psi_1 = 57°$，$\psi_2 = 171°$

（a）　切込みベクトルの作図〔図 10.9（a）〕　　$(1, j0)$ を中心とし半径 $(1-\varepsilon)$ とする円周上にベクトル $(1-\varepsilon)e^{-jn\psi_2}$ の終点を書き込む。ここから半径 ε' とする円周上にベクトル $-\varepsilon' e^{-jn\psi_1}$ の終点を書き込み黒丸で示す。ベクトル $\boldsymbol{t}$ は原点 $(0,0)$ からこの黒丸に至る直線として表される。ベクトル $\boldsymbol{t}$ の終点は，$(1, j0)$ を中心とし半径を $1-\varepsilon \pm \varepsilon'$ とする同心円に囲まれた領域に存在する。

Re$[\boldsymbol{t}] < 0$ のときベクトル $\boldsymbol{t}$ がハッチング部分に入る。Re$[r = r_0 - t] > $ Re$[r_0]$ すなわち，$r/r_0 > 1$ となる。

$$t(\psi) = \text{Re}[1 - \varepsilon' e^{-jn\psi_1} + (1 - \varepsilon) e^{-jn\psi_2}]$$
$$(\alpha = 6°, \beta = 3°, \theta = 30°, n = 16 \sim 24)$$

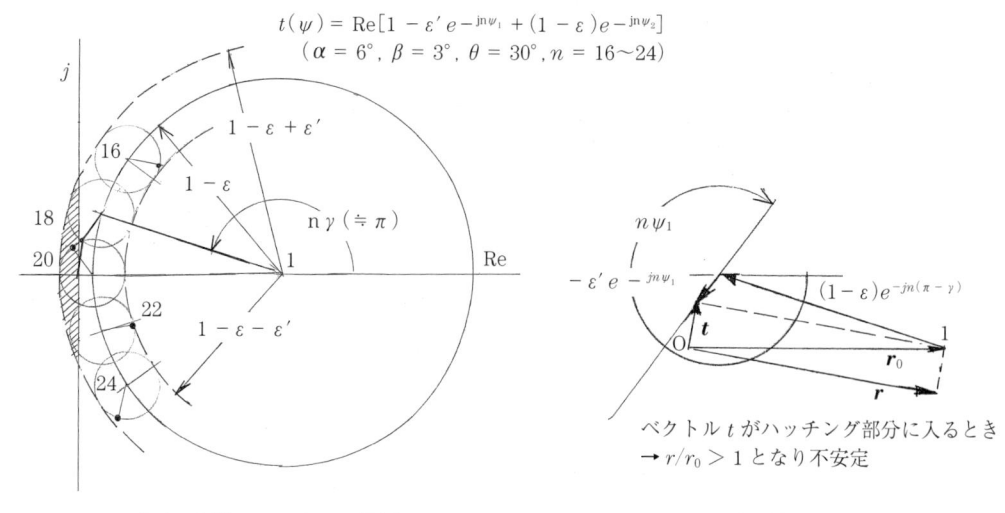

(a) 切込みベクトルの作図　　　　(b) 拡大図

図 10.9 幾何学的に不安定なセットアップ

　これは研削の継続によりうねり振幅が増大することを意味し，「幾何学的に不安定」であるという。

〔注〕　$\varepsilon' \fallingdotseq 0$，$1 - \varepsilon \fallingdotseq 1$ とした近似値の場合，t の最小値は "0" であり，t がハッチング部分に入り込むことはない。ブレードの影響を無視したためである。

（b）拡大図〔図 10.9（b）〕　$n_e = 18$ の拡大図である。ベクトル r_0 はベクトル t だけ切り込まれ，新しく加工後のベクトル r が生成される。すなわち，$r = r_0 - t$ と書くことができる。$n_e = 20$ の場合 t はハッチング領域に入るため $r/r_0 > 1$ となる。

10.10　ブレード頂角とうねりの成長

　$\pi/\gamma \fallingdotseq$ 偶整数 $(n_e \gamma \fallingdotseq \pi)$ のとき，ベクトル $r_2 = (1 - \varepsilon) e^{-jn\psi_2}$ は $(1, j0)$ から原点 $(0, 0)$ に向かい，ハッチング部分に最も接近する。ここではブレードの影響を顕著に観察することができる。$\gamma \equiv 9° (n_e = 20)$ の場合を検討する。図は作図の便利のため $\alpha = \gamma = 9° (\psi_2 = 171°)$，$\beta = 0°$ としている。

（a）$\psi_1/\gamma =$ 偶数（$n\psi_1 = \pi \times$ 偶数）のとき〔図 10.10（a）〕
　$\theta \equiv 18° (\psi_1 = 72°,\ \psi_1/\gamma = 8)$ とする。

$$(1 - \varepsilon) e^{-jn\psi_2} = (1 - 0.038) \times (-1) = -0.962 \quad (e^{-j20 \times 171°} = -1)$$
$$-\varepsilon' e^{-jn\psi_1} = -0.158 \times 1 = -0.158 \quad (e^{-j20 \times 72°} = 1)$$
$$\rightarrow\ t = 1 - \varepsilon' e^{-jn\psi_1} + (1 - \varepsilon) e^{-jn\psi_2} = -0.12,\quad r = r_0 - t = 1.12$$

となり，加工後の新たな振幅のほうが大きくなる。研削の継続によりうねりが成長してい

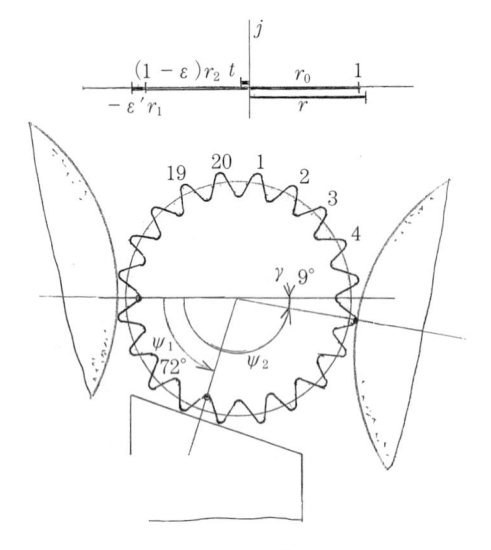

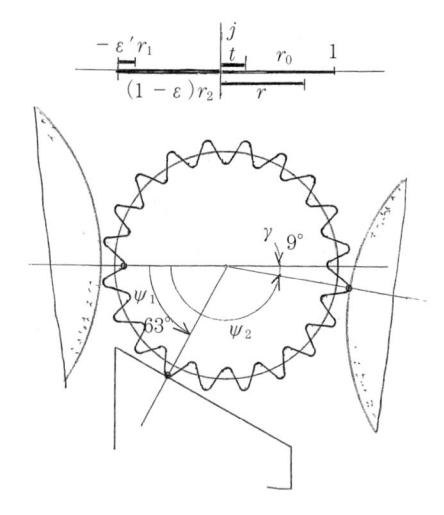

10. 心なし研削における成円機構

(a)
$1-\varepsilon = 1-0.038$
$\varepsilon' = 0.158$
$\dfrac{r}{r_0} = 1-\varepsilon+\varepsilon'$
$= 1.12 > 1$
$(t = \varepsilon - \varepsilon' < 0)$

$\psi_1/\gamma =$ 偶数のとき：幾何学的に不安定
$\gamma = 9°$, $\theta \equiv 18°$
($\psi_1/\gamma = 72°/9° = 8$, $n\psi_1 = 1\,440° \equiv 0°$)

(b)
$1-\varepsilon = 1-0.063$
$\varepsilon' = 0.164$
$\dfrac{r}{r_0} = 1-\varepsilon-\varepsilon'$
$= 0.773 < 1$
$(t = \varepsilon + \varepsilon' > 0)$

$\psi_1/\gamma =$ 奇数のとき：幾何学的に安定
$\gamma = 9°$, $\theta \equiv 27°$
($\psi_1/\gamma = 63°/9° = 7$, $n\psi_1 = 1\,260° \equiv 180°$)

図 10.10 ブレード頂角とうねりの成長

く。「幾何学的に不安定」であるという。

図 10.10 において，砥石はうねりの谷部で接している。ブレードとはうねりの谷部で接し，工作物は砥石に接近する。砥石との接点において，谷部がいっそう深くなる。工作物が 9° だけ回転し，砥石がうねりの山部で接する。ブレードはうねりの山部で接し，工作物は砥石から逃げる。砥石との接点において，山部には切込みがかからない。

（b） $\psi_1/\gamma =$ 奇数 ($n\psi_1 = \pi \times$ 奇数) のとき〔図 10.10 (b)〕

$\theta \equiv 27°$ ($\psi_1 \equiv 63°$, $\psi_1/\gamma = 7$) とする。

$(1-\varepsilon)e^{-jn\psi_2} = (1-0.063) \times (-1) = -0.937$ $\quad (e^{-j20 \times 171°} = -1)$

$-\varepsilon' e^{-jn\psi_1} = -0.164 \times (-1) = 0.164$ $\quad (e^{-j20 \times 63°} = -1)$

$\to \boldsymbol{t} = 1 - \varepsilon' e^{-jn\psi_1} + (1-\varepsilon)e^{-jn\psi_2} = 0.227$, $\quad \boldsymbol{r} = r_0 - t = 0.773$

となり，加工後の新たな振幅は初めの値より小さくなる。「幾何学的に安定」である。

図において，砥石はうねりの谷部で接している。ブレードとはうねりの山部で接し，工作物は砥石から逃げる。砥石との接点において，谷部は削られない。工作物が 9° だけ回転し，砥石とうねりの山部で接する。ブレードがうねりの谷部で接し，工作物は砥石に接近する。砥石との接点において，山部は除去される。

10.11　実質心高とうねり山の修正 ― スルフィード研削の場合 ―

(a)　実質心高〔図 10.11（a）〕　工作物の心高とは，両砥石の中心を結ぶ直線から測定した工作物中心の高さである。スルフィード研削においては，調整車を送り角 A だけ傾ける。これに伴い調整車の中心位置は幅方向に沿って変化する。この調整車中心を基準とした心高を実質心高という。砥石の入口，出口部における実質心高 H_f, H_r は

$$H_{f,r} = H \mp \frac{T}{3} \sin A$$

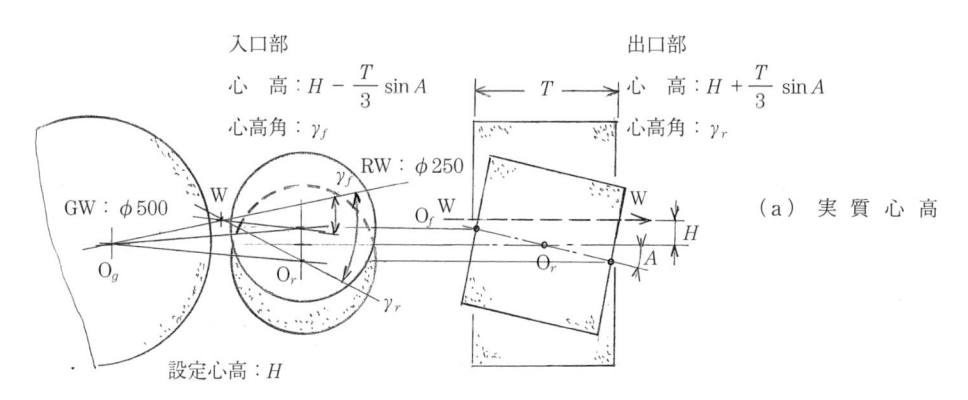

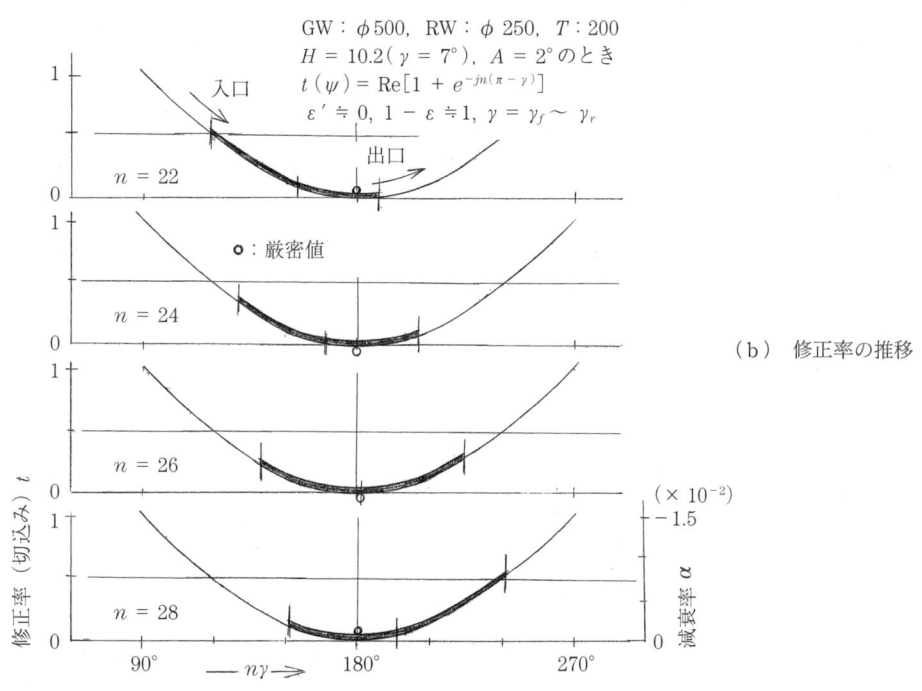

図 10.11　実質心高とうねり山の修正 ― スルフィード研削の場合 ―

H：設定心高（幅中央部においては実質心高も同一値）

T：砥石幅，ただし両砥石直径比＝2：1とする。

となり，砥石幅に沿って変化している。

（b） 修正率（切込み量）の推移〔図 10.11（b）〕　　$n\gamma$ と切込み量（修正率）に関する図 10.6（b）を用いて，実質心高の及ぼす影響を検討する。

砥石直径 $D_s \equiv \phi 500$，調整車直径 $D_r \equiv \phi 250$，工作物直径 $D_w \ll D_r$，砥石幅 $T \equiv 200$，設定心高 $H \equiv 10.2$（心高角 $\gamma = 7°$），送り角 $A \equiv 2°$

→実質心高 $H_{f,r} = 10.2 \mp 2.32 = 7.9, 12.5$，$\gamma_{f,r} = 5.4°, 8.6°$

$\pi/\gamma = 25.7$ であるから，これに近い偶数山について調べてみる。

（ⅰ）　$n=22$ のとき　　砥石の入口から出口部に沿って，実質心高角は $n\gamma = 119 \sim 189°$ と変化する。修正率の近似曲線 $t = 1 + e^{-jn\psi_2}$ 上にこの範囲を太線で示す。修正率は $t = 0.51 \sim 0 \sim 0.01$（工作物 100 回転後の振幅比 $A/A_0 = 0.09 \sim 1 \sim 0.95$）と変化する。

なお，$\gamma = 180°/22 = 8.2°$ 部に白丸（t_{22}）により厳密値，$t = 1 - \varepsilon' e^{-jn\psi_1} + (1-\varepsilon) e^{-jn\psi_2}$ を示す。ただし，$\theta \equiv 30°$，$\alpha \equiv 2\gamma/3$，$\beta \equiv \gamma/3$ とする。$t_{22} > 0$ は幾何学的に安定である。

（ⅱ）　$n=24$ のとき

$n\gamma = 130 \sim 206°$，$t = 0.34 \sim 0 \sim 0.10$，$A/A_0 = 0.20 \sim 1 \sim 0.61$，$t_{24} < 0$ 不安定

（ⅲ）　$n=26$ のとき

$n\gamma = 140 \sim 224°$，$t = 0.23 \sim 0 \sim 0.28$。$A/A_0 = 0.34 \sim 1 \sim 0.27$，$t_{26} < 0$ 不安定

（ⅳ）　$n=28$ のとき

$n\gamma = 151 \sim 241°$，$t = 0.13 \sim 0 \sim 0.52$。$A/A_0 = 0.53 \sim 1 \sim 0.09$，$t_{28} > 0$ 安定

工作物直径を $D_w = \phi 5 \sim 10$ とすれば，一般的な研削条件の下では，工作物は 200 幅を通過する間に 600〜300 回以上回転する。22 山の初期うねりは出口に到達するまでに十分減衰するものと考えられる。28 山うねりは 200 幅の後半部分において減衰する。22〜28 山の中では，$\pi/\gamma = 25.7$ に最も近い 24，26 山が残留（発生）しやすいものと考えられる。

〔注〕 以上の説明は，砥石幅 T と比較して工作物長さ L の短いことを前提としている。

〔注〕 バー材研削（$T < L$）のように，工作物長さの長い場合は様相が異なる。砥石幅に沿って切込み t の異なることは幾何学的に許容されない。全接触幅における心高角 γ の平均値（＝設定心高角）によって工作物中心が移動し，これに基づき切込み t が定まるものと考えられる。

10.12 調整車の振れと真円度

(a) 一般の心なし研削〔図10.12(a)〕 工作物周上にに1なる大きさの突起があれば，これが調整車と接するとき，工作物中心がOからO′へと移動し $(1-\varepsilon)e^{-j\psi_2}$ なる切込みを与える。調整車外周上に1なる大きさの突起があれば，これが工作物と接するとき，同様に $(1-\varepsilon)e^{-j\psi_2}$ なる切込み変動を与える。

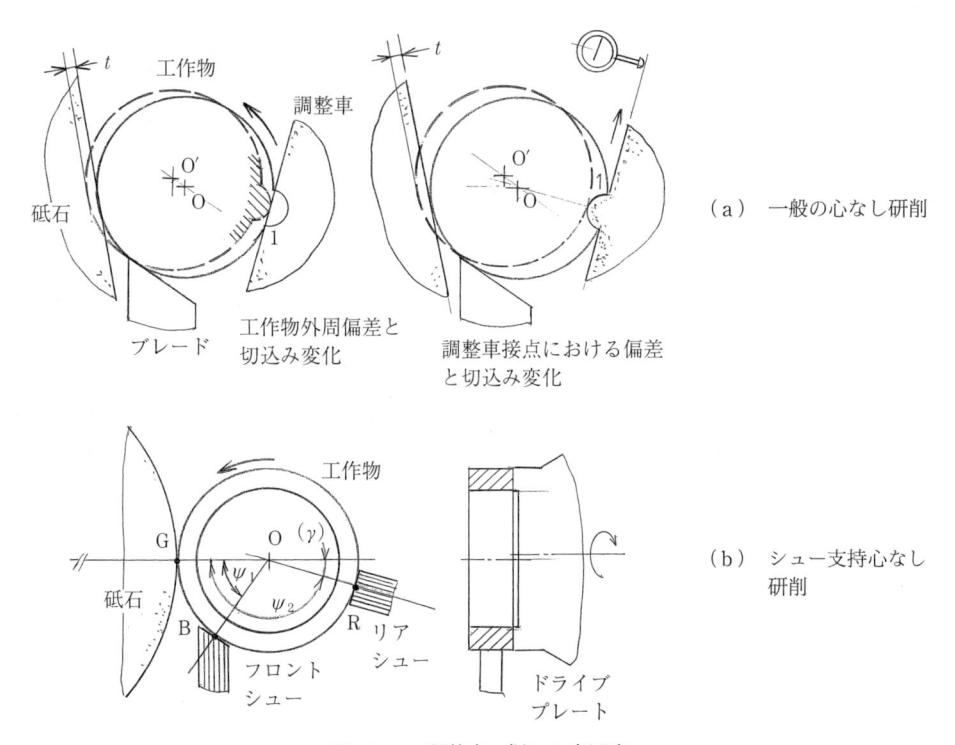

図10.12 調整車の振れと真円度

(a) 一般の心なし研削

(b) シュー支持心なし研削

高い精度の真円度が必要な場合，調整車の外周振れはこれと同等以下の値としなくてはならない。

うねり山（1ピッチ）＝（工作物周長）/（山数）であるから，ピッチの短い粗さ状の振れが特に問題となる。工作物真円度の到達限界は，調整車の修正精度に大きく影響される。

(b) シュー支持心なし研削〔図10.12(b)〕 研削レイアウトを示す。リアシューが調整車に相当する。シューとの接点は固定点であるから，上述の誤差要因は発生しない。一般の心なし研削と比較して，高い精度の真円度を得ることが容易である。ただし，シュー支持方式は長さの長い工作物には適用困難である。

10.13 調整車接点における弾性変形

(a) 接触弧の長さ〔図 10.13 (a)〕 調整車は工作物との接点において深さ δ だけ弾性変形する。$\delta \equiv 4\,\mu m$，工作物直径 $D_w \equiv \phi 10 (\phi 1)$ とすれば，接触弧長さ L は $L = 0.4(0.2)\,mm$ となる。また，$\delta \equiv 1\,\mu m$ のときは，$L = 0.2(0.06)\,mm$ である。

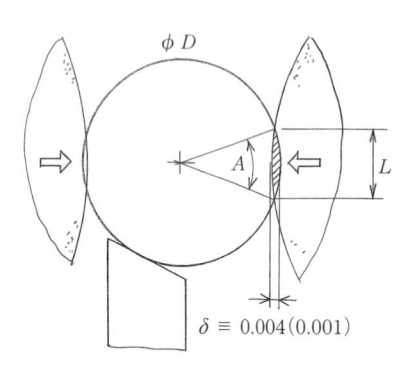

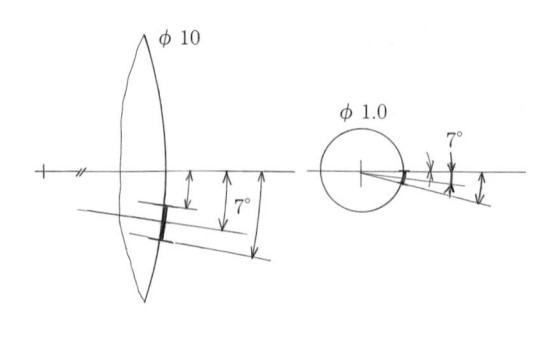

(＊) セットアップ精度との関連
(＊) 接点における偏差の切込みへの影響

接触弧長 L 〔mm〕

	$D \equiv 10$	$D \equiv 1.0$
$\delta \equiv 0.004$	0.40	0.12
$\delta \equiv 0.001$	0.20	0.06

(a) 接触弧の長さ

接触弧角 $A°$

	$D \equiv 10$	$D \equiv 1.0$
$\delta \equiv 0.004$	4.6	14.4
$\delta \equiv 0.001$	2.3	7.2

(b) 心高角

図 10.13 調整車接点における弾性変形

(b) 心高角〔図 10.13 (b)〕 $\delta \equiv 4\,\mu m$，工作物直径 $D_w \equiv \phi 10 (\phi 1)$ とするとき，工作物中心から見た接触円弧角 A は $A = 4.6°(14.4°)$ となる。設定心高角を $\gamma = 7°$ とすれば，$\gamma = 7 \pm 2.3°(7.2°)$ の範囲で接触する。また，$\delta \equiv 1\,\mu m$ のときは，$\gamma = 7 \pm 1.2°(3.6°)$ である。ピッチの細かなうねり山においては「再生心だし」効果が減少する。このため，工作物直径の小さな場合，高い精度の真円度を得やすい。

11 心なし研削におけるびびり振動

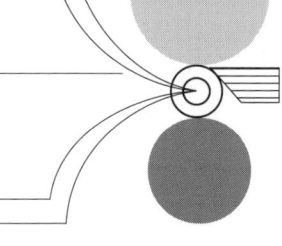

　フルフィード研削の条件設定のため試研削を行う際などにおいて，つぎのような現象が経験される。すなわち，工作物を1個ずつ流せば正常に研削されるが，連続的に流すとき研削に伴い，いわゆる「うなり音」が発生する。このとき，工作物外周には顕著なうねり山が発生している。また，砥石のドレッシング直後は正常に研削されるが，研削の継続につれ「うなり音」の発生が始まることもある。

　なお，プランジ研削においても同様な「うなり音」が経験される。

　この現象は研削系の動特性下における成円作用に基づく「自励びびり振動」に起因している。心なし研削におけるびびり振動に関しては，宮下政和博士を中心とする研究グループにより詳しく検討された。本章ではその概略を紹介する。

11.1　うねり山の成因とびびり振動

　心なし研削においては，（ⅰ）素材の初期形状誤差を修正する，（ⅱ）新たな形状誤差を形成する，という二つの作用が同時に進行する。後者が優勢な場合，工作物外周上にうねり山が発生する。その成因についてはさまざまな場合が考えられる。ここに示す比較検討図においては，いずれも心高角 $\gamma \equiv 9°$ とする。

（a）　幾何学的セットアップ〔図11.1（a）〕　　$n_e = \pi/\gamma = 20$ となるから，20山うねりが修正されない。したがって，これが発生しやすい。さらに，ブレード頂角を $\theta \equiv 18°$ とする特別な場合，研削の継続につれてうねり振幅が発達（成長）していく。対応策は，

→「心高 H を変更する」

ことである。なお，うねり山が幾何学的セットアップに起因する場合においては，

→「工作物回転数 n_w を変更しても20山傾向は改善されない」

（b）　強制振動〔図11.1（b）〕　　工作物，調整車直径を $D_w \equiv \phi 25$，$D_r \equiv \phi 250$ とする。不釣合いを有する砥石が1 740 rpmで回転し，遠心力により振動している。これは周期的な切込み変動をもたらす。調整車回転数を $n_r = 8.7$ rpm とする。

　工作物回転数は $n_w = 8.7 \times (250/25) = 87$ rpm $= 1\,740$ rpm$/20$ となり，工作物1回転につき20回の切込み変動が発生する。これが20山うねりとして工作物に伝達され，大きなうね

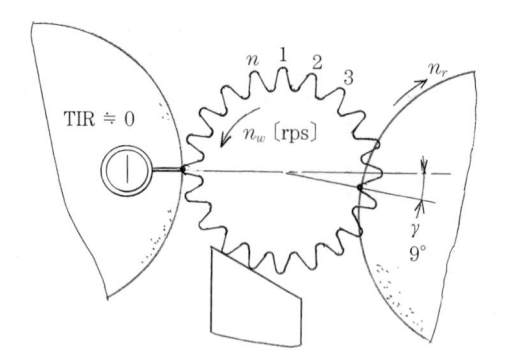

11. 心なし研削におけるびびり振動

(a) 幾何学的セットアップ

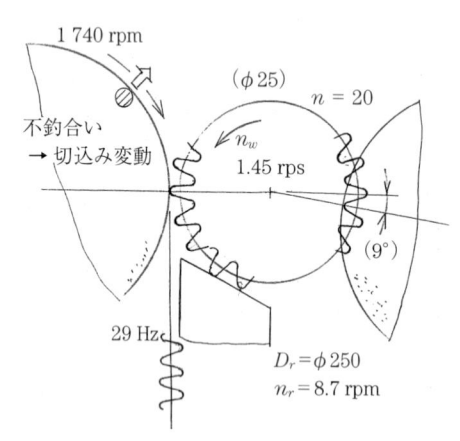

$\gamma \equiv 9° \to n_r(n_w)$ とは無関係に $\pi/\gamma = 20$ うねり山が発生しやすい（修正しにくい）

(b) 強制振動

回転比 ≡ 20 → 振動が伝達され $n=20$ うねり山が発生する（回転比 ≡ 20.5 とすればうねりは発生しない）

(c) びびり振動

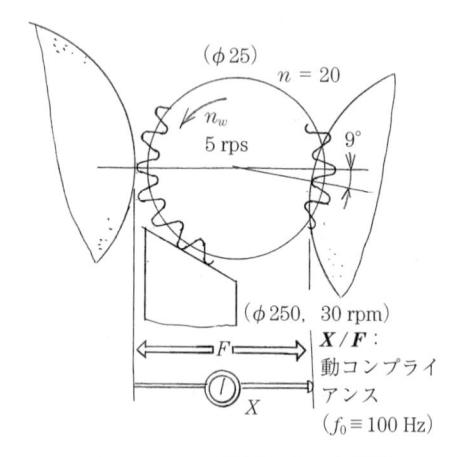

$n_w \equiv 5\,\mathrm{rps} \to nn_w = 100\,\mathrm{Hz}$ となり切込み変動力と共振する。100 Hz の振動が成長する（n_w をずらせば共振しない）

図 11.1 うねり山の成因とびびり振動

りが発生する。

　調整車回転数を $n_r = 8.7 \times (19, 21/20) = 8.3, 9.1\,\mathrm{rpm}$ へと「わずかに変更」すれば強制振動は伝達されず，20 山うねりは発生しない。

（c）**びびり振動**〔図 11.1（c）〕　詳しくは「工作物再生形自励びびり振動」という。

［工作物再生形自励びびり振動］　研削砥石外周上の偏摩耗に起因した「砥石再生形びびり振動」，外部振動源に基づく「強制振動」と区別し「工作物再生形自励振動」という。

　自励振動とは振動系の内部特性に起因した振動形態である。「びびり振動」とは "chatter vibration" の訳語である。

［固有振動数］　ある周波数の交番力 F をもって，例えばスピンドルを加振する。これがその固有振動数と一致するとき，振動変位 X の値は最大となる。また，衝撃（白色ノイズ）を与えればこの振動数で振動する。X/F を動コンプライアンスという。

研削砥石スピンドルの固有振動数を $f_0≡100\,\mathrm{Hz}$ とする。調整車回転数を $n_r≡30\,\mathrm{rpm}$ と設定する。ここでは，$n=π/γ=20$ により，20山うねりが伝達されやすいセットアップとなっている。

さらに，工作物回転数は，$n_w=(30/60)×(250/25)=5\,\mathrm{rps}$ であるから，20山うねりにおいて，切込み変動の周波数が $nn_w=100\,\mathrm{Hz}$ となり固有振動数と一致してしまう。

研削盤がたとえわずかでも $100\,\mathrm{Hz}$ で振動していれば，これが引き金となって，研削の継続とともに20山うねり振幅が増大していく。研削盤の $100\,\mathrm{Hz}$ 振動振幅が時間とともに増大していき，やがて「うなり音」の発生に至る場合もある。

調整車回転数 n_r を0.5倍（$=15\,\mathrm{rpm}$）以下，または2倍（$=60\,\mathrm{rpm}$）以上と「大幅に変更」すれば加工系との共振を避けることができる。びびり振動に基づく20山うねりは発生しない。

11.2 自励びびり振動 ─ 定性的な見通し ─

心なし研削における自励びびり振動発生の可能性について，定性的に考えてみる。過去の結果，すなわち，1回転前の工作物形状が現在の切込み量に影響を及ぼす。

これは振動系における時間遅れのバネに相当し，負の減衰として作用する場合がある。したがって，条件によっては，時間の経過とともに振動が発達する。

（a） 近似モデル図〔図11.2（a）〕 砥石台は質量 m，バネ K_m，減衰器 c からなる2次系とする。砥石に対向した工作物はバネ K_w をもって結合されている。ここに K_w は研削剛性である。砥石が $X(t)$ だけ変位すれば，工作物は $m\ddot{X}+c\dot{X}+K_mX$ なる力で押し付けられる。これに伴い，$a=(m\ddot{X}+c\dot{X}+K_mX)/K_w$ だけ工作物表面が除去される。

（b） 切込みの再生効果〔図11.2（b）〕 工作物は $ψ=2πn_wt$ なる速度で回転している。$r(ψ)$ を砥石接点における工作物半径とすれば，切込み量 $a(t)$ は

$$a(t)=X(t)+r(ψ-2π)+r(ψ-ψ_2)$$

となる。ここに，$ε'=0,\ 1-ε=1$ とする。砥石台の運動方程式は

$$m\ddot{X}(t)+c\dot{X}(t)+K_mX(t)+K_w\{X(t)+r(t-τ_1)+r(t-τ_2)\}=0$$

$$τ_1=\frac{1}{nn_w},\quad τ_2=\frac{nγ}{2π}τ_1$$

と書くことができる。式は $τ_1,τ_2\,[\mathrm{s}]$ なる時間遅れを含んでいる。

振動系の挙動は nn_w および $nγ/2π$ に依存することが予想される。

11. 心なし研削におけるびびり振動

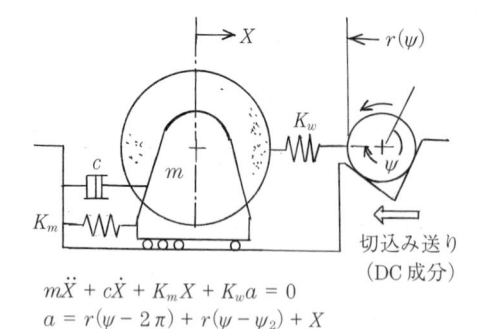

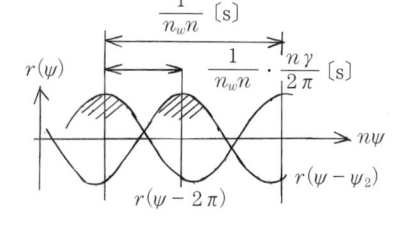

(a) 近似モデル

$$m\ddot{X} + c\dot{X} + K_m X + K_w a = 0$$
$$a = r(\psi - 2\pi) + r(\psi - \psi_2) + X$$

(b) 切込み a の再生効果 ($\varepsilon' \equiv 0$, $1-\varepsilon \equiv 1$)

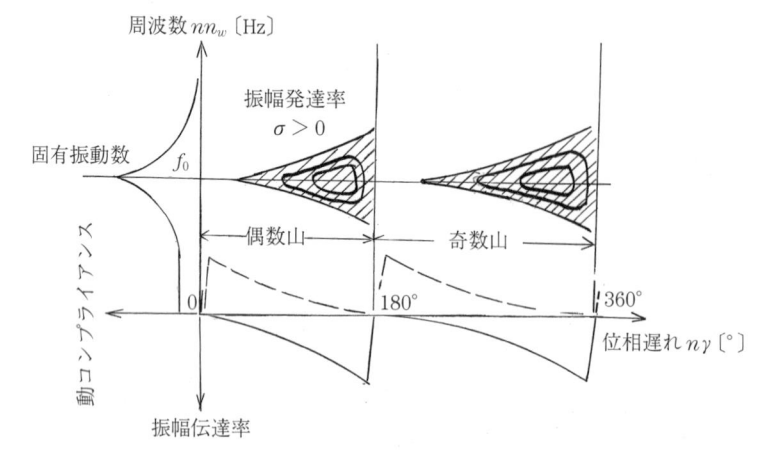

(c) うねり振幅の発達

図 11.2 自励びびり振動 — 定性的な見通し —

(c) うねり振幅の発達〔図 11.3 (c)〕 縦軸は切込み変動周波数 nn_w を示し，横軸はうねり 1 山についての位相遅れ $(n\gamma/2\pi)2\pi$ を表すものとする。両者の関数としてうねり振幅の発達を考える。

縦軸に加振周波数 nn_w〔Hz〕の関数として加工系の動コンプライアンスを記入する。横軸には位相遅れ $n\gamma$ の関数として切込み変動の伝達率を記入する。なお，偶数（奇数）山について，$n\gamma = \pi(2\pi)$ を境にして伝達率の位相が反転するため以降は点線で示した。

うねり振幅は，これらの積，（縦軸）×（横軸）の値に比例して発達するものと考えてみる。

(i) nn_w の値が f_0〔Hz〕に近づく。

→ 動コンプライアンスが大きくなり，加工系は振動しやすい。f_0〔Hz〕に近い振動成分が大きくなる。

(ii) $n\gamma$ の値が 180° に近づく。

→ 偶数山うねりの伝達率が大きくなり，これが発生しやすい。

(iii) $n\gamma$ の値が 360° に近づく。

→ 奇数山うねりの伝達率が大きくなり，これが発生しやすい。

これらの場合，n 山うねりが発達しやすいものと予想される。積＝(縦軸)×(横軸) の値を等高線として表示すれば，図のハッチング部のような傾向を予測することができる。

11.3 びびり振動の力学的解析手法

(a) 工作物再生びびり振動のブロック線図（$\varepsilon' \equiv 0$, $1-\varepsilon \equiv 0$ とする）(図 11.3)　心なし研削系においては

(i) 切込み量＝(テーブル位置−弾性変位量)×{再生関数 $(1-e^{-2\pi S})/(1+e^{-\psi_2 S})$}

(ii) 研削力＝(切込み量)×(研削剛性 K_w)

(iii) 弾性変位＝(研削力)×{研削系の無次元コンプライアンス $K_m/K_{ct}+G_m(S)$}

なる関係がある。これから，切込みテーブル位置 "u" と研削力 "F_n" の関係としてブロッ

工作物再生びびり振動のブロック線図
($-\varepsilon' \equiv 0$, $1-\varepsilon \equiv 1$)

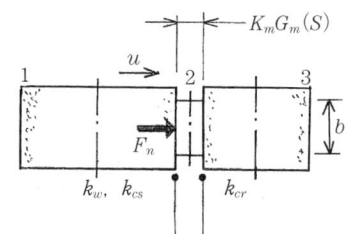

1　研削砥石　　b：研削幅
2　工作物　　　γ：心高角（$\psi_2 = \pi - \gamma$）
3　調整車　　　n_w：工作物回転数
4　支持ブレード
k_w：単位幅当り研削剛性
k_{cr}：同　調整車との接触剛性
k_{cs}：同　研削砥石との接触剛性
K_{ct}：当価接触剛性

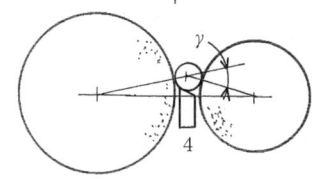

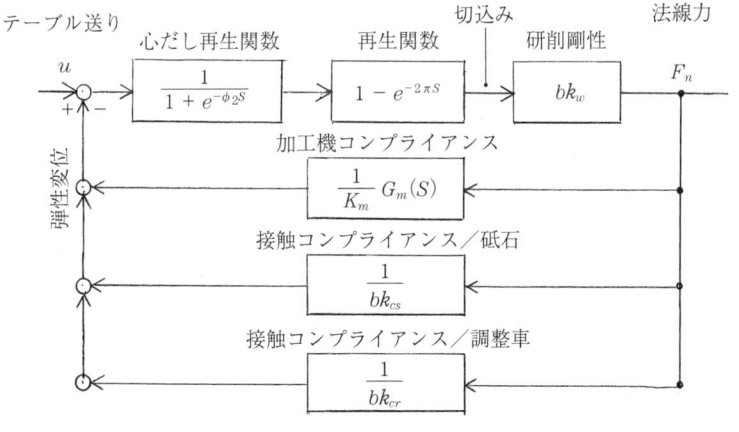

工作物再生びびり振動ループの特性方程式

$$-\frac{K_m}{K_w}\frac{1+e^{-\phi_2 S}}{1-e^{-2\pi S}}$$
$$=\frac{K_m}{K_{ct}}+G_m(S)$$
$$K_w \equiv bk_w,$$
$$\frac{1}{K_{ct}}=\frac{1}{bk_{cs}}+\frac{1}{bk_{cr}}$$

S：ラプラス演算子
$S = \sigma + jn$
σ：振幅発達率
n：うねり山数

図 11.3　びびり振動の力学的解析手法

ク線図にまとめる。

S はラプラス演算子であるが，うねり形状との関連を明確化するため，工作物の回転角 $\psi=2\pi n_w t$（n_w：工作物回転数）を時間軸としてラプラス変換する。

（b）特性方程式（インパルス応答の分母）　自動制御における安定判別の手法により研削系の安定性を調べる。系の特性方程式は

$$-\frac{K_m}{K_w}\frac{1+e^{-\psi_2 S}}{1-e^{-2\pi S}}=\frac{K_m}{K_{ct}}+G_m(S)$$

$$（左辺）\equiv -\frac{1}{f(S)}\quad（無次元再生関数）$$

$$（右辺）\equiv g(S)\quad（無次元コンプライアンス）$$

$$K_w\equiv bk_w,\quad \frac{1}{K_{ct}}\equiv\frac{1}{bk_{cs}}+\frac{1}{bk_{cr}}$$

特性方程式の根を $S=\sigma+jn$ とおけば

$\sigma=$振幅発達率，　$n=$うねり山数

となる。$\sigma>0$ ならば振動が発散する（不安定）。

（c）特性根の求め方　コンプライアンス $G_m(S)$ は角振動数 $\omega=2\pi nn_w$ の関数である。$f=nn_w$ の関数として $G_m(S)$ 曲線が確定する。$S=\sigma+jn$ とし，無次元コンプライアンス $g(S)=K_m/K_{ct}+G_m(S)$ を S 平面上に作図する。
各 $\sigma+jn$ の値に対応して無次元再生関数

$$-\frac{1}{f(S)}=-\frac{K_m}{K_w}\frac{1+e^{-\psi_2 S}}{1-e^{-2\pi S}}$$

を S 平面上に作図する。

ある (σ, n) の組合せに対して両曲線が合致すれば，その値が特性根である。

11.4　ベクトル軌跡によるびびり振動の安定判別

ベクトル軌跡によるびびり振動の安定判別を図 11.4 に示す。

（a）ベクトル軌跡　$G_m(S)$ は固有振動数 f_0〔Hz〕，減衰率 ζ とする 2 次系とする。無次元コンプライアンス $g(S)$ は，点 $(1+K_m/K_{ct}, j0)$ を起点とする半径 $1/4\zeta$ の円であり，S 平面上の第 4 象限に存在する。n_w の値を設定すれば，$g(S)$ 曲線上において各 n の値に対応した点の位置が確定する。

なお，σ を $\pm 1\sim 0$ と変えても $g(S)$ 曲線はほとんど変化しない。

無次元再生関数 $-1/f(0+jn)$ は，点 $(-K_m/K_w, j0)$ を起点とし，n の偶数，奇数に依存した 2 組の直線群となる。群を構成する直線は n の値が 2 だけ増加するごとに，点

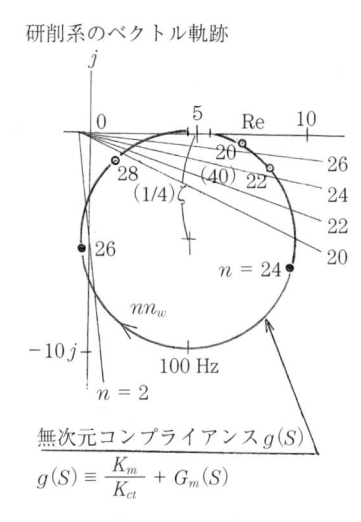

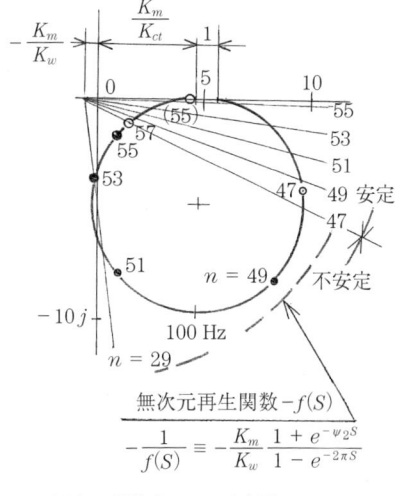

11.4 ベクトル軌跡によるびびり振動の安定判別　133

研削系のベクトル軌跡

(ⅰ) 偶数山 $n_w = 4 (2)$ rps
　　$n = 24, 26, \cdots$ 不安定（安定）

(ⅱ) 奇数山 $n_w = 4 (2)$ rps
　　$n = 49 \sim 55, \cdots$ 不安定（安定）

無次元コンプライアンス $g(S)$

$$g(S) \equiv \frac{K_m}{K_{ct}} + G_m(S)$$

無次元再生関数 $-f(S)$

$$-\frac{1}{f(S)} = -\frac{K_m}{K_w} \frac{1+e^{-\psi_2 S}}{1-e^{-2\pi S}}$$

　　セットアップ　　　：$\gamma \equiv 6.5°$, $b \equiv 5$ cm
　　コンプライアンス[*]：$K_m \equiv 60$ N/μm, $f_0 \equiv 100$ Hz, $\zeta \equiv 0.05$
　　研削特性　　　　　：$k_w \equiv 20$ N/(cm・μm), $k_{cs} \equiv 20$ N/(cm・μm),
　　　　　　　　　　　　$k_{cr} \equiv 3$ N/(cm・μm)
[*] … HG-1 形機/日進機械

図11.4 ベクトル軌跡によるびびり振動の安定判別

$(-K_m/K_w, j0)$ を中心として，傾き $3\pi/2$（$n=$ 偶数のとき）または $\pi+\gamma/2$（$n=$ 奇数のとき）から始まり角 $\gamma°$ ずつ反時計方向に回転していく．

設定心高 γ に応じて，うねり山数 n に対応したベクトル軌跡が描かれる．各 n について $g(S)$ との交点が $\sigma=0$ の場合の特性根となる．したがって，安定限界は γ と n および n_w に依存する．

$-1/f(0+jn)$ が第4象限に存在し，$\sigma>0$ の場合，$-1/f(\sigma+jn)$ は点 $(-K_m/K_w, j0)$ において直線 $-1/f(0+jn)$ に反時計まわり側から接する円群となる．各円の半径は σ の値に対応して定まる．

$\sigma<0$ のとき円群は時計まわり側から接する．なお，$-1/f(0+jn)$ が第1象限に存在すれば，$\sigma>0$ とする円群は時計まわり側から接する．

(b) 安定判別　これを実際の場合に当てはめ安定性を検討する．動コンプライアンス

　　$K_m = 60$ N/μm,　$f_0 = 100$ Hz,　$\zeta = 0.05$

なる心なし研削盤（HG-1/日進機械）を適用する．

セットアップ条件は

　　心高角 $\gamma \equiv 6.5°$,　工作物回転数 $n_w \equiv 4(2)$ rps；　研削幅 $b \equiv 5$ cm

とする．研削に関する諸特性値は

$k_w=20$ N/(cm・μm), $k_{cs}=20$ N/(cm・μm), $k_{cr}=3$ N/(cm・μm)

と典型的な値を用いる。

（i）偶数山　　以上の数値を用いて両ベクトル軌跡を描く。$n=2\sim26$ とするベクトル $-1/f(0+jn)$ が第4象限に入る。$g(S)$ 上の $n=2\sim26$ 対応点との位置関係を調べる。

例えば $n_w=4$, $n=24$ とするとき点 $g(\sigma+j24)$ は，直線 $-1/f(0+j24)$ の反時計まわり側に位置している。反時計まわり側には $\sigma>0$ とする円群 $-1/f(\sigma+j24)$ が存在し，点 $g(\sigma+j24)$ はいずれかの円と交わることになる。

すなわち，$g(S)$ 上の点が，第4象限に存在する直線 $-1/f(0+jn)$ の反時計（時計）まわり側に位置すれば，$\sigma>0(\sigma<0)$ となり不安定（安定）である。不安定であれば，時間とともに $f=nn_w$〔Hz〕の振動が発達し n 山うねりが成長していく。

$n_w=4$ とするとき $n=24, 26$ が不安定領域に入る。$n=22, 20$, …などは安定領域側に位置している。なお，$n=28$ 点は $-1/f(0+j28)$ が第1象限に入るため $\sigma<0$ となり安定である。

$n_w=2$ rps と工作物回転数を変更すれば，$g(S)$ 上に表示した n の値が2倍となる。$g(\sigma+j(2\sim26))$ 点はいずれも $-1/f(S)$ の時計まわり側に位置し安定化する。

（ii）奇数山　　$n_w=2$ rps とする。$n=29\sim55$ とするベクトル $-1/f(0+jn)$ が第4象限に入る。$g(S)$ 上の $n=29\sim55$ 対応点との位置関係を調べる。$n=49, 51, 53, 55$ が不安定領域に入る。$n=47, 45$, …などは，安定領域側に位置している。なお，$n=57$ 点は $-1/f(0+j57)$ が第1象限に入るため $\sigma<0$ となり安定である。

$n_w=4$ rps と変更すれば，$g(S)$ 上に表示した n の値が1/2倍となる。$g(\sigma+j(29\sim55))$ 点はいずれも $-1/f(S)$ の時計まわり側に移動し安定化する。これらの条件下においては

　　$n_w\equiv4$ rps のとき：偶数山 $n=24, 26$ が不安定

　　$n_w\equiv2$ rps のとき：奇数山 $n=49, 51, 53, 55$ が不安定

という結果が得られた。$n_w\equiv3$ rps と設定すれば偶数山，奇数山とも安定化する。なお，小径工作物においては $n=49, 51, 53, 55$ 山などの細かなびびり山は発生しにくい。調整車接触部の弾性変形により再生心出し効果が減少するためである。

11.5　振幅発達率

（a）振幅発達率の求め方　　工作物回転数 n_w を定めれば，ベクトル $g(S)$ 上において，びびり山数 n に対応する点 P_n の位置が定まる。心高角 $\equiv\gamma$，びびり山数 $\equiv n$ とするとき，ある振幅発達率 σ を有するベクトル $-1/f(\sigma+jn)$ は点 P_n において $g(S)$ と交わる。

この関係に基づき，ある n_w, n, γ の組合せに対して振幅発達率 σ の値を求めることがで

きる．すなわち，びびり振動の不安定領域を判別することができ，これは安定判別線図と呼ばれる．

（b）　安定判別線図　　動コンプライアンスおよび研削に関する諸特性値は前節の値を適用する．手順の詳細は省略するが，偶数びびり山に関して，振幅発達率 σ の値を求める．

$\sigma \geqq 0$ の範囲（不安定領域）を σ の等高線として**図 11.5** に示す．なお，これらの図はパソコン黎明期において自作 PC により計算した結果である．等高線の外側部分は安定領域（$\sigma<0$）である．横軸は積 $n\gamma$〔°〕（位相遅れ）を示し，縦軸は積 nn_w〔Hz〕である．これは，横軸はベクトル $-1/f(S)$ を指定し，縦軸は $g(S)$ 上の特性根位置を指定することに由来している．

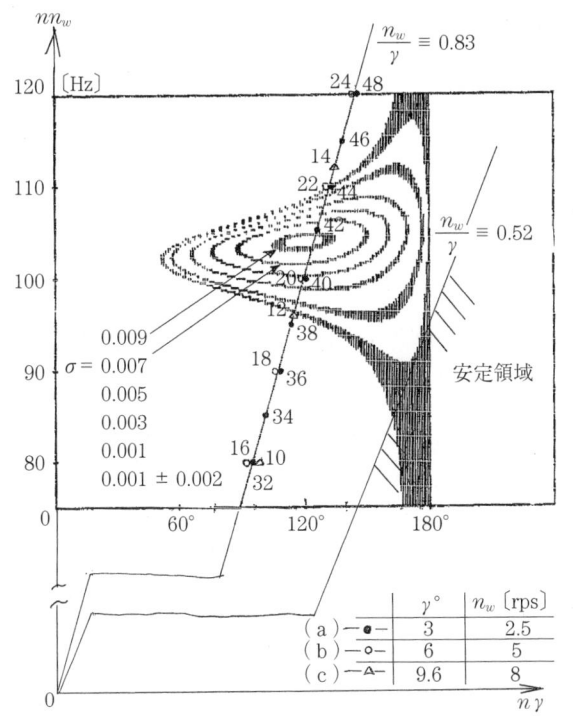

(*) 振幅発達率 σ〔/rad〕（$\geqq 0$）の値
  （a）　0.005（40 山），0.009（42 山），0.000（44 山）
  （b）　0.005（20 山），0.000（22 山）
  （c）　0.000（12 山）

(*) $n_w/\gamma < 0.52$ とすれば安定領域に入り，いずれの n 山も発生しない．
  （a）　$n_w < 1.6$ rps
  （b）　$n_w < 3.1$ rps
  （c）　$n_w < 5.0$ rps

	$\gamma °$	n_w〔rps〕
（a）—●—	3	2.5
（b）—○—	6	5
（c）—△—	9.6	8

図 11.5　振幅発達率 σ と傾き n_w/γ

σ の値は工作物回転角 1 ラジアンについての振幅発達率であり，初期振幅を A_0 とするとき，t〔s〕後の振幅 A は，$A = A_0 \exp(2\pi n_w t \sigma)$ と書くことができる．

（i）　特性根の配置　　原点を通る直線は $n_w/\gamma =$ 一定を意味する．直線が不安定領域（$\sigma \geqq 0$）を通過するよう $n_w/\gamma \equiv 5/6$ としてみる．

$(n_w, \gamma °)$ の組合せを（a）$(2.5, 3°)$，（b）$(5, 6°)$，（c）$(8, 9.6°)$ とするとき，各 n に対応する点（特性根）の位置が直線上に確定する，それぞれの n に対応する振幅発達率 σ の値は，

（a） $(n, \sigma) = (40, 0.005), (42, 0.009), (44, 0.000)$ 〔$n = \sim 38, 46 \sim$ は $\sigma < 0$ (安定)〕

（b） $(n, \sigma) = (20, 0.005), (22, 0.000)$ 〔$n = \sim 18, 24 \sim$ は $\sigma < 0$ (安定)〕

（c） $(n, \sigma) = (12, 0.000)$ 〔$n = \sim 10, 14 \sim$ は $\sigma < 0$ (安定)〕

となっている。なお、これらのセットアップ条件の下で発生しやすいびびり振動におけるうねりの山数 n は、10.7 節に説明した固有ひずみ円の山数 n_e より小さな値になっていることに注意を要する。

（ⅱ） 傾き n_w/γ としての安定領域判別　　直線の傾きを $n_w/\gamma \leqq 0.52$ とすれば不安定領域と交わらない。すなわち

$\gamma \equiv 3° \rightarrow n_w < 1.6\,\text{rps}, \quad \gamma \equiv 6° \rightarrow n_w < 3.1\,\text{rps}, \quad \gamma \equiv 9.6° \rightarrow n_w < 5.0\,\text{rps}$

と設定すれば、いずれの n 山びびりも発生しない。

また、工作物回転数を高く設定し、直線の傾きを $n_w/\gamma \geqq 1.82$ とすれば不安定領域と交わることはない。このように n_w/γ の値から不安定領域、安定領域を知ることができる。

11.6　実質心高とびびり振動 ── スルフィード研削の場合 ──

（a）　スルフィード研削の特徴　　図 11.3 におけるブロック線図はプランジ研削を表している。しかしながら、これから得られた結果は、経験的に、スルフィード研削にも適用できる。

安定判別線図 (図 11.5) において不安定領域を通過するように n_w, γ の組合せを設定する。

その条件の下にスルフィード研削を行えば、判別線図の予想する n 山びびりが発生する。ここに γ は「設定」心高角である。

スルフィード研削において、砥石幅 $= T$、工作物長さ $= L$、通し速度 $= f_t$ とする。工作物は、$(2L + T)/f_t$ 〔s〕後には両砥石間から排出され研削は終了する。通常、工作物は連続的に供給される。すでに排出された工作物（過去の工作物）が振動を誘起すれば、この振動はつぎに研削中の工作物（現在の工作物）の切込み変動として連続的に継承される。

スルフィード研削においては、

（ⅰ）　入口部にはつねに新鮮素材が供給され続ける（→ 安定化に寄与か），

（ⅱ）　実質心高角が砥石幅に沿って変化する，

（ⅲ）　通し速度 f_t の σ に及ぼす影響，

などの点がプランジ研削と異なり、研削系のブロック線図は複雑化する。スルフィード研削に関する解析的研究は今後の課題である。

（b）　実質心高の影響（図 11.6）　　砥石幅 $T \equiv 200$、送り角 $A \equiv 2°$、設定心高角 $\gamma \equiv 7°$ とするとき。実質心高角は、$\gamma_f = 5.4°$（入口部）$\sim \gamma_r = 8.6°$（出口部）へと変化していく。安

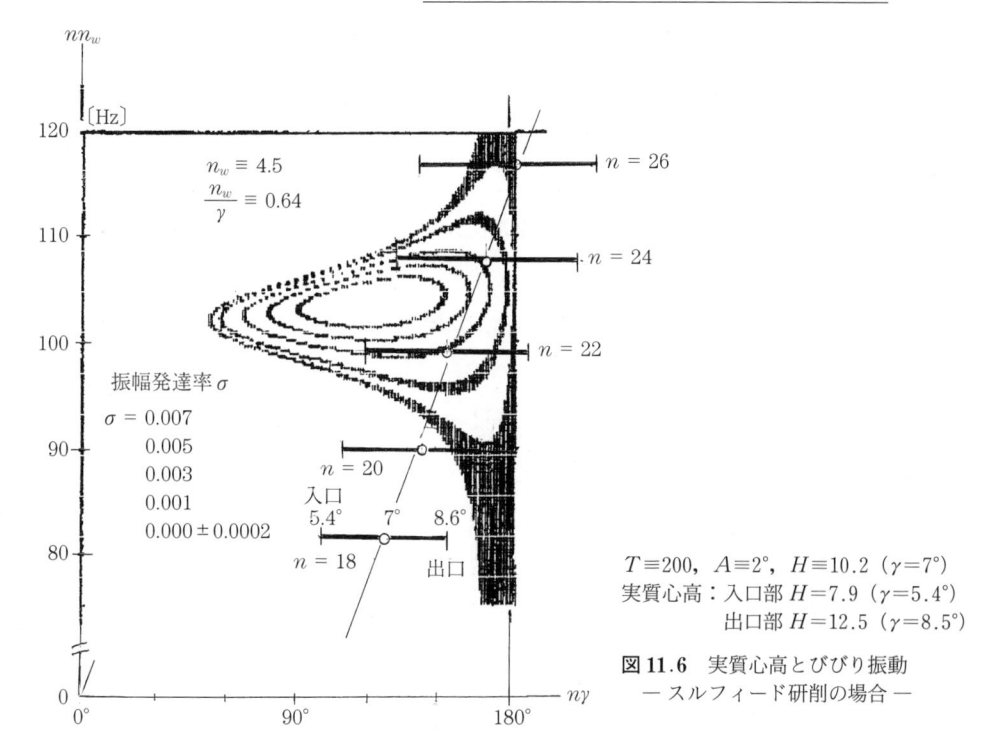

図 11.6 実質心高とびびり振動
― スルフィード研削の場合 ―

定判別線図（図 11.5）を用いてこの影響を検討する．ここに工作物長さは砥石幅と比べ短いものとする．

$n_w \equiv 4.5$ rps とする．$n_w/\gamma = 0.64$ 直線を描く．直線上に特性根 $n = 18, 20, \cdots, 26$ の配置が定まる．$n = 22, 24$ が不安定となる．それぞれの特性根に，$\gamma = 5.4 \sim 8.6°$ なる範囲を有する $n\gamma$ を書き加える．$n = 22, 24$ とも入口側において σ 等高線のピークに近づく．$\gamma =$（一定）とした場合と比較して，さらに，びびり振動が成長しやすいことを示している．

11.7　一般化したびびり振動安定判別線図

$K_m = 60$ N/μm,　$f_{01} = 100$ Hz,　$f_{02} = 200$ Hz,　$\zeta = 0.05$

と二つの固有振動数を有する心なし研削盤について，一般化したびびり振動安定判別線図を求める．研削に関する諸特性値は

$k_w = 20$ N/(cm・μm),　$k_{cs} = 20$ N/(cm・μm),　$k_{cr} = 3$ N/(cm・μm);　$b \equiv 5$ cm

と一般的な値を用いる．

前項において，

（ i ）　固有振動数 $f_{01} = 100$ Hz, $n\gamma = 0 \sim 180°$ とする偶数山びびり振動について説明した．同様にして，

11. 心なし研削におけるびびり振動

(ii) 固有振動数 $f_{01}=100$ Hz, $n\gamma=180$〜$360°$ とする奇数山

(iii) 固有振動数 $f_{02}=200$ Hz, $n\gamma=0$〜$180°$ とする偶数山

(iv) 固有振動数 $f_{02}=200$ Hz, $n\gamma=180$〜$360°$ とする奇数山

における, びびり振動安定判別線図を求めることができる。$n\gamma=0$〜$180°$ においては偶数山びびりが発生し $n\gamma=180$〜$360°$ においては奇数山が発生する。

図 11.7 は振幅発達率 σ の値を求めたものであり, $\sigma\geqq0$ の範囲（不安定領域）を σ の等高線として表示している。等高線の外側部分は, 安定領域 ($\sigma<0$) である。

横軸は積 $n\gamma°$（セットアップ条件）を示し, 縦軸は積 nn_w 〔Hz〕（角振動数）である。σ の値は工作物回転角 1 ラジアンについての振幅発達率である。

原点から傾きを n_w/γ とする直線を描く。直線が $\sigma\geqq0$ の範囲（不安定領域）を通過しな

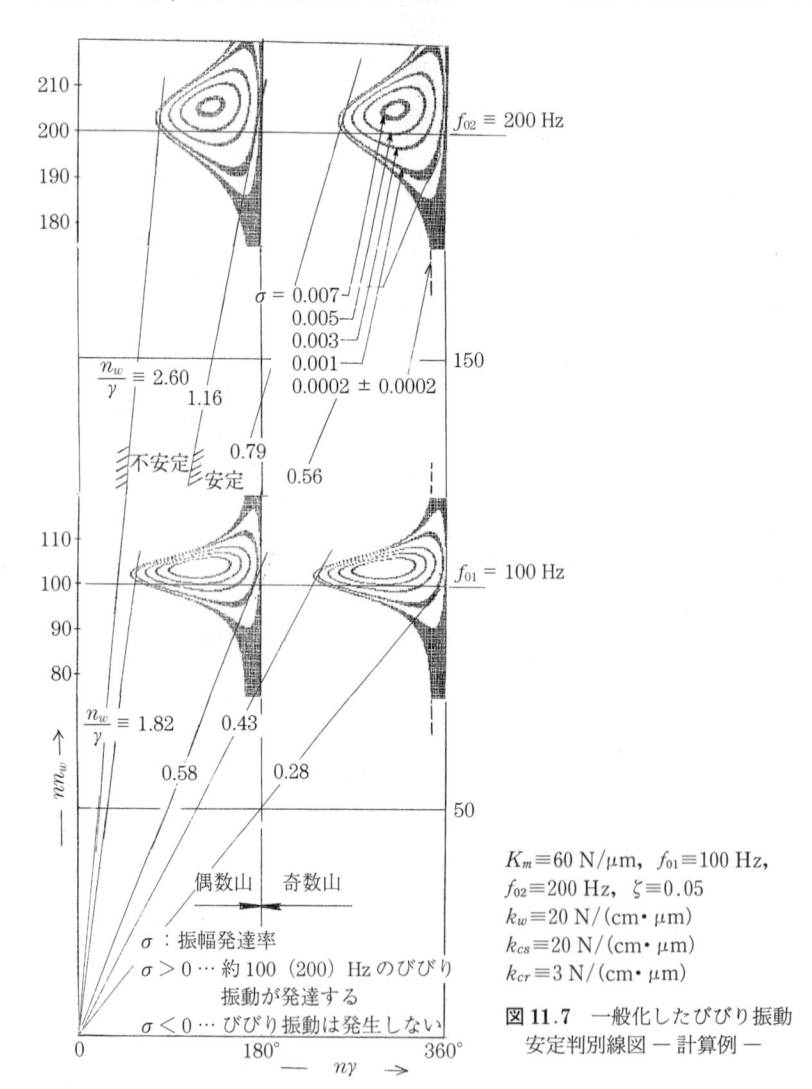

$K_m\equiv60$ N/μm, $f_{01}\equiv100$ Hz, $f_{02}\equiv200$ Hz, $\zeta\equiv0.05$
$k_w\equiv20$ N/(cm・μm)
$k_{cs}\equiv20$ N/(cm・μm)
$k_{cr}\equiv3$ N/(cm・μm)

図 11.7 一般化したびびり振動安定判別線図 — 計算例 —

ければ系は安定である。このセットアップ条件（n_w, γ）の下ではいかなる n 山びびりも発生しない。図から傾き n_w/γ の安定範囲を求めれば，

（ⅰ） $f_{01}1=100$ Hz，偶数山

$n_w/\gamma<0.58$ または $n_w/\gamma>1.82$

（ⅱ） $f_{01}=100$ Hz，奇数山

$n_w/\gamma<0.28$ または $n_w/\gamma>0.43$

（ⅲ） $f_{02}=200$ Hz，偶数山

$n_w/\gamma<1.16$ または $n_w/\gamma>2.60$

（ⅳ） $f_{02}=200$ Hz，奇数山

$n_w/\gamma<0.56$ または $n_w/\gamma>0.79$

となる。ある設定値 γ の下でびびり振動の発生した場合，工作物回転数 n_w を，

約 1/2 以下 … 低速安定領域

約 2 倍以上 … 高速安定領域

と変更すれば，「びびり振動の発生を避ける」ことができる。

$\gamma \equiv 6°$ と実用的なセットアップ条件を想定し，各 $\sigma \geqq 0$ 等高線においてピーク近くのびびり山数の値を検討してみる。

（ⅰ） $f_{01}=100$ Hz，偶数山

$n_w/\gamma \equiv 1.20$ → $n_w \equiv 7.2$，　$nn_w=104$ → $n=14.4$ → $n=14, 16, 18$

（ⅱ） $f_{01}=100$ Hz，奇数山

$n_w/\gamma \equiv 0.36$ → $n_w \equiv 2.2$，　$nn_w=104$ → $n=47.2$ → $n=47, 49, 51$

（ⅲ） $f_{02}=200$ Hz，偶数山

$n_w/\gamma \equiv 1.88$ → $n_w \equiv 11.3$，　$nn_w=206$ → $n=18.2$ → $n=18, 20, 22$

（ⅳ） $f_{02}=200$ Hz，奇数山

$n_w/\gamma \equiv 0.35$ → $n_w \equiv 2.1$，　$nn_w=206$ → $n=95.2$ → $n=95, 97, 99$

これから，$\gamma \equiv 6°$ においては，

（ⅰ），（ⅱ） 偶数山 $n=14\sim22$ 山が不安定

→ $n_w<3.5$ または $n_w>15.6$ とすれば不安定領域と交差しない。100 Hz, 200 Hz とも安定化。

（ⅲ），（ⅳ） 奇数山 $n=47\sim51$, $95\sim99$ 山が不安定

→ $n_w<1.7$ または $n_w>4.7$ とすれば不安定領域と交差しない。100 Hz, 200 Hz ともびびりは安定化する。

ということができる。

11.8 研削系の安定化

研削盤の特性（動コンプライアンス）は与えられたものとして，以上にびびり振動の安定判別について述べた．つぎに，研削盤の特性とびびり振動の安定化との関係について説明する．図 11.8 は $\gamma \equiv 6.5°$ とした，前掲の「$f_0 = 100\,\text{Hz}$, 偶数山」におけるベクトル線図 $-1/f(S)$ および $g(S)$ である．

（a） $f_0 = 100\,\text{Hz}$, $n_w \equiv 4\,\text{rps}$〔図 11.8（a）〕　　$g(S)$ 上の $n = 24, 26$ 点が $-1/f(S)$ の反時計まわり側に位置し不安定である．

（b） $f_0 = 100\,\text{Hz}$, $n_w \equiv 2\,\text{rps}$〔図 11.8（b）〕　　$g(S)$ 上の $n = 24, 26$ 点は $g(S)$ の起点

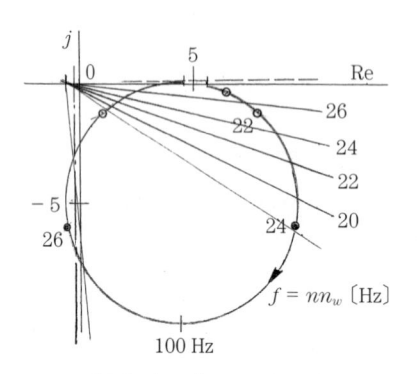

$G(S)$ 上の点 $n = 24, 26$ が $-f(jn)$ 直線の反時計まわり側に位置して不安定

（a）　$f_0 = 100\,\text{Hz}$, $n_w = 4\,\text{rps}$（前掲図）

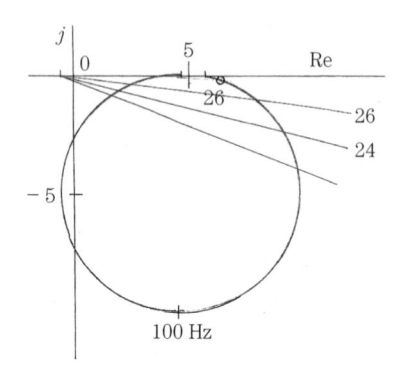

$G(S)$ 上の点 $n = 24, 26$ は起点近くに移動し $-f(jn)$ 直線の時計まわり側で安定化

（b）　$f_0 = 100\,\text{Hz}$, $n_w = 2\,\text{rps}$

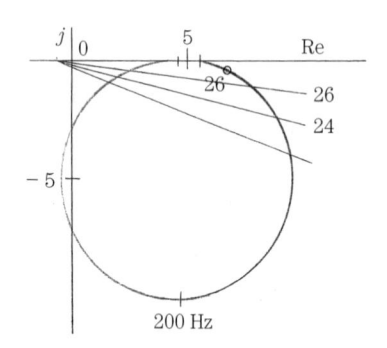

$G(S)$ 上の点 $n = 24, 26$ は起点近くに移動し $-f(jn)$ 直線の時計まわり側で安定化

（c）　$f_0 = 200\,\text{Hz}$, $n_w = 4\,\text{rps}$

図 11.8　研削系の安定化（$\gamma \equiv 6.5°$, 他のパラメータは前掲図による）

11.8 研削系の安定化

近くに移動し $-1/f(S)$ の時計まわり側に位置する。安定となり，これらのびびり山は発生しない。

（c）　$f_0 \fallingdotseq 200\,\mathrm{Hz}$，$n_w \fallingdotseq 4\,\mathrm{rps}$〔図 11.8（c）〕　$g(S)$ 上の $n=24, 26$ 点は $g(S)$ の起点近くに移動し，$-1/f(S)$ の時計まわり側に位置し安定となる。

　　$f_0 = 200\,\mathrm{Hz}$ と固有振動数が高くなったため，（a）と比較して安定領域が広くなっている。

「びびり振動の発生しにくい心なし研削盤」とは，

（ⅰ）　最低次の固有振動数の値が高く，

（ⅱ）　その減衰能 ζ の値が大きい，

ことである。

ちなみに，$f_0 \fallingdotseq 400\,\mathrm{Hz}$，$\zeta = 0.05$ とする心なし研削盤（UG-2000，日進機械）においては，実用的セットアップ条件の下では，びびり振動は発生しない。

〔円筒研削の場合〕　$-1/f(S) \equiv -1/f(0+jn)$ のベクトル軌跡は，$(-K_m/2K_w, j0)$ を通り，j 軸に平行な 1 本の直線〔図 11.8（a）における鎖線〕となる。これがベクトル軌跡 $g(S)$ と交差しないとき，研削系は安定である。なお，不安定な場合，回転数 n_w を調整しても安定化することはできない。安定領域を広げるための条件は，

（ⅰ）　直線を左側に動かす　　→　K_m 大，K_w 小

（ⅱ）　円を右側に動かす　　　→　K_m 大，K_{ct} 小

（ⅲ）　円の半径を小さくする　→　ζ 大

である。記号の定義に立ち返って表現すれば，「静剛性，減衰能の高い研削盤に，切れ味がよく（研削剛性小），柔らかい砥石（接触剛性小）を適用」すればびびり振動は発生しない。なお，心なし研削とは異なり，最低次固有振動数の値は，直接的にはびびり振動安定領域に影響を与えない。

〔心なし研削と円筒研削の差異〕　心なし研削におけるベクトル軌跡 $-1/f(S) - 1/f(0+jn)$ は，$(-K_m/K_w, j0)$ を通る直線群である。

（ⅰ）　$K_m \to$ 大，$K_w \to$ 小

（ⅱ）　$K_{ct} \to$ 小

としても，いずれかの $-1/f(0+jn)$ 軌跡が $g(S)$ 軌跡と交わってしまう。$n_e \fallingdotseq \pi/\gamma$，$n_o \fallingdotseq 2\pi/\gamma$ とする $-1/f(0+jn)$ 軌跡は正の実軸近くに位置するためである。したがって，円筒研削と異なり，これらの方策はびびり振動の抑制に直接的効果は与えないかのように考えられる。しかしながら，$g(S)$ と交わる $-1/f(S)$ の円弧半径が大きくなる。すなわち，振幅発達率 σ の値が 0 に近づくため，実用的にはびびり振動が発達しにくくなる。

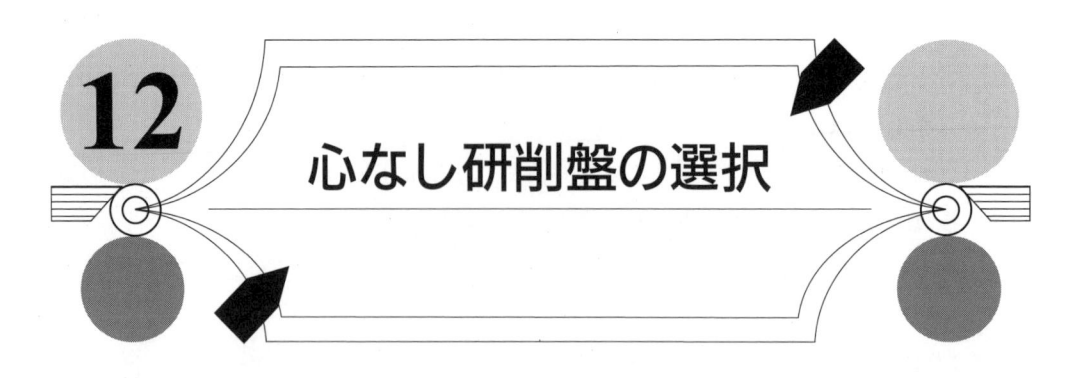

12 心なし研削盤の選択

　心なし研削盤は1920年代に欧米において市販が開始された。以来各国において各種の機種が開発され，その仕様は多岐にわたっている。
　多くの機種は，スルフィード研削のみならずインフィード研削にも適用できるように設計されている。新たに心なし研削盤を導入する場合の参考とするため，以下に心なし研削盤の選択基準について説明する。

12.1　心なし研削盤の基本構成

　（**a**）　**リジョッピング形**（Lidköping社など）〔図12.1（a）〕　ワークレストはベッドに固定されている。レストに対向して，その左右に研削砥石テーブル，調整車テーブルを配置する。これにより，レスト上のブレードと砥石あるいは調整車との間隔を調整する。図12.2に設備例を示す。
　切込み送り，寸法補正に際しては研削砥石側のテーブル（メインテーブル）を用いる。両砥石とも，両持支持スピンドル上に搭載されている。
　（ⅰ）　大ロット生産におけるスルフィード研削に適している。
　（ⅱ）　砥石直径が減少しても，研削点（ブレード）と供給排出装置との位置関係が変化しない。
　（ⅲ）　両ドレッサはベッド上で水平に配置され，高精度高剛性化設計に適している。
　（**b**）　**シンシナチ形**（Cincinnati社など）〔図12.1（b）〕　研削砥石スピンドルはベッドに固定されている。調整車側に上下2枚のスライドテーブルを備えている。下スライドがメインスライドテーブルであり，前端にワークレストが装着されている。図12.3に設備例を示す。
　上部スライドはサブテーブルであり，これに調整車ヘッドが搭載されている。下スライドにより，砥石とブレードの間隔を調整する。上スライドを用いて，調整車とブレードの間隔を調整する。
　（ⅰ）　汎用心なし研削盤である。大～中ロットのスルフィードおよびプランジ研削に適し

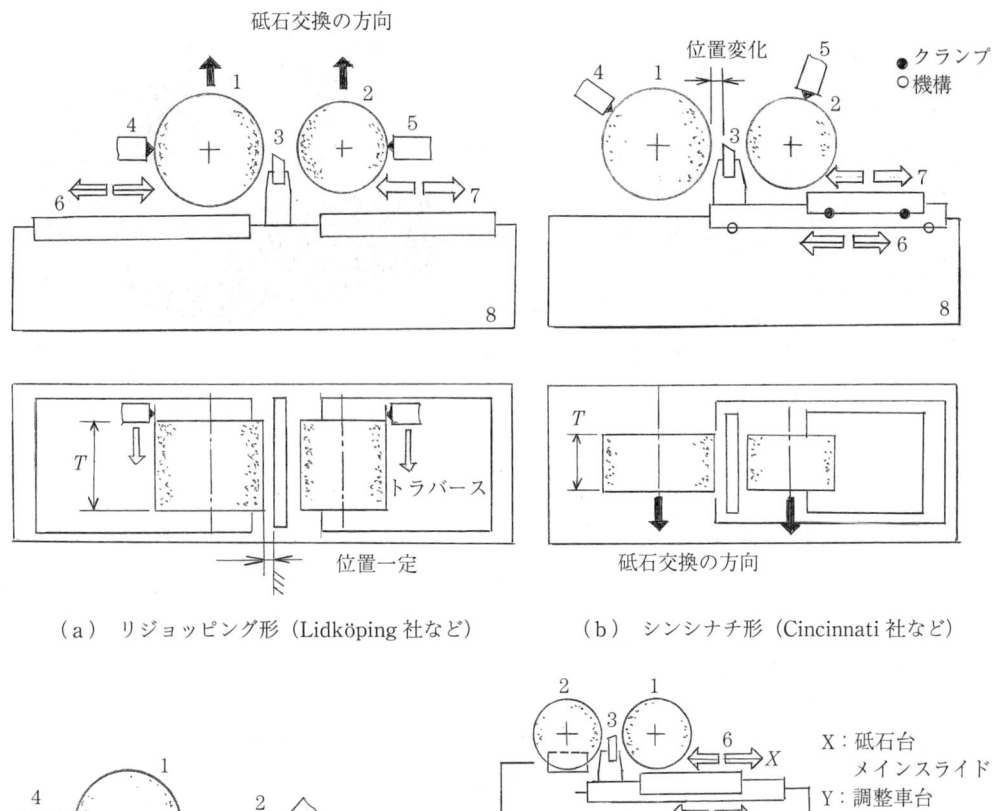

12.1 心なし研削盤の基本構成

(a) リジョッピング形 (Lidköping 社など)

(b) シンシナチ形 (Cincinnati 社など)

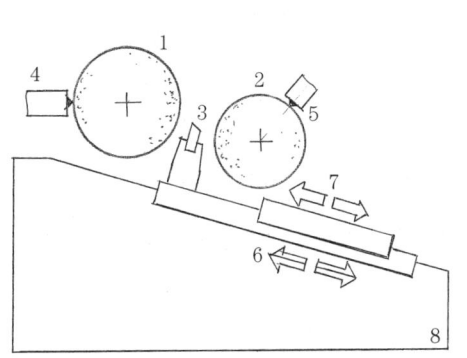

(c) 傾斜配置形 (Cincinnati 社など)

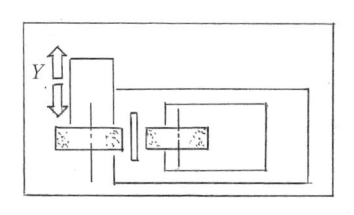

(d) X-Y テーブル形 (イマハシ社など)

1　研削砥石　　　5　調整車ドレッサ
2　調整車　　　　6　メインスライド（砥石-ブレード間隔の設定）
3　ブレード　　　7　サブスライド（調整車-ブレード間隔の設定）
4　砥石ドレッサ　8　ベッド

図 12.1　心なし研削盤の基本構成

ている。

(ⅱ) リジョッピング形と比較して，据付け面積が小さい。

(ⅲ) 砥石交換に際して砥石は操作面側から取り外す。砥石ガード上方の空間に供給排出装置を配置することができる。

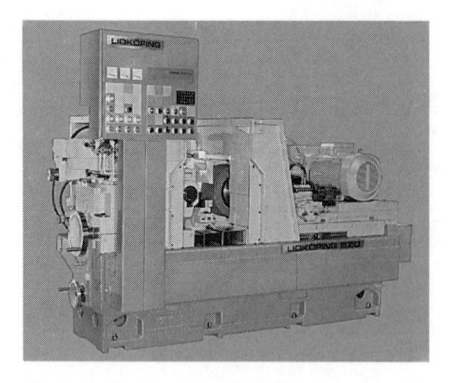

図 12.2 リジョッピング形機(Lidköping 社) 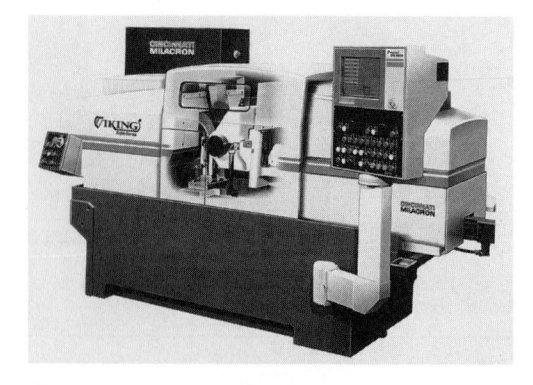   図 12.3 シンシナチ形機（Cincinnati Milacron 社）

［砥石幅 T の選択］

　プランジ研削：

　　工作物の所要研削長さに基づき決定する。

　スルフィード：

　　工作物の寸法形状，所要精度の与えられたとき，目標能率（通し回数，通し速度）との関連から選択する。

（c）**傾斜配置形**（Cincinnati 社など）〔図 12.1（c）〕　砥石，調整車は傾斜形ベッド上に配置されている。大形工作物のプランジ研削に適用される専用機である。砥石との接触以前から，工作物が自転するという特徴を有している。

（d）**X-Y テーブル形**（イマハシ社など）〔図 12.1（d）〕　砥石スピンドルは2枚スライド上に搭載されている。上スライド（X 軸/メインスライド）が切込み送り運動を行なう。調整車台はトラバーススライド（Y 軸）上に位置している。X-Y の2軸はサーボモータ駆動により NC 制御されている。

（ⅰ）　小径（$\phi 1$ 以下）工作物専用機である。Y 軸を備えているためセットアップの操作性が優れている。

（ⅱ）　調整車ドレッサは不要である。Y 軸を用いて研削修正することができる。

（ⅲ）　研削砥石としては主にダイヤモンド砥石を用いる。カートリッジスピンドルを機外の修正機に移しかえて砥石修正を行なう。

12.2　心なし研削盤によるショルダ研削

（a）**流し込み研削**〔図 12.4（a）〕　汎用機に砥石の側面ドレッサを追加すれば，流し込み研削方式が可能となる。重心がブレード上に位置するように工作物を装塡し，プランジ研削を開始する。定寸に達した時点でストッパを解放する。スルフィード研削が開始され

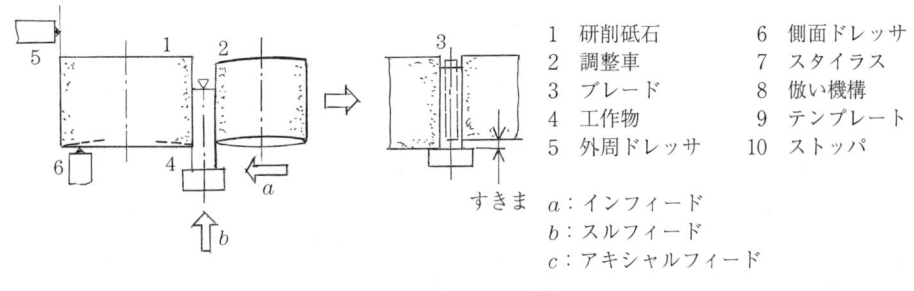

```
 1 研削砥石     6 側面ドレッサ
 2 調整車       7 スタイラス
 3 ブレード     8 倣い機構
 4 工作物       9 テンプレート
 5 外周ドレッサ 10 ストッパ

 a: インフィード
 b: スルフィード
 c: アキシャルフィード
```

(a) 流し込み研削

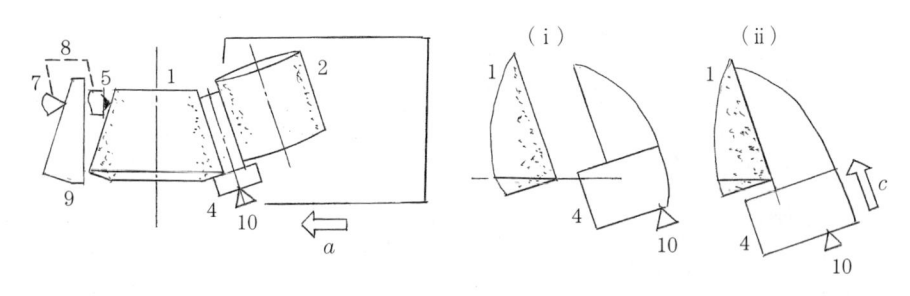

(b) アンギュラ研削

図 12.4　心なし研削盤によるショルダ研削

る。ショルダ部は送りの推力によって研削される。

なお，この方式によってはショルダ直角度の修正は期待できない。また，ショルダ位置の寸法を規制することもできない。

(b) アンギュラ研削〔図 12.4 (b)〕　汎用機を改造する。メインスライド上の調整車ヘッドを水平面内で傾けた状態に配置する。ロータリダイヤモンドドレッサなどを用いて研削砥石を円すい形に修正する。メインスライドの切込み送りにより外径とショルダ部が同時に研削される。工作物はストッパにより軸方向に位置決めされている。

(ⅰ)「ショルダ部の研削しろが過大」なため，ショルダが先に砥石と接触する。心なし研削は不能となる。

(ⅱ) ストッパに「アキシャルフィード機構」を付加しておく。工作物装塡時にはストッパを後退位置に保ち，外径研削の開始後，軸方向に送りを与えショルダ部との同時加工を開始する。

12.3　両持か，片持か？

心なし研削盤における両砥石スピンドルの構成として，両持支持，片持支持の双方が適用されている。明確な適用区分は存在しないが，一般の設計は，

砥石幅 250 以上：両持支持

砥石幅 200 以下：両持支持または片持支持

となっている。また，これらをその用途から分類すれば，両持支持はスルフィード研削に適用され，プランジ研削には片持研削砥石が用いられている。スピンドル剛性という観点からすれば，いずれにおいても，両持支持構造が望ましい。実用的には，砥石交換との関連が選択に際しての大きな課題となる。図 12.5 に両持スピンドルを示す。

図 12.5　両持スピンドル（Lidköping 社）

（a）　両持スピンドル〔図 12.6（a）〕　砥石ガード，軸受ハウジング固定キャップおよびプーリー軸連結カップリングを取り外す。砥石スピンドルを上方に持ち上げ機外に移動の後，砥石交換専用スタンドに収める。砥石スピンドルの重量は数 100 kg にも達し，交換作業には天井走行クレーンが必要となる。図 12.7 に両持ちスピンドルの砥石交換の様子を示す。

（ⅰ）　砥石交換作業および機上バランスとりに長時間（約半日）を要する。

（ⅱ）　砥石上方の空間に工作物供給排出装置を設置することができない。

（ⅲ）　設備のイニシャルコストが高い。

（b）　片持スピンドル〔図 12.6（b）〕　砥石ガードの側板を取り外す。砥石フランジ締め付けナットを外す。テーパ抜きを用いてテーパを緩める。フランジに砥石吊り具を装着する。砥石アッセンブリを前面側に抜き，機外に移動する。図 12.8 に片持ちスピンドルの砥石交換の様子を示す。

（ⅰ）　交換作業には，ジブクレーン，移動形ホイストを利用することができる。

（ⅱ）　砥石上方の空間に供給排出装置を設置する場合が多い。

量産プランジ研削においては砥石交換の便利のため，研削砥石は片持支持とすることが望ましい。調整車は交換寿命が長いため，両持支持とすることができる。

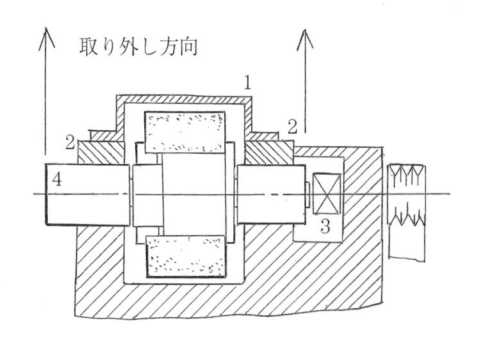

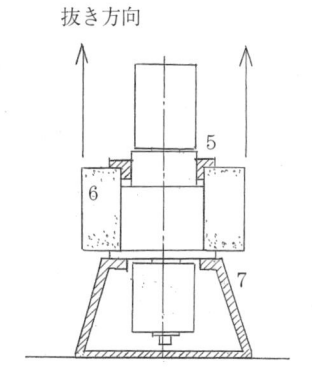

12.3 両持か，片持か？

(a) 両持スピンドル

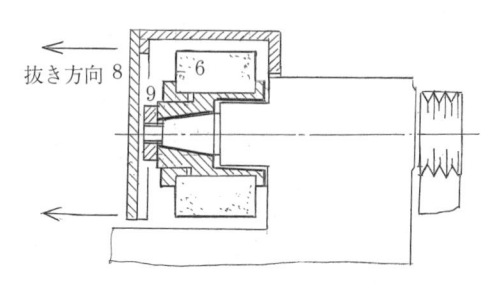

(b) 片持スピンドル

図12.6 両持か，片持か？（砥石交換との関連）

1 砥石ガード
2 軸受ハウジング（固定キャップ）
3 カップリング
4 砥石スピンドルアセンブリ
5 押さえフランジ
6 研削砥石
7 砥石交換スタンド
8 砥石ガード側板
9 フランジ締め付けナット

図12.7 両持スピンドルの砥石交換
（Cincinnati 社による）

図12.8 片持スピンドルの砥石交換
（Cincinnati 社による）

12.4 砥石修正装置（ドレッサ）の選択

（a） テンプレート倣い〔図12.9（a）〕 プランジ研削においては，工作物形状に対応した総形砥石が必要となる。スルフィード研削においても「砥石あたり」設定のためプロファイル砥石が要求される。このため，多くの機種においては標準仕様として，テンプレート倣い機構を備えている。

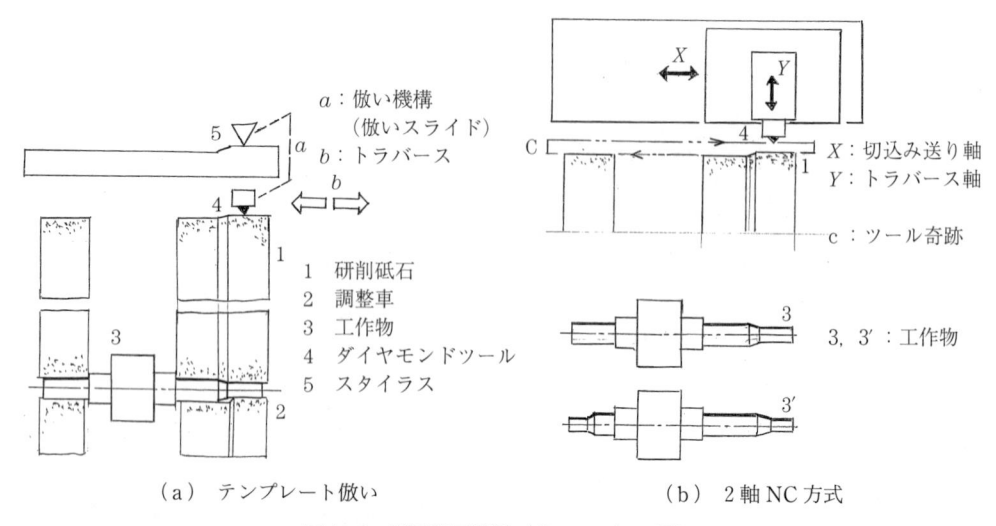

図12.9 砥石修正装置（ドレッサ）の選択

修正装置のトラバーステーブル上に，これと直交した倣いテーブルを配置する。ダイヤモンドツールが砥石幅に沿ってトラバースするとき，ダイヤモンドツールにはテンプレート形状に追随した切込みが与えられる。

（ⅰ） テンプレートは工作物の品番専用となる。
（ⅱ） テンプレートの段差誤差は工作物に対して2倍の直径誤差をもたらす。
（ⅲ） 特殊倣い機構（日進機械）においては，倣い誤差を $0.1\,\mu m$ 以下とすることが可能である。

（b） 2軸NC方式〔図12.9（b）〕 プランジ研削に適用される。トラバーステーブル（X軸），および，その上に搭載された切込みテーブル（Y軸）を，ボールねじを介してサーボモータにより駆動する。ツール軌跡をNC制御する。このX-Yテーブルに関する留意点について述べる。

X軸は切込み精度が高く，運動方向の逆転時にロストモーション（不感帯）があってはならない。ねじ送りの小形テーブルにおいては，ヨーイング誤差が発生しやすい。Y軸は

この影響を受けやすい。また，ツール先端形状の管理に注意が必要である。
（ⅰ）工作物の品番変更には，NCプログラムの変更で対応できる。
（ⅱ）ただし，多くの場合砥石交換を伴う。砥石の再成形取りしろ，砥石幅の制約から品番専用砥石アッセンブリの準備を要するためである。

12.5 ドレッサの振動

除去加工は刃物を研ぐことから始まる。研削盤においてはドレッサがその役割を担っている。この事実からしても，ドレッサの重要性をうかがい知ることができる。

研削盤の製造においては，ドレッサユニットの高剛性高精度化のため十分な予算配分が必要である。砥石-ドレッサ間の振動に起因して加工面に研削模様が発生し，均一な加工面の得られない場合が多々ある。

（a）**加工面上のスパイラル模様**〔図12.10（a）〕　プランジ研削においては，工作物と砥石との間に軸方向の相対運動がないにもかかわらず，工作物表面に斜めに走ったスパイラル状研削模様の発生することがある。右巻き，左巻きの多条スパイラルが混在し，箒(ほうき)で斜めに掃いたような外観を呈する。これは，表面粗さ0.4 μmRz以下の精密研削においてよく観察される。

（b）**砥石面上のスパイラルうねり**〔図12.10（b）〕　砥石回転数 n_s〔rps〕に近い振動数 n_d〔Hz〕をもってダイヤモンドツールが振動している場合，ツールのトラバースにつれて，砥石表面上にスパイラル状のうねりが形成される。そのリード角が大きいため顕著なスパイラルが発生する。リードの長さ L は

$$L=\frac{f_d n_s}{|n_d - n_s|} \quad (f_d：ツール送り速度〔mm/rev〕)$$

となる。n_d が $2n_s$ に近い場合2条のスパイラルうねりとなる。またツールのトラバース方向を反転すればスパイラルの巻き方向が反転する。

（c）**工作物への転写**〔図12.10（c）〕　工作物回転数を n_w とする。$n_w/n_s=1/3$ とすれば，1条右巻きの砥石スパイラルは3条左巻きのスパイラルとして工作物表面に転写される。微粒サンドペーパにより表面をラップすれば，スパイラルを鮮明に観察することができる。

回転比が整数から端数をもてば，研削模様が斜めに走った箒掃面(そうそうめん)となる。この現象は工作物スパイラルの諸元と加工条件を対比することにより実研削結果から確認することができる。

(a) 加工面上のスパイラル模様

(b) 砥石面上のスパイラルうねり
（$n_s \equiv 28$ rps, $n_d \equiv 29$ Hz）

n_s：砥石回転数〔rps〕　n_d：ダイヤ振動数〔Hz〕

○印は最小切込み位置を示す

(c) 工作物への転写
（工作物回転数/砥石回転数 $\equiv 1/3$）

図 12.10　ドレッサの振動

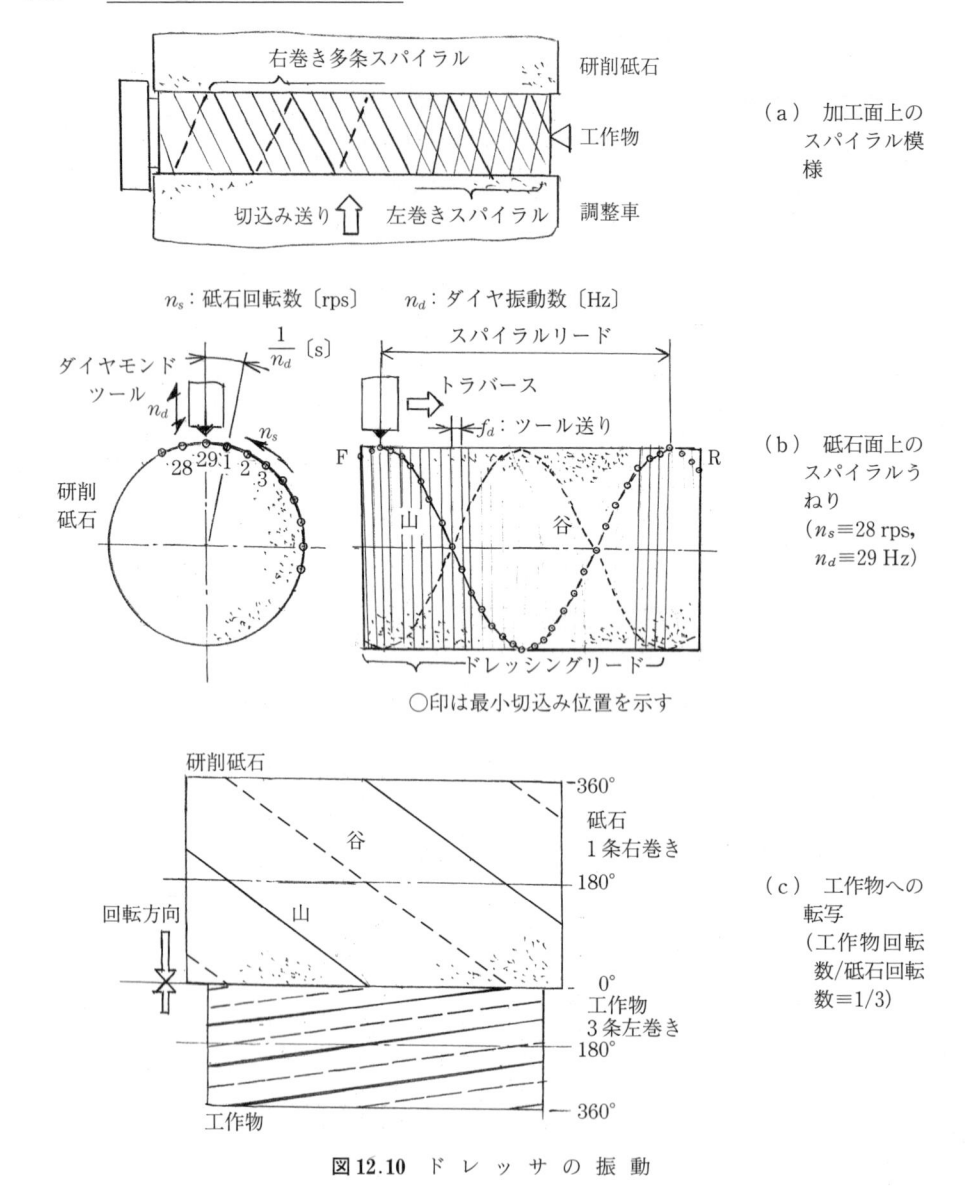

12.6　オートドレスサイクル

（a）プランジ研削〔図 12.11（a）〕　量産プランジ研削工程においてはオートドレスサイクルが適用されている。加工数量が規定値に達したとき，工作物供給を停止する。ダイヤモンドツールを規定量切り込み，砥石をドレッシングする。調整車テーブルを規定量だけ切り込む（ドレス補正）。工作物を供給し加工サイクルを再開する。

ドレッシング前後における砥石半径の減少量とドレス補正量が一致すれば，ドレス前後の

(a) プランジ研削　　　　　　　　　　（b) スルフィード研削

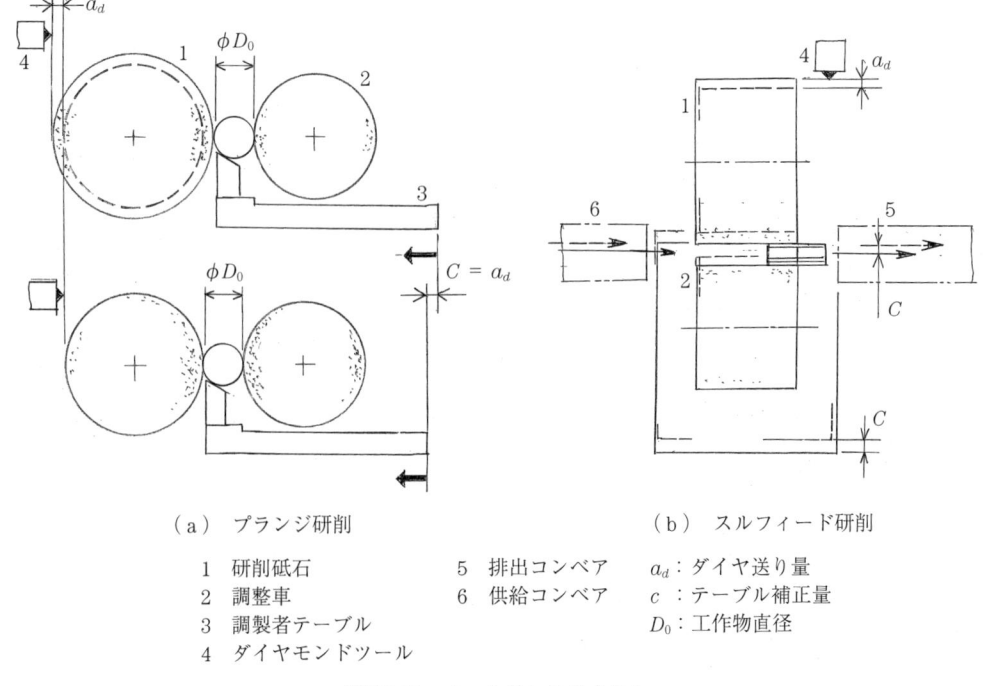

1　研削砥石　　　　　5　排出コンベア　　a_d：ダイヤ送り量
2　調整車　　　　　　6　供給コンベア　　c：テーブル補正量
3　調製者テーブル　　　　　　　　　　D_0：工作物直径
4　ダイヤモンドツール

図 12.11　オートドレスサイクル

工作物寸法は同一となる。

ドレス間隔内で砥石直径が減耗している場合，砥石半径の減少量は，ダイヤモンド切込み量よりも小さくなる。熱変位により砥石に対するツールの位置が変化することもある。これらの場合，ドレス前後の工作物直径は一致しない。

このため，単サイクル加工（オートサイクル）により寸法，表面粗さ，円筒度の確認後，連続研削サイクルを再開するという手順が一般的である。

(b) スルフィード研削〔図 12.11 (b)〕　ドレッシング前後における諸作業の自動化は困難であり，手動操作を要する。

工作物供給の停止後，両砥石間に残留した工作物を手動操作により払い出す。ドレス起動ボタンを押す。ドレッシングおよび補正が自動的に進行する。試研削（マニュアル操作）により寸法，円筒度など確認調整後，連続研削を再開する。

シンシナチ形機の場合，砥石修正を繰り返せば，工作物研削点（ブレード）と機外の供給排出装置との位置関係が変化する。再調整を要することがある。

152   12. 心なし研削盤の選択

12.7 寸法調整装置 ― スルフィード研削 ―

(a) 一般的な装置〔図 12.12 (a)〕 スルフィード研削における寸法調整(補正)は，切込みテーブルの静止状態において，テーブルを微小量だけ前方（切込み方向）に，あるいは，後方（戻し）に移動するという特徴を有する。テーブル重量は数トンに達することもある。0.1 μm 単位の微小補正を要することもある。

　　　　　(a) 一般的な装置　　　　　　　(b) 負荷補償機構（日進機械）

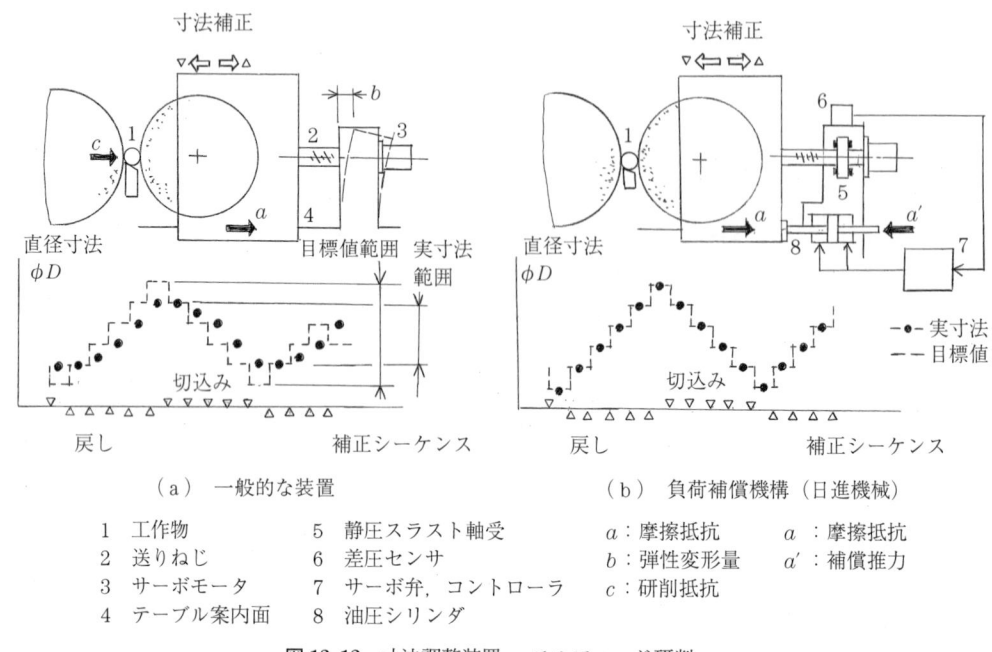

1	工作物	5	静圧スラスト軸受	a：摩擦抵抗	a：摩擦抵抗
2	送りねじ	6	差圧センサ	b：弾性変形量	a'：補償推力
3	サーボモータ	7	サーボ弁，コントローラ	c：研削抵抗	
4	テーブル案内面	8	油圧シリンダ		

図 12.12　寸法調整装置 ― スルフィード研削 ―

　切込みテーブルの案内形式としては，「すべり案内面」が多用される。じょう乱振動の抑制を目的としているが，他方，微細位置決めが困難となる。

　送りねじを介してサーボモータにより位置決め指令を与えるが，案内面の摩擦抵抗が大きいため，位置決め機構に弾性変形が蓄積していく。この反力が摩擦力以上の値に達するとき，初めてテーブルは運動を開始する。

　テーブルにステップ状の運動指令を前後両方向に与えるとき，指令方向の逆転する箇所では，テーブル位置は指令値に追随することができない。

　下側の図は，工作物寸法と補正シーケンスの関係として，この様子を模式的に示す。すなわち，指令値の工作物寸法に対する転写精度を表している。これは，位置決め精度のみならず，運動方向逆転によるテーブルのヨーイング誤差をも含んだ値となる。実寸法範囲は指令

値範囲より小さくなる。この図の場合，

　　±1ステップ指令のとき → 寸法変化＝"0"

　　±2ステップ指令のとき → 寸法変化＝"1"

となっている。切込みテーブルに低摩擦案内面を採用すれば，寸法転写精度は改善される。しかしながら，じょう乱振動の影響，研削負荷変動の影響により，連続加工中の工作物寸法の「ばらつき」が増大する可能性が高い。

（b）　負荷補償機構〔図12.12（b）〕　　この方式は宮下博士の提案に基づき日進機械により実用化された。すべり案内面を用いても，高い寸法転写精度を実現することができる。

　送りねじに作用する負荷推力を検出し，負荷推力に比例した補償力をテーブルに与える。送りねじの負荷推力が"0"となるように制御する。したがって，位置決め系の弾性変形量も"0"となり，剛性無限大の装置を得ることができる。

　装置の実用例を図12.12（b）に示す。送りねじは静圧スラスト軸受により支持する。対向ポケットの差圧として負荷推力を検出する。圧力制御形サーボ弁がこれに比例した圧力を発生する。テーブルに連結した油圧シリンダが補償推力を与える。

　下側の図に寸法転写精度を模式的に示す。±1ステップの指令により寸法は±1だけ変化する。0.1μm単位の指令においても，これに追随して寸法が変化することが実機により確認されている。

12.8　供給中断と寸法変化 ― スルフィード研削 ―

（a）　供給中断時の寸法変化〔図12.13（a）〕　　供給装置の不具合などにより，連続加

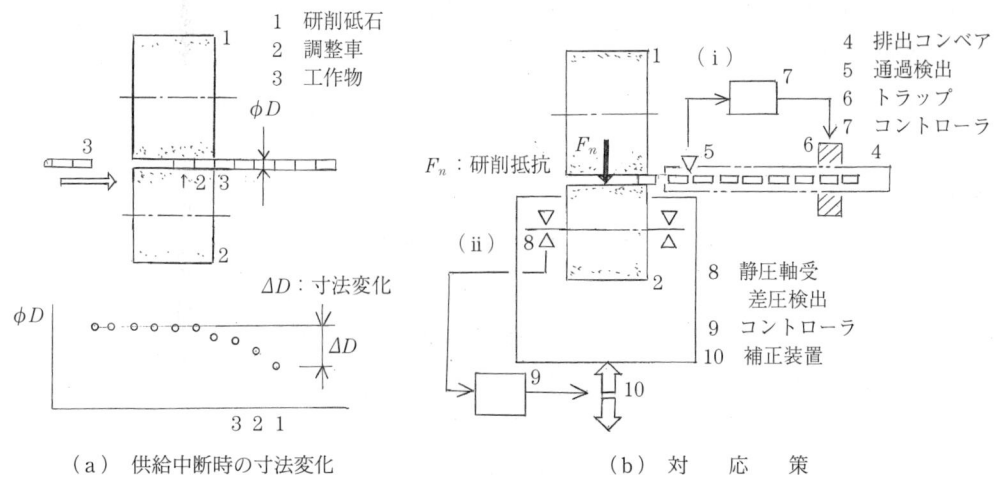

図12.13　供給中断と寸法変化 ― スルフィード研削 ―

工中に工作物の供給が中断することがある。研削抵抗の減少により，加工系の弾性変形が解放される。その結果，図に示すように「流れ」後尾の工作物直径が小さくなる。寸法公差の小さな仕上げ研削において，この寸法変化が問題とされることがある。

(b) **対 応 策**〔図12.13(b)〕

(i) **研削盤は既設のものであり，この寸法変化は避けられないとする**　排出コンベア上の工作物は研削順に流れている。両砥石の出口直後の位置に，工作物通過確認センサを設置し，供給中断を判定する。中断の場合，払い出し機構と連動したトラップの作動により，「流れ」後部の工作物を受け箱に排出する（オートサイクル）。

または，排出コンベアを自動停止し，マニュアル操作によりこれらを排出する。排出した工作物は全数検査工程に回す。なお，いうまでもないが，ポストプロセスゲージにより工作物を全数測定する場合「NG品」は自動排出される。

(ii) **負荷変化を検出し弾性変形を補償する**　例えば，両砥石間の剛性を $20\,\mathrm{kgf}/\mu\mathrm{m}$ とするとき，$20\,\mathrm{kgf}$ の研削抵抗は $1\,\mu\mathrm{m}$ の弾性変位をもたらす。両スピンドルおよびテーブル位置決め機構の剛性を，それぞれ $60\,\mathrm{kgf}/\mu\mathrm{m}$ としても，両砥石間の剛性は $20\,\mathrm{kgf}/\mu\mathrm{m}$ となってしまう。

この数値例から予想されるように，砥石間の剛性向上のみにより $1\,\mu\mathrm{m}$ オーダの寸法変化を避けることはきわめて困難である。

高精度高剛性位置決め機構を備えた研削盤においては，研削負荷に対応してテーブル位置を補償する方式が考えられる。実例を図12.13(b)に示す。

調整車を静圧軸受により両持支持する。前軸受（「流れ」の入口側）のポケット差圧として研削負荷を検出する。テーブルは，前述の負荷補償機構により位置決めされている。コントローラは，負荷に比例した切込み指令を，位置決め機構に与える。

寸法変化が"0"となるようにゲインを調整する。実機（日進機械）によれば，$20\,\mathrm{kgf}$ の負荷変動の下に，寸法変化 $0.2\,\mu\mathrm{m}$ が確認された。この場合，両砥石間の等価剛性は $100\,\mathrm{kgf}/\mu\mathrm{m}$ となる。

12.9　寸法の安定性

心なし研削においても，研削の継続とともに工作物寸法が経時的に変化する。研削盤の熱変形，砥石減耗に起因して，両砥石の間隔が経時的に変化するためである。寸法は一般に（＋），（－）と両方向に変化する。量産加工においてはポストプロセスゲージを設置し，検測結果に応じて砥石台位置を自動補正する。その工程能力は，検測精度のみならず補正精度，寸法の安定性に依存する。

（a） **研削盤の特性**　研削盤を全運転状態に保つ。数～数十分ごとに1本の工作物を研削し，その直径を測定する。これにより，研削盤の熱変形に基づく砥石間隔の経時変化を知ることができる。

多くの心なし研削盤においては，起動後の数時間にわたり，寸法が数10 μm経時的に数十μmに変化する。変化速度の大きいとき，ポストプロセスゲージを併置しても寸法変化に追随できない。所要精度によっては，加工開始に先立ち，30分～1時間にわたる暖気運転が必要となる。

主な発熱源は砥石スピンドル軸受であり，低摩擦化が課題である。また，動圧，静圧油軸受においては潤滑油ユニットに温度制御装置を併置する。

（b） **研削の影響**　研削の続行により砥石が減耗し，工作物寸法は（＋）側に変化する。一般砥石の場合，その研削比 G（＝数 10～100）に対応して寸法が変化する。

また，研削熱によって研削液温度が変化する。これは設備の熱変形，したがって，経時寸法変化の原因となる。個別研削液タンクを使用するときは，温度制御装置を併置することが望ましい。

12.10　心なし研削盤の性能

これに関する具体的データの公表例はまれであるが，参考までに筆者の関係したものを以下に紹介しておく。

(a)　大東聖昌，長谷部隆司，金井　彰，宮下政和：高剛性総形心なし研削盤開発に関する研究（びびり振動の抑制に及ぼす影響），機械学会論文集（C）編，69巻680号（2003-4）

(b)　大東聖昌：高精度砥石修正による砥石の長寿命化：「機械と工具」，2003年11, 12月号

(c)　大東聖昌：心なしスルフィード研削―寸法精度に関する諸課題とその高度化―，「機械と工具」，2004年1, 2, 3月号

(d)　大東聖昌：マイクロシャフト直径の精密測定，「機械技術」，第53巻第7号(2005-7)

13 心なし研削盤のセットアップ

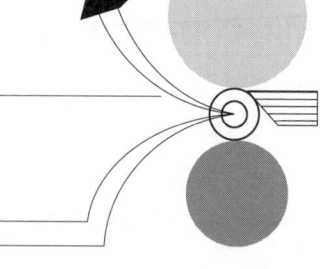

　研削砥石の仕様など研削条件の選定に次いで，工作物心高をはじめとした，心なし研削に特有な諸条件の設定が必要となる。その実務に関連するものであるが，研削盤の操作方法について以下に説明する。
　これは対象機種によって異なるため，日進機械（浜松市）による中形心なし研削盤（GR200-45）を例として具体的に述べる。**図13.1**はこの設備の正面図である。

1	ベッド	2	研削砥石	3	砥石モータ
4	砥石ドレッサ	5	調整車	6	調整車ドレッサ
7	送りハンドル	8	操作盤	9	インフィードレバー

図13.1　設備正面図

13.1　設備概要

　研削砥石は $\phi510\text{-}205\text{T}$ なる寸法を有し，砥石フランジを介して片持スピンドルに装着する。駆動モータ容量は 11 kW であり，砥石周速度は 45 m/s である。
　調整車寸法は $\phi255\text{-}205\text{T}$ であり，前軸受ハウジングを取り外した状態でスピンドルに装着する。調整車スピンドルは両持支持方式である。回転数範囲は 18～200 rpm である。
　砥石修正，切込み送りなどは手動操作によることを想定した仕様を，慣用的に標準仕様と称している。ここに述べる心なし研削盤は標準仕様機である。スルフィード研削，インフィード研削の双方に対応できるように設計されている。

砥石ヘッドはベッドに固定されている。これに対向した調整車側には上スライド，下スライドと2枚のスライドテーブルを備えている。

標準仕様の場合，送りハンドル操作により，それぞれのテーブル位置を調整する。また，切込みレバーを操作することによりインフィードサイクルを行うことができる。

砥石のドレッシングに際しては，ツールの切込み，トラバースなどを要するが，標準仕様に基づく修正装置においては，これらは手動操作により行う。**図 13.2**，**図 13.3**は砥石，調整車のドレッサである。

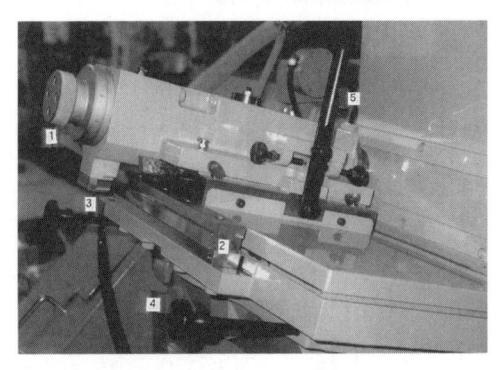

1 切込みハンドル	2 テンプレート
3 スタイラス	4 スウィベルハンドル
5 引上げレバー	

図 13.2　砥石ドレッサ

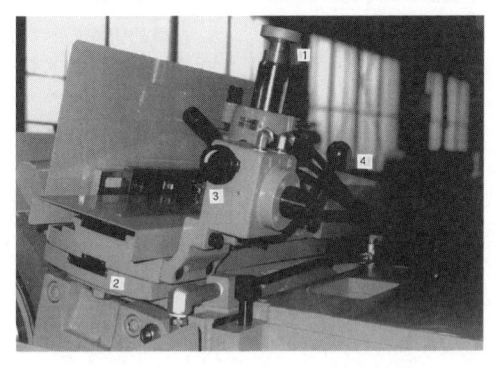

1 切込みハンドル	2 修正角目盛
3 トラバース速度調整	4 同方向切替え

図 13.3　調整車ドレッサ

13.2　基本操作項目

（a）**2枚スライドテーブルの操作方法**　上スライドをクランプし下スライドをアンクランプとする。送りハンドルを回せば，調整車および研削台の位置が一体となって移動し，工作物寸法を決定する。

上スライドをアンクランプし下スライドをクランプ状態にする。送りハンドルを回せば，下テーブルに装着された研削台を残して調整車のみが移動する。ブレード上の工作物位置を決定する。

（b）**送りハンドル（ハンドホイール）**　ハンドホイールは遊星機構を内蔵し粗動，微動の切替えが可能であり，テーブル移動量はそれぞれ0.02, 0.002 mm/目盛となる。ホイールはその位置（送りねじナット）を固定するクランプレバーを備えている。**図 13.4**はこの正面を示す。

（c）**インフィード，スルフィードの切替え**　それぞれの場合に対応した条件により調整車をドレッシングする。

13. 心なし研削盤のセットアップ

1 ホイール　　2 粗微動切替えノブ
3 目盛リングクランプ　4 ホイールクランプ

図 13.4　送りハンドホイール

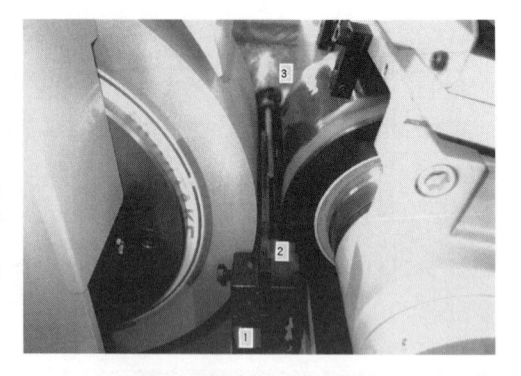

1 砥石台　2 ブレード　3 ストッパ

図 13.5　インフィード研削台

（i）**インフィード研削**　専用ブレードを装着したインフィード研削台を準備し，下スライドテーブルに取り付ける。図 13.5 は両砥石間に搭載されたインフィード研削台である。上スライドおよび送りハンドルをクランプする。

インフィードレバーを持ち上げる。テーブルが砥石から後退する。工作物をブレード上に載せる。インフィードレバーを下降するとき，テーブル上の調整車と研削台が一体となって前進する。これが切込み送りとなる。

（ii）**スルフィード研削**　専用ブレードを装着したスルフィード研削台を下スライドテーブルに取り付け，上スライドをクランプする。図 13.6 はスルフィード研削台である。スルフィード研削に際しては，インフィードレバーをクランプしておく。ハンドホイールを回せば送りねじのナットが回転し，テーブル位置，したがって，工作物寸法を任意に調整することができる。

（d）**研削砥石スピンドルの起動，停止**　砥石起動スイッチを押す。駆動モータのスタ

1 ブレード　2 ガイド板
3 平行度調整　4 前後調整

図 13.6　スルフィード研削台

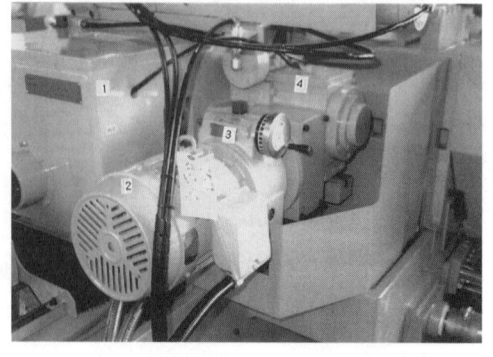

1 調整車台　2 駆動モータ
3 無段変速機　4 ギアボックス

図 13.7　調整車の駆動機構

―デルタ自動切替えにより，砥石軸は滑らかに増速し定常回転に達する．停止時には，「水切り」確認後，すなわち，研削液の供給を停止し数分間にわたる空回転の後，砥石停止スイッチを押すよう注意する．

砥石アッセンブリの着脱方法に関しては操作説明書によるが，必ず付属の専用工具を使用する．なお，砥石フランジ締付けナットは左ねじである．

（e）**調整車スピンドル**　起動スイッチを押せば調整車が回り始める．調整車は極数変換モータ付き無段変速機を介して駆動される．図 13.7 は調整車の駆動機構である．

変速機の調整ハンドルを回し所要回転数を選定する．極数変換により低速，高速範囲を選択する．

（f）**研削液装置**　「冷却水入・切」スイッチを操作する．砥石停止時には「入」を選択しても研削液ポンプは起動しない．研削液ノズル手前に配した手動コックにより研削液の流量を調整する．図 13.8 に研削液の供給をするコックの配置を示す．

　1　供給ポンプより　　2　メインコック　　3　研削ノズルへ
　4　ドレッサコック　　5　ドレッサへ

図 13.8　研削液の供給をするコックの配置

研削液はドレッシング用ダイヤモンド部にも供給されるが，途上に手動の開閉コックを備えている．ドレッシング時には，研削液ノズル部の流れを絞り，研削液がダイヤモンド部に十分供給されていることを確認する．

（g）**両砥石のドレッシング**　詳しくは操作説明書による．ドレッシングツールの選定に始まるが，調整（選択）項目は，

（1）　トラバースあたりツール切込み量，

（2）　トラバース速度（1 回転当りのツール横送り量）および方向，

（3）　全ドレッシング量

などである．

ドレッシングの様子は聴音器，タッチセンサなどを併用しドレッシング音から判断する。調整車の場合，目視により観察することができる。

13.3 幾何学的なセットアップ項目

以下の操作はすべて砥石および調整車の停止した状態で行う。両砥石はドレッシング済みとする。

（a）**研削台の取付け**　研削方式および工作物直径範囲に対応して，インフィード研削台，スルフィード研削台が準備されている。両スライドテーブルを後退する。取付け部の清掃，確認のうえ，下テーブル前方の研削台取付け面に研削台を装着固定する。

（b）**ブレードの取付け**　所要の厚さ，ブレード頂角を有するブレードを選定する。ブレードおよび研削台の溝部について，打痕除去，清掃，防錆油塗布のうえブレードを溝に挿入し，固定ボルトを仮締めする。

（c）**ブレードと調整車の平行度**　上スライドテーブルを前進し，調整車とブレードの構成するV字状の谷間に工作物を載せる。ブレード側面の位置と工作物の前面が一致するまで調整車をさらに前進させる。砥石の全幅にわたり，研削取りしろの1/2程度の精度で両者が一致していることを確認，調整する。図13.9にこれを示す。

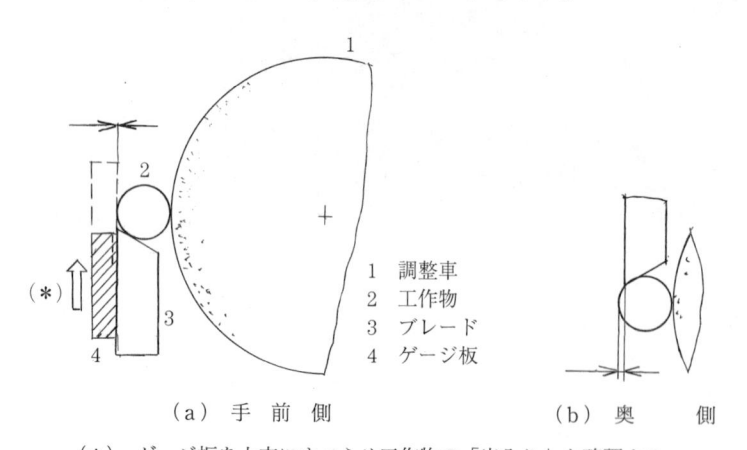

1　調整車
2　工作物
3　ブレード
4　ゲージ板

（a）手前側　　　（b）奥側

（＊）ゲージ板を上方にすべらせ工作物の「出入り」を確認する
図13.9　ブレードと調整車の平行度

なお，研削台上のブレード取付け面と調整車スピンドルとの平行度は，JIS B 6220により

　　0.03 mm 以下/300 mm

と規定されている。また，スルフィード研削台においては，この平行度を調整するためスウィベル機構を備えたものが準備されている。

（d） **ブレード上における工作物接点の位置**　工作物直径を $D_w=\phi 20, 10, 5, 2.5$ mm，ブレード頂角を $\theta=30°$ とする（**表13.1**）。

表13.1　工作物直径

工作物直径	$\phi 20$	$\phi 10$	$\phi 5$	$\phi 2.5$
(A) mm	5.8	2.9	1.4	0.72
(B) mm	5.3	2.4	1.0	0.26
(C) mm	12	6	3	1.5
(D) %	38	35	28	17

ブレード側面の位置と工作物の前面とが一致するとき，ブレード上の工作物接点からブレード頂点に至る距離は（A）となる。さらに調整車を，例えば 0.4 mm（最大取りしろ＋余裕しろ）だけ前進させ，上スライドをクランプする。接点から頂点に至る距離は（B）へと減少する。ブレード厚さを（C）とすれば，頂点からの接点位置は厚さの（D）％の箇所となる。これらを**図13.10**に示す。

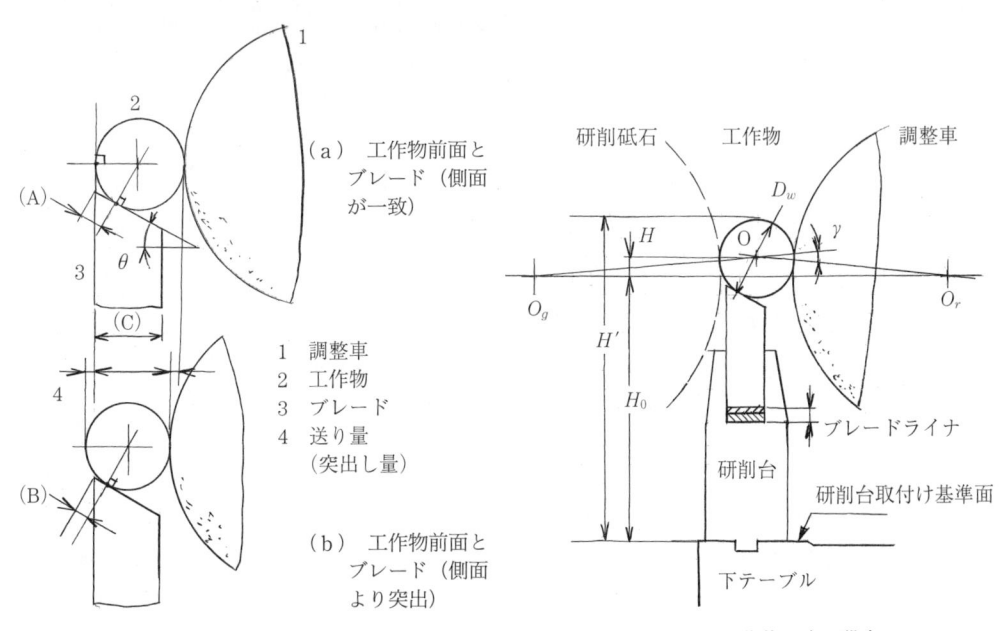

図13.10　ブレード上における工作物接点の位置

図13.11　工作物心高の設定

（e） **工作物心高の設定**　前項の状態において工作物の心高を測定する。研削台の取付け面から，工作物の頂点に至る高さが H'〔mm〕であるとする。心高 H は

$$H = H' - H_0 - \frac{D_w}{2} \text{〔mm〕} \quad [H_0:\text{研削台取付け面から両砥石中心に至る高さ}\\ (=184 \text{ mm/GR-200 機})]$$

となる。これを**図13.11**に示す。

狙いの心高角度を $\gamma=7°$ とする。$D_w=0$ のとき狙いの心高は，$H=10.2 \fallingdotseq 10$ mm（GR-

200 機）である。

　工作物直径を $D_w=\phi20, 10, 5$ mm とする．すべての工作物に対して，$H'=H_0+10+D_w/2$，すなわち $H=10$ mm と一定値を選択するとき，心高角 γ の値を検討する．

　表 13.2 の値から明らかなように，心高を一定値としても，直径の小さい場合，工作物直径の心高角に及ぼす影響は少ない．

表 13.2 工作物直径

工作物直径	$\phi20$	$\phi10$	$\phi5$
H'	204	199	196.5 mm
γ	6.5°	6.7°	6.8°

1　調整車車軸筐　　2　調整車台
3　クランプボルト　4　調整ボルト
5　角度目盛

図 13.12　送り角の調整機構

　心高調整のためには，ブレード溝底部のライナの厚さを変える．これにより，所要の高さ H' を得ることができる．その後，締付けボルトによりブレードを研削台に固定する．

　（**f**）　**調整車の送り角**　この角度は，調整車のドレッシング時に所要の値を選定する．工作物の通し送り速度は，この角度と調整車回転数の積に比例する．

　調整車を保持する筐体は，旋回ピンを介して調整車ヘッドに取り付けられている．垂直面内でこの筐体を傾けることができる．クランプボルトを緩め，調整ボルトを用いて所要の角度を設定のうえ再クランプする．調整機構を **図 13.12** に示す．

　（**g**）　**調整車回転数**　ドレッシング時には最高速近くの回転数とする．研削作業時には 15～100 rpm を選択する．その値は，工作物の所要通し送り速度，加工精度への影響などを配慮して選定する．

13.4　加工精度の検査

　心なし研削盤業界においては，指定された特定の工作物に関して，所要の加工精度および加工能率を保証するという条件の下に設備の取引きが行われる．通常，加工条件の選定は研削盤メーカー側に委ねられている．

まれに指定工作物がないという場合もある。このとき，加工精度の確認は研削盤メーカーの検査基準による。GR-200 標準仕様機による検査の手順について説明する。**図13.13，図13.14** に示すつぎの工作物を対象とする。

（a） インフィード研削

ϕ16—200L，ストレートシャフト，生材

（b） スルフィード研削

ϕ10—10L，円筒ころ，焼入れ鋼

なお，生産台数の大半を占めるものであるが，連続サイクル仕様機においてもセットアップ手順は以下の説明に準ずる。

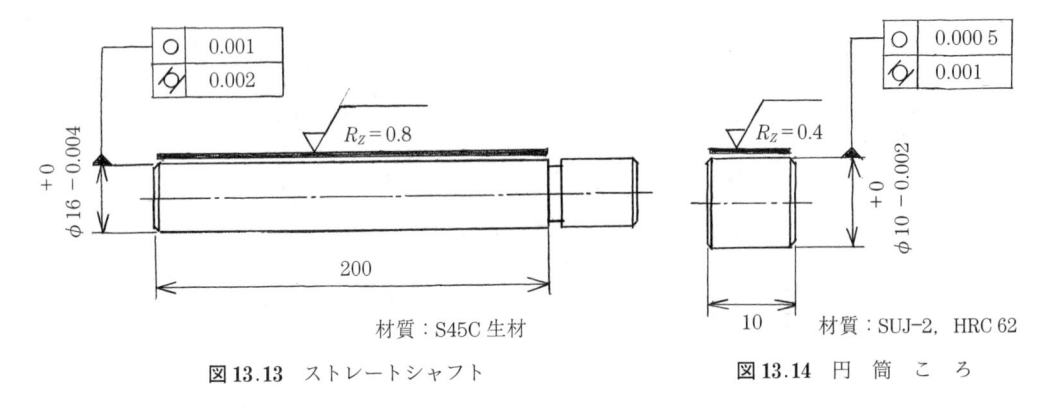

図13.13　ストレートシャフト

図13.14　円筒ころ

13.5　インフィード研削

（**a**）　**準 備 作 業**　砥石，インフィード用調整車のドレッシング，研削台およびブレードのセットアップ，工作物心高の設定が完了している。砥石，調整車は回転を停止している。

（**b**）　**インフィードレバーの動作確認**　ハンドホイールをクランプし，インフィードレバーをストッパに当たるまで下に下ろす。この位置が工作物仕上がり寸法となる。下テーブル前端にダイヤルゲージを当てる。レバーを約 60° 上方に上げる。ダイヤルゲージの指示値（約 2 mm/GR-200）を読み取る。この値が工作物挿入時の「口開き量」となる。レバー長さを 600 mm とすれば，レバー端の下降量 10 mm が切込み送り量の 32 μm に相当する。調整車テーブルのインフィードレバーなどの配置を**図13.15** に示す。

（**c**）　**砥石間隔の設定**　インフィードレバーを下降端に当てておく。研削台上のストッパは取り外しておく。

ブレード上に工作物を載せる。工作物が砥石と軽く接触するまで，送りハンドルによりス

13. 心なし研削盤のセットアップ

1	調整車台	2	駆動モータ
3	送りねじ	4	上スライド
5	下スライド	6	インフィードレバー
7	ストッパ	8	スウィベル板
9	同調整ねじ	10	同ゲージ
11	目盛リング	12	切込みホイールロックル

図 13.15 調整車テーブル

ライドテーブルを前進する。ここでハンドホイールの目盛リングを"0"に合わせる。ハンドホイールの回り止めをクランプする。

なお，この接触状態は停止している砥石を，手で上下に揺動させることにより確認することができる。

（d）砥石と調整車の平行度の調整 前項においては，200L工作物の手前側が接触したのか，奥側であるかは不明である。調整車スウィベル機構により，工作物の全長で接触するよう調整する。

工作物を手前から，あるいは奥側から砥石間に挿入し接触状態を調べる。これが均一となるまでスウィベルプレートを調整する。なお，付属ダイヤルゲージ表示値の 1/4 が砥石幅 200 mm 当りの平行度変化量に相当する。

工作物ストッパを研削台に取り付け，ストッパの位置を決める。

（e）熟練作業者による試研削

（i）残留工具類の有無を確認し，スプラッシュガードを取り付ける。

（ii）インフィードレバーは右手操作，工作物の挿入，取出しは左手操作となる。調整車を回転起動する。砥石に触れることなく，工作物の挿入，取出しができることを繰返し確認する。

（iii）砥石を回転起動する。「冷却水，入」とする。研削液のノズル位置，流量を調整する。工作物表面にマジックインクを塗布しておく。インフィードレバーを持ち上げ，調整車の後退した状態でブレード上に工作物を挿入する。ここではまだ工作物は回転しない。インフィードレバーを静かに下降する。

(iv) レバーの全ストロークのうち，下降端まで数十 mm と近づいてから研削が始まる。研削の開始点はレバーの抵抗変化，工作物の回転開始から察知することができる。レバー下降端において必要に応じてスパークアウト時間を与えた後，レバーを持ち上げ工作物を取り出す。

(v) 塗布したマジックインキの様子を観察する。工作物の直径を測定する。未研削面が残留する場合，所要量だけ送りハンドルにより切込みを与えた後，再度試研削する。工作物の円筒度を測定し，スウィベルプレートを調整する。

(vi) 工作物を所要寸法まで研削する。真円度，円筒度など加工精度を測定する。外観を目視検査する。

極細粒サンドペーパを用いて，加工面にハンドラップを施す。均一な研削面の得られたことを確認する。

(vii) 加工条件の設定例

　　　　ϕ16―200L シャフト
　　研削砥石　寸法：ϕ510―205T
　　　　　　　仕様：A 80 K V（ノリタケ）
　　調整車　　寸法：ϕ255―205T
　　　　　　　仕様：A 150 R R（クレ）
　　研削液　　JIS-W-3,
　　　　　　　ノリタケクール（ノリタケ）
　　　　　　　希釈倍率×150
　　ダイヤモンドツール
　　　　研削砥石：単石 1 ct（旭ダイヤ）
　　　　調整車　：単石 1 ct
　　ブレード　205L-10T 超硬，頂角 20°
　　心　高　10 mm（γ＝6.5°）
　　送り角　0.2°

ドレッシング

　　研削砥石：最終切込み量 10 μm/パス
　　　　　　　トラバース 85 s/205 mm
　　　　　　　　（＝0.09 mm/rev）
　　調整車　：修正角 0°，回転数 180 rpm
　　　　　　　最終切込み量 10 μm/パス
　　　　　　　トラバース 320 s/205 mm
　　　　　　　　（＝0.21 mm/rev）
　　調整車研削回転数：
　　　　　　　32 rpm（工作物 500 rpm）
　　最終研削取りしろ：30 μm
　　研削送り：約 10 μm/s,
　　　　　　　スパークアウト 1 s
　　　　　　（レバー切込み 約 10 mm st./3 s）

13.6　スルフィード研削

(a)　**準備作業**　砥石，スルフィード用調整車のドレッシング，研削台およびブレードのセットアップ，調整車送り角，工作物心高の設定が完了している。砥石，調整車は回転を停止している。

(b)　**ガイドプレート**　研削台はその入口側，出口側に各一対のガイドプレートを備え

ている．工作物が両砥石間に滑らかに挿入され，滑らかに排出されるように4枚のガイドプレートの位置および傾きを調整する．調整車とガイドプレートの乗移り部において，工作物の「引っ掛かり」がないことを確認する．

（c） 砥石間隔の設定　ブレード前側面からの工作物突出し量を再確認の後，砥石間隔を設定する．

まず入口側においてブレード上に工作物を載せる．工作物が砥石と軽く接触するまで，送りハンドルによりスライドテーブルを前進する．送りハンドルのスライディングリングを"0"に設定する．次いで出口側において工作物の接触位置を送りハンドル目盛で読み取る．この読み取り値の差，すなわち両砥石平行度が"0"に近づくようスウィベルプレートを調整する．

（d）　熟練者による試研削

（ⅰ）　残留工具類の有無を確認し，スプラッシュガードを取り付ける．両砥石を起動する．

（ⅱ）　入口側ガイド部に工作物を1本挿入する．木製プッシュロッドを用いて，両砥石間に工作物を送り込む．接触の開始とともに，工作物は回転を始め，同時に後方へと送り込まれる．砥石間から排出された工作物の直径を確認する．

　これを繰り返し，「砥石あたり」を調整する．

（ⅲ）　研削台の前後に工作物収容Ｖシュートを取り付ける．インシュート上に工作物を並べる．後端の工作物を木製プッシュロッドを用いて，両砥石間に送り込む．連続研削が開始される．加工精度を確認する．

（ⅳ）　加工条件の設定例，$\phi 10-10$ 円筒ころ

　調整車，研削液，ダイヤモンドツールに関してはインフィード研削におけるものを流用する．

　研削砥石　寸法：$\phi 510-205T$
　　　　　　仕様：SA 80 K V（ノリタケ）
　ブレード　$205L-6T$ 超硬，
　　　　　　頂角 $30°$
　心　高　　10 mm（$\gamma=6.7°$）
　送り角　　$2.5°$
　ドレッシング
　　研削砥石：
　　　最終切込み量 $10\ \mu m/$パス
　　　トラバース $120\ s/205\ mm$
　　　　　（$=0.06\ mm/rev$）

　調　整　車：修正角 $2°$，
　　　　　　　ダイヤオフセット $10\ mm$
　　　　　　　回転数 $180\ rpm$
　　　　　　　最終切込み量 $10\ \mu m/$パス
　　　　　　　トラバース $320\ s/205\ mm$
　　　　　　　　（$=0.21\ mm/rev$）
　調整車研削回転数：
　　　$60\ rpm$（工作物 $1\ 500\ rpm$）
　　　（通し送り速度 $2.1\ m/min$）
　最終研削取りしろ：$10\ \mu m/pass$

―著者略歴―

1960年　東京大学工学部精密工学科卒業
1960年　日本精工株式会社勤務
1969年　株式会社日進機械製作所勤務
1998年　三和ニードルベアリング株式会社勤務
2006年　ナノテック研究所勤務
　　　　現在に至る

図説　心なし研削の手引き
Illustrated Fundamentals of Centerless Grinding
© Michimasa Daito 2009

2009年3月18日　初版第1刷発行

検印省略	著　者	大　東　聖　昌
	発行者	株式会社　コロナ社
	代表者	牛　来　辰　巳
	印刷所	新日本印刷株式会社

112-0011　東京都文京区千石4-46-10
発行所　株式会社　コロナ社
CORONA PUBLISHING CO., LTD.
Tokyo　Japan
振替 00140-8-14844・電話(03)3941-3131(代)
ホームページ　http://www.coronasha.co.jp

ISBN 978-4-339-04598-7　　（金）　　（製本：愛千製本所）
Printed in Japan

無断複写・転載を禁ずる
落丁・乱丁本はお取替えいたします

塑性加工技術シリーズ

(各巻A5判，欠番は品切れです)

■(社)日本塑性加工学会編

配本順		(執筆者代表)	頁	定価
2.(17回)	**材　　　　料** — 高機能化材料への挑戦 —	宮川　松男	248	3990円
4.(19回)	**鍛　　　　造** — 目指すはネットシェイプ —	工藤　英明	400	6090円
5.(10回)	**押　出　し　加　工** — 基礎から先端技術まで —	時澤　　貢	278	4410円
6.(2回)	**引　抜　き　加　工** — 基礎から先端技術まで —	田中　　浩	270	4200円
9.(1回)	**ロ　ー　ル　成　形** — 先進技術への挑戦 —	木内　　学	370	5250円
10.(11回)	**チューブフォーミング** — 管材の二次加工と製品設計 —	淵澤　定克	270	4200円
11.(4回)	**回　　転　　加　　工** — 転造とスピニング —	葉山　益次郎	240	4200円
12.(9回)	**せ　ん　断　加　工** — プレス加工の基本技術 —	中川　威雄	248	3885円
13.(16回)	**プ　レ　ス　絞　り　加　工** — 工程設計と型設計 —	西村　　尚	278	4410円
15.(7回)	**矯　　正　　加　　工** — 板，管，棒，線を真直ぐにする方法 —	日比野　文雄	222	3570円
16.(14回)	**高エネルギー速度加工** — 難加工部材の克服へ —	鈴木　秀雄	232	3675円
17.(5回)	**プラスチックの溶融・固相加工** — 基本現象から先進技術へ —	北條　英典	252	3990円

加工プロセスシミュレーションシリーズ

(各巻A5判，CD-ROM付)

■(社)日本塑性加工学会編

配本順		(執筆者代表)	頁	定価
1.(2回)	**静的解法FEM—板成形**	牧野内　昭武	300	4725円
2.(1回)	**静的解法FEM—バルク加工**	森　謙一郎	232	3885円
3.	**動的陽解法FEM—3次元成形**	大下　文則		
4.(3回)	**流動解析—プラスチック成形**	中野　　亮	272	4200円

定価は本体価格+税5％です。
定価は変更されることがありますのでご了承下さい。

図書目録進呈◆